学术中国·网络空间安全系列

多媒体信息隐藏通信及其盲提取技术

Multimedia Information Hidden Communication and Its Blind Extraction Technology

王尔馥 编著

人民邮电出版社
北京

图书在版编目（CIP）数据

多媒体信息隐藏通信及其盲提取技术 / 王尔馥编著
. -- 北京 : 人民邮电出版社, 2020.12（2023.1重印）
（国之重器出版工程·学术中国·网络空间安全系列）
ISBN 978-7-115-53165-0

Ⅰ. ①多… Ⅱ. ①王… Ⅲ. ①盲信号处理 Ⅳ.
①TN911.7

中国版本图书馆CIP数据核字(2020)第230829号

内 容 提 要

在通信环境日益复杂的大背景下，面对经济与信息全球化的趋势，信息已经成为当今社会最重要的战略资源之一，借助混沌载体对多媒体信号进行遮掩传输是当今信息安全通信领域中亟待解决的重要问题。本书结合多种变换域处理手段及先进的信号处理方式，侧重于算法在混沌保密通信领域中的典型应用，以多媒体信号为对象，将相关基础理论及近年来研究成果进行汇编，为相关技术研发人员及相关专业的研究生提供素材。

本书适合从事混沌保密通信、多媒体信息隐藏及盲信号处理领域的专业研究人员阅读，也可作为通信与信息系统、信号与信息处理专业研究生的专业课教材。

◆ 编　　著　王尔馥
　责任编辑　王　夏
　责任印制　杨林杰

◆ 人民邮电出版社出版发行　　北京市丰台区成寿寺路 11 号
　邮编　100164　　电子邮件　315@ptpress.com.cn
　网址　https://www.ptpress.com.cn
　固安县铭成印刷有限公司印刷

◆ 开本：720×1000　1/16
　印张：16　　　　　　2020 年 12 月第 1 版
　字数：296 千字　　　2023 年 1 月河北第 4 次印刷

定价：139.00 元

读者服务热线：(010)81055493　印装质量热线：(010)81055316
反盗版热线：(010)81055315

《国之重器出版工程》编辑委员会

编辑委员会主任：苗　圩

编辑委员会副主任：刘利华　辛国斌

编辑委员会委员：

冯长辉	梁志峰	高东升	姜子琨	许科敏
陈　因	郑立新	马向晖	高云虎	金　鑫
李　巍	高延敏	何　琼	刁石京	谢少锋
闻　库	韩　夏	赵志国	谢远生	赵永红
韩占武	刘　多	尹丽波	赵　波	卢　山
徐惠彬	赵长禄	周　玉	姚　郁	张　炜
聂　宏	付梦印	季仲华		

专家委员会委员（按姓氏笔画排列）：

于　全　中国工程院院士
王　越　中国科学院院士、中国工程院院士
王小谟　中国工程院院士
王少萍　“长江学者奖励计划”特聘教授
王建民　清华大学软件学院院长
王哲荣　中国工程院院士
尤肖虎　“长江学者奖励计划”特聘教授
邓玉林　国际宇航科学院院士
邓宗全　中国工程院院士
甘晓华　中国工程院院士
叶培建　人民科学家、中国科学院院士
朱英富　中国工程院院士
朵英贤　中国工程院院士
邬贺铨　中国工程院院士
刘大响　中国工程院院士
刘辛军　“长江学者奖励计划”特聘教授
刘怡昕　中国工程院院士
刘韵洁　中国工程院院士
孙逢春　中国工程院院士
苏东林　中国工程院院士
苏彦庆　“长江学者奖励计划”特聘教授
苏哲子　中国工程院院士
李寿平　国际宇航科学院院士

李伯虎　中国工程院院士

李应红　中国科学院院士

李春明　中国兵器工业集团首席专家

李莹辉　国际宇航科学院院士

李得天　国际宇航科学院院士

李新亚　国家制造强国建设战略咨询委员会委员、中国机械工业联合会副会长

杨绍卿　中国工程院院士

杨德森　中国工程院院士

吴伟仁　中国工程院院士

宋爱国　国家杰出青年科学基金获得者

张　彦　电气电子工程师学会会士、英国工程技术学会会士

张宏科　北京交通大学下一代互联网互联设备国家工程实验室主任

陆　军　中国工程院院士

陆建勋　中国工程院院士

陆燕荪　国家制造强国建设战略咨询委员会委员、原机械工业部副部长

陈　谋　国家杰出青年科学基金获得者

陈一坚　中国工程院院士

陈懋章　中国工程院院士

金东寒　中国工程院院士

周立伟　中国工程院院士

郑纬民　中国工程院院士
郑建华　中国科学院院士
屈贤明　国家制造强国建设战略咨询委员会委员、工业和信息化部智能制造专家咨询委员会副主任
项昌乐　中国工程院院士
赵沁平　中国工程院院士
郝　跃　中国科学院院士
柳百成　中国工程院院士
段海滨　“长江学者奖励计划”特聘教授
侯增广　国家杰出青年科学基金获得者
闻雪友　中国工程院院士
姜会林　中国工程院院士
徐德民　中国工程院院士
唐长红　中国工程院院士
黄　维　中国科学院院士
黄卫东　“长江学者奖励计划”特聘教授
黄先祥　中国工程院院士
康　锐　“长江学者奖励计划”特聘教授
董景辰　工业和信息化部智能制造专家咨询委员会委员
焦宗夏　“长江学者奖励计划”特聘教授
谭春林　航天系统开发总师

前 言

本书以保密通信为应用领域，介绍大量适合非平稳信号分析的处理方法。结合多媒体信息的混沌保密遮掩，提供大量应用实例，涵盖语音处理、图像处理及典型通信信号处理等。

本书主要包括 3 个部分的内容。第一部分主要介绍语音盲信号处理的相关理论知识，从正定混合和欠定混合模型着手分析，给出常用的非平稳信号处理手段及方法的适用范围、局限性等；第二部分介绍图像信息的混沌保密遮掩理论，通过大量仿真实例，给出不同混沌动力学系统作为信息载体的遮掩性；第三部分将压缩感知、多域融合算法与盲源分离结合，对其在保密通信中的应用进行研究。

本书是国家自然科学基金（61571181）、黑龙江省自然科学基金（LH2019F048）研究成果。

本书内容新颖，反映团队最新的研究成果，以面向广大科研工作者的创作形式，力求全面深刻、形象生动地展示数字加密技术领域的理论与技术。希望本书的出版能为从事混沌信号处理和保密通信领域的研究人员提供可参考的模型和方法。

本书的编著过程由王尔馥总体负责，审校全书并统稿。

在本书编著过程中，作者得到了许多前辈、同行和业界专家的帮助，在此一并表示深深的谢意。由于种种原因，书中难免存在错误和不妥之处，恳请读者批评指正。

作者

2020 年 9 月

目　录

第1章 典型混沌系统及混沌遮掩

混沌理论作为新兴学科，已经迅速渗透到多个学科里。混沌运动所具备的初值敏感性、随机性、参数敏感性和不可预测性等特点[1-3]（如“蝴蝶效应”），使基于混沌理论的多媒体信息遮掩成为研究热点。本章将介绍几种典型的混沌信号，并对这些混沌信号进行时频域分析，选择合适的混沌信号，将其运用于多媒体信息的混沌遮掩之中。

1.1 混沌的定义与特性

混沌系统从首次发现到现在已经进行了几十年的研究，研究者们致力于彻底了解并归纳一个通用的规律来定义这种无规则的运动，但是目前在对混沌系统的复杂性和奇异性深入了解的过程中，还是无法彻底用一个统一的定义来定义混沌系统。当今，混沌的定义主要来源于不同领域混沌专家们的归纳和总结，每一种定义都可以从不同的角度反映混沌的运动性质。

典型的混沌定义有 Li-Yorke 混沌定义、Devaney 混沌定义[4]和 Melnikov 混沌定义等，其中，Li-Yorke 混沌定义的方法是从区间映射出发。该定义的描述如下。

Li-Yorke 定理：假设 $f(x)$ 是区间 $[a,b]$ 上连续的自映射函数，且 $[a,b]\times R\to[a,b]$, $(x,\lambda)\to F(x,\lambda)$, $x\in R$，若 $f(x)$ 有周期为 3 的周期点，则对任何正整数 n， $f(x)$ 有周期为 n 的周期点。

Li-Yorke 混沌定义：若区间 I 上连续的自映射函数 $f(x)$ 满足以下两个条件，就可以确定 $f(x)$ 有混沌现象。

（1） f 的周期点的周期没有上界。

（2）闭区间 I 上存在不可数的子集 S，且满足 $\lim\limits_{n\to\infty}\sup\left|f^n(x)-f^n(y)\right|>0,\ x,y\in S$； $\lim\limits_{n\to\infty}\inf\left|f^n(x)-f^n(y)\right|>0,\ x,y\in S$； $\lim\limits_{n\to\infty}\sup\left|f^n(x)-f^n(y)\right|>0,\ x\in S,\ y$ 为任意周期点。

上述闭区间 I 上的连续函数 $f(x)$ 是判断系统能否出现混沌状态的理论依据。若待考察函数存在一个周期为 3 的周期点，则该函数必然会存在任何正整数周期点。

不同科学领域在应用混沌系统时有待解决的问题是不同的，有时在解决同一个问题却使用不同的混沌系统，那么混沌系统就一定具备某些性能。下面，介绍混沌运动常见的几种基本性质[5]。

（1）内随机性

混沌系统的随机性体现来自本身，尽管是确定的输入，在系统的输出端都会产生类似随机的噪声，所以这种随机性也叫作内随机性。

（2）有界性

混沌运动的轨迹不是无限的而是特定的范围，此有限的范围称为混沌吸引域。通常也可以理解为混沌运动始终不会超出这个吸引域的范围，稳定在一个区间内运动，称为有界。

（3）遍历性

混沌吸引子内存在状态点，在有限的时间内，混沌轨迹经过吸引子内的每一个状态点。这个运动轨迹在吸引域通常被认为是各态历经的。

（4）初值的敏感性

初值的敏感性是非线性系统自有的特性，所以混沌系统的初值的敏感性重点体现在初始值和运动轨迹的关系，即一旦初始值出现了极其微小的变化，也将导致运动轨迹出现显著的差异。

（5）普适性

普适性产生于混沌系统在接近趋向混沌状态时，无论是系统方程不同还是参数不同，这种特性都不会发生改变，指混沌系统中存在着一些普遍使用的常数。

1.2　混沌的分析及判定方法

对混沌系统的进一步研究主要包括分析混沌系统和相关判定方法。比如研究典型的混沌系统时，分析混沌系统的相图、李雅普诺夫指数（Lyapunov）和分岔图等信息是必要的。同时，随着混沌系统的探索过程，出现了许多新设计的混沌系统，因此，判断一个系统是否具有混沌运动的研究工作也尤其关键。一般来说，判定混沌运动定量指标的常用方法有李雅普诺夫指数、分数维、测量熵、功率谱法和旁加莱界面法等。下面介绍常见的 5 种混沌的分析及判定方法。

（1）混沌吸引子相空间轨迹图

每个混沌系统的动力学方程的解都可以在相空间张成对应的几何图形，几何图形中呈现的曲线称为相轨迹。混沌吸引子的相图主要展现混沌系统的样貌和动力学特征，所以分析混沌系统的混沌吸引子的相图是必不可少的。一般情况下，各个平面的相图都是使用计算机产生的。

（2）分岔图

混沌作为一种非线性动力系统也具有结构不稳定的特点，所以只要发生一点任意微小的改变，混沌系统的拓扑结构都会发生显著的变化，该现象称为混沌分岔现象。混沌分岔图是随时频信号变量变化而产生特定的波形图，便于察看系统稳定到不稳定的变化过程。

（3）李雅普诺夫指数

李雅普诺夫指数[6]是决定混沌状态的重要依据，能客观地展现混沌系统对初值的敏感变化情况，且呈现出轨线局部发散或者收缩的情况，用以表示混沌轨迹的不可预测性和随机性。离散时间混沌系统的李雅普诺夫指数定义为

$$\lambda = \lim_{n\to\infty}\frac{1}{n}\sum_{n=0}^{n-1}\ln\left|\frac{\mathrm{d}f\left(x_n,\mu\right)}{\mathrm{d}x}\right| \tag{1-1}$$

由混沌系统的李雅普诺夫指数理论可知：用李雅普诺夫指数区分混沌运动的状态时，指数为正指数且李雅普诺夫指数大于零的值越多，该混沌运动更复杂。

（4）测量熵

测量熵是根据信息论的角度来度量一个系统的混沌程度[7]。假设动力学系统的相空间具有有限测度，给定相空间的一个有限分割 α ，每隔单位时间取样，可以得到一个符号动力系统。令 $P_i, i=0,1,\cdots,N(n)-1$ 表示字长为 n 的字符 i 出现的概率，$\sum_{i=0}^{N(n)-1} P_i = 1$，且 $H(n) = -\sum_{i=0}^{N(n)} P_i \mathrm{lb} P_i$，则系统的测量熵为

$$K = \sup_{\alpha}\lim_{n\to\infty}\frac{H\left(n\right)}{n} \tag{1-2}$$

判定系统运动的重要依据是，当 $K=0$ 时，系统处于规则运动；当 $K\to\infty$ 时，系统处于随机运动；当 $0<K<\infty$ 时，系统处于混沌运动，且随着 K 值的增加，混沌的程度越严重。

（5）功率谱法

功率谱分析是一种统计量的方法，用于描述复杂事件序列特征。傅里叶分析表明，一系列谐振和基振的叠加过程可以理解为周期运动，其中，各谐振的振幅与频率的关系称作离散谱。然而，在非周期运动中无法利用傅里叶级数展开，因此则需要展开成傅里叶积分，因而连续的频谱是非周期运动呈现的效果。用功率谱分析混沌系统时，由于混沌系统的动力学系统频谱为定长，因此得到的应该是连续的频谱，而且它可以历史重现。

总之，混沌运动是很复杂的，不对长时间直接观测到的运动状态进行分析，就不能得到混沌运动的性质和相关的频谱成分等方面的信息，也不易区分混沌和其他形式的运动[8]。为了研究混沌运动，一般用李雅普诺夫指数作为混沌运动的判断，它是表征混沌运动方面的统计特征值之一[9]。相空间的不规则轨道奇异吸引子能够用来描述混沌系统[10]，而奇异吸引子的运动状态可由李雅普诺夫指数来定量表示。所以，关于系统是否存在动力学混沌，可以从李雅普诺夫指数是否大于零来直观地判识出来[11]：如果吸引子至少有一个正的李雅普诺夫指数，那么就可以认定这个运动是混沌的。

1.3　常见的混沌系统

1.3.1　Logistic 混沌系统

Logistic 映射是典型的一维非线性动力学混沌系统。此混沌系统有优良的特性且广泛应用在混沌领域。其定义形式为

$$x_{k+1} = \mu x_k \left(1 - x_k\right), 0 < x_k < 1, k = 0,1,2\cdots \tag{1-3}$$

式中，$\mu \in (0,4]$，初始值 $x_0 \in (0,1)$。图 1-1(a)是当 μ 取不同值时对应的 x_k 的取值。图中结果显示 $\mu > 3$ 时，混沌系统将开始出现分岔，随着 μ 的增加，混沌系统出现更多的分岔点。而 $\mu > 3.569\,945\,6$ 时，Logistic 系统将会呈现更加复杂的混沌现象。从图 1-1(b)可以看出，系统产生的点阵完全覆盖在 $(0,1)$ 的整个区间内，体现出混沌系统的遍历性和有界性。

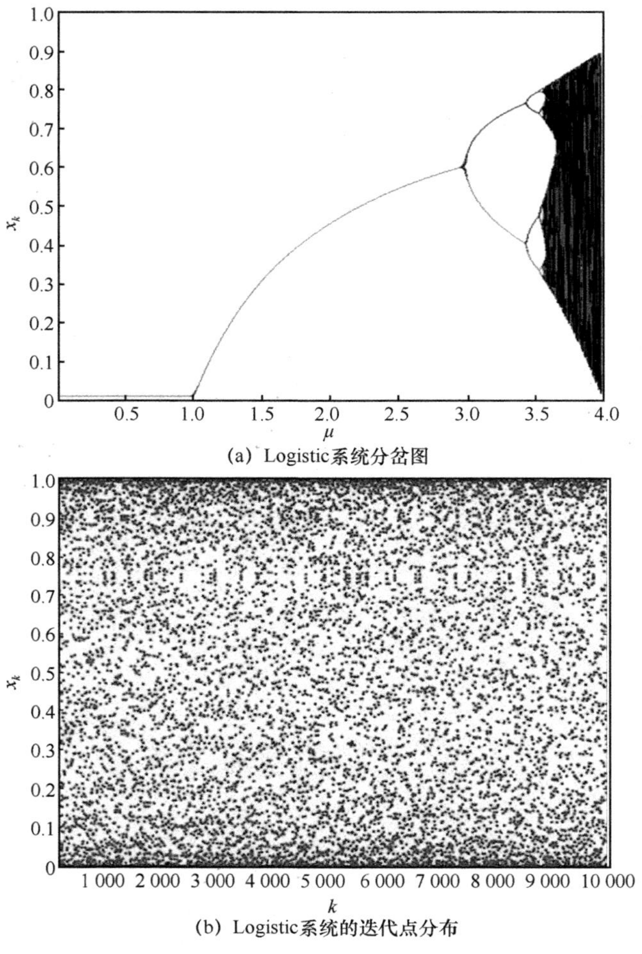

(a) Logistic系统分岔图

(b) Logistic系统的迭代点分布

图 1-1　Logistic 混沌系统

1.3.2　Henon 混沌系统

二维 Henon 系统的特征方程式为

$$\begin{cases} x_{n+1} = 1 - \lambda x_n^{\ 2} + y_n \\ y_{n+1} = \psi x_n \end{cases} \tag{1-4}$$

式中，λ 、ψ 为系统特性参数，当 λ=1.4 、ψ=0.3 且初值 $x_0 = y_0 = 0.4$ 时，Henon 系统进入混沌状态[12-13]，此时 Henon 混沌系统的时域图和吸引子图分别如图 1-2 和图 1-3 所示。

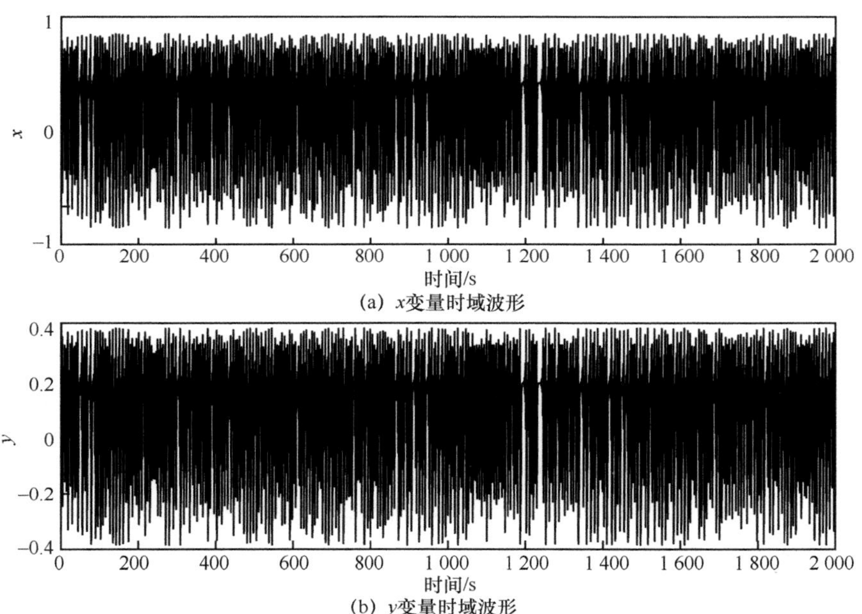

图 1-2　Henon 混沌系统的时域图

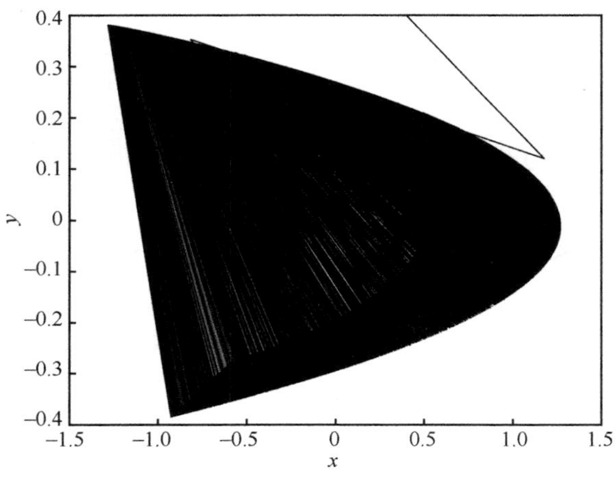

图 1-3　Henon 混沌系统的吸引子图

现已发现存在着多种不同维度的混沌运动，而且混沌运动的复杂度、不可预测度以及混沌的其他特性都会随着混沌运动的维度增加而不断增强。一般地，一维混沌运动和二维混沌运动的复杂度不够好，在理论研究及仿真时，更多地采用三维及三维以上的混沌运动系统，以取得更好的混沌保密效果。

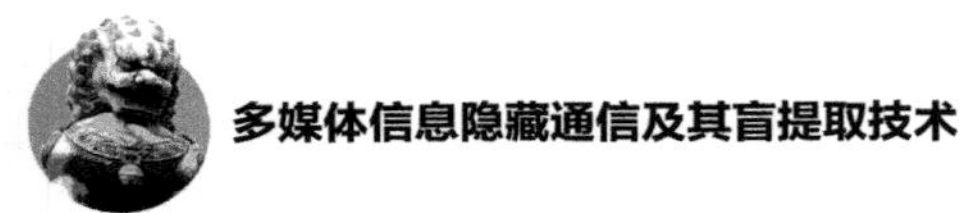

1.3.3 Lorenz 混沌系统

Lorenz 混沌方程是由美国气象学家 Lorenz 通过纳维–斯托克斯方程、热传导方程及连续性方程简化得出，Lorenz 方程开启了一个新的非线性系统状态，从此揭开了混沌研究的序幕，该方程的数学模型[14]为

$$\begin{cases} x' = a(y-x) \\ y' = cx - zx - y \\ z' = xy - bz \end{cases} \tag{1-5}$$

式中，a、b、c 为变化区域内有一定限制的实参数，而 x、y、z 为方程变量。同时，Lorenz 指出当参数选择为 $a=10$、$b=\dfrac{8}{3}$、$c=28$ 时 Lorenz 系统是混沌的。设置初始值 $x_0=1$、$y_0=1$、$z_0=1$，当 $t_0 \in [0,100]$ 时，可以得到 Lorenz 混沌运动系统的三维立体图如图 1-4(a)所示。同时，可以得到 Lorenz 混沌运动系统的三维演化图分别如图 1-4(b)、图 1-4(c)和图 1-4(d)所示。

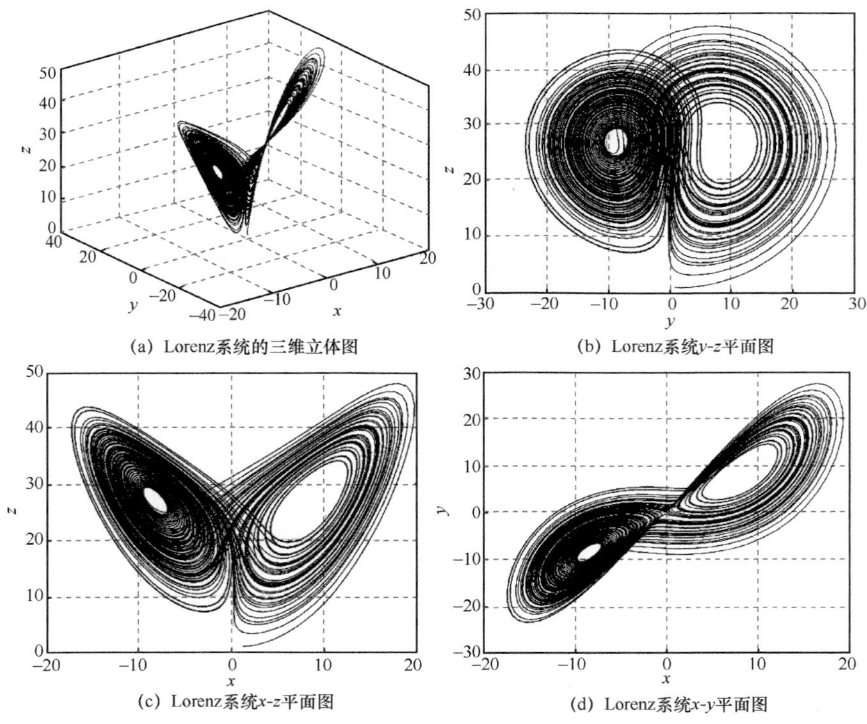

图 1-4　Lorenz 系统的三维立体图和三维演化图

从图 1-4 中可以看出，Lorenz 系统的三维演化图好像一只“蝴蝶”，这只“蝴蝶”在 y-z、x-z、x-y 平面上的投影都是非线性的。

另外，经过对 Lorenz 混沌运动系统的剖析，可以得到 Lorenz 混沌运动系统的三维时域图，如图 1-5 所示。

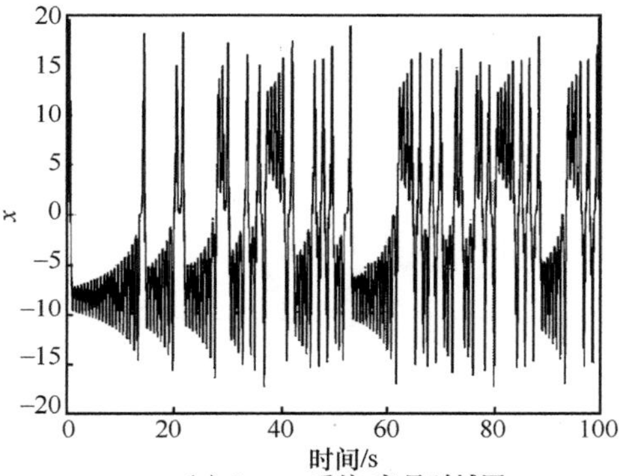

(a) Lorenz系统x变量时域图

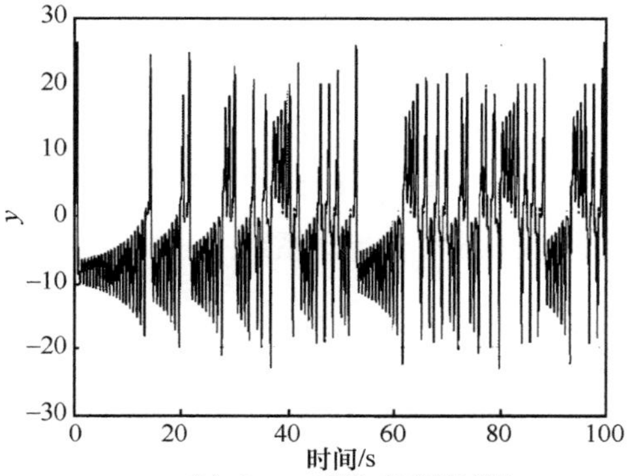

(b) Lorenz系统y变量时域图

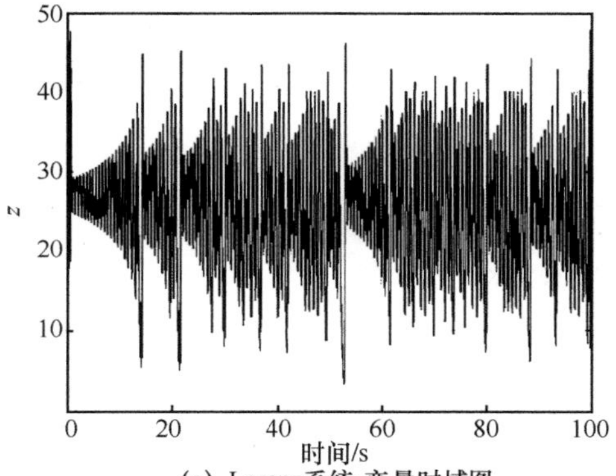

(c) Lorenz系统z变量时域图

图 1-5　Lorenz 系统的时域图

通过图 1-5 可以看出，x 、y 、z 随着时间 t 的变化，一直都表现为一种持续振荡的模式。

1.3.4　Chen 混沌系统

1999 年，学者陈关荣发现了一个新的混沌吸引子——陈吸引子，它与 Lorenz

系统类似，但它的拓扑结构与 Lorenz 系统并不等价，而是更复杂。Chen 混沌系统的动力学方程式[15]为

$$\begin{cases} x' = a(y-x) \\ y' = (c-a)x - zx + cy \\ z' = xy - bz \end{cases} \tag{1-6}$$

式中，a、b、c为参数，x、y、z为控制变量。

在 Chen 混沌运动系统中，选择参数$a=35$、$b=3$、$c=28$，设置初始值$x_0=1$、$y_0=1$、$z_0=1$，当$t_0\in[0,100]$时，可以发现 Chen 混沌运动系统开始呈现混沌状态。此时，Chen 混沌运动系统的三维立体图和三维演化图如图 1-6 所示。

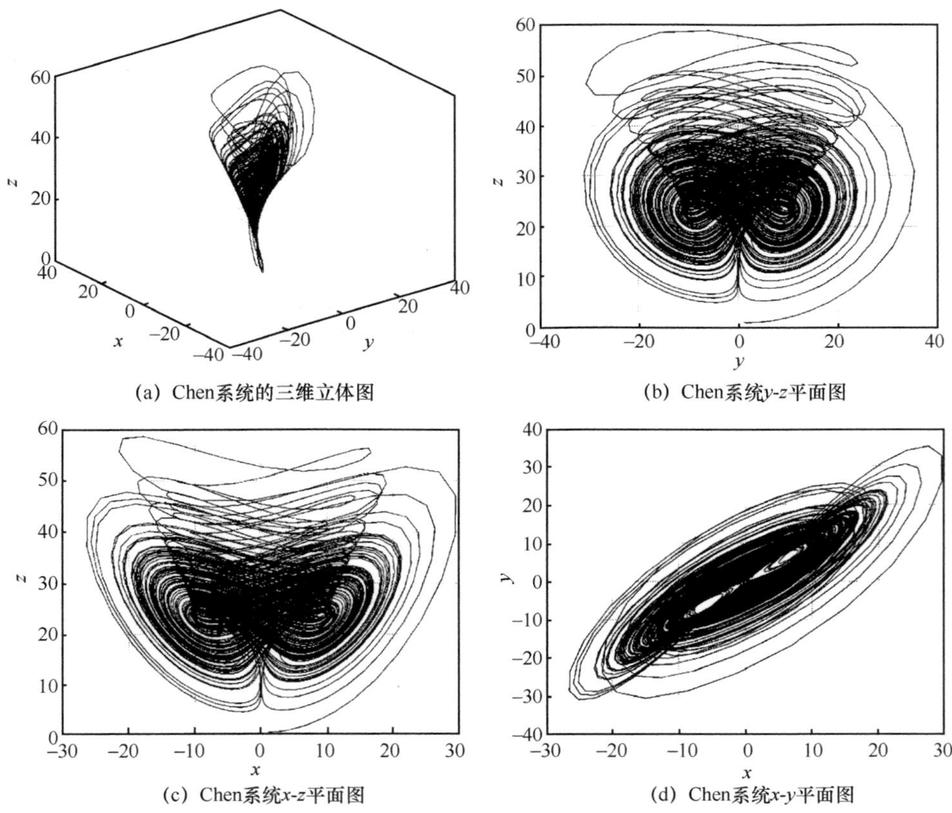

(a) Chen系统的三维立体图　(b) Chen系统y-z平面图

(c) Chen系统x-z平面图　(d) Chen系统x-y平面图

图 1-6　Chen 混沌运动系统的三维立体图和三维演化图

另外，通过对 Chen 混沌运动系统的分析，可以得到 Chen 混沌运动系统的三维时域图如图 1-7 所示。由图 1-7 可以看出，Chen 混沌系统的 x 、 y 、 z 的时域响应图好像三段不同的物理声波图。

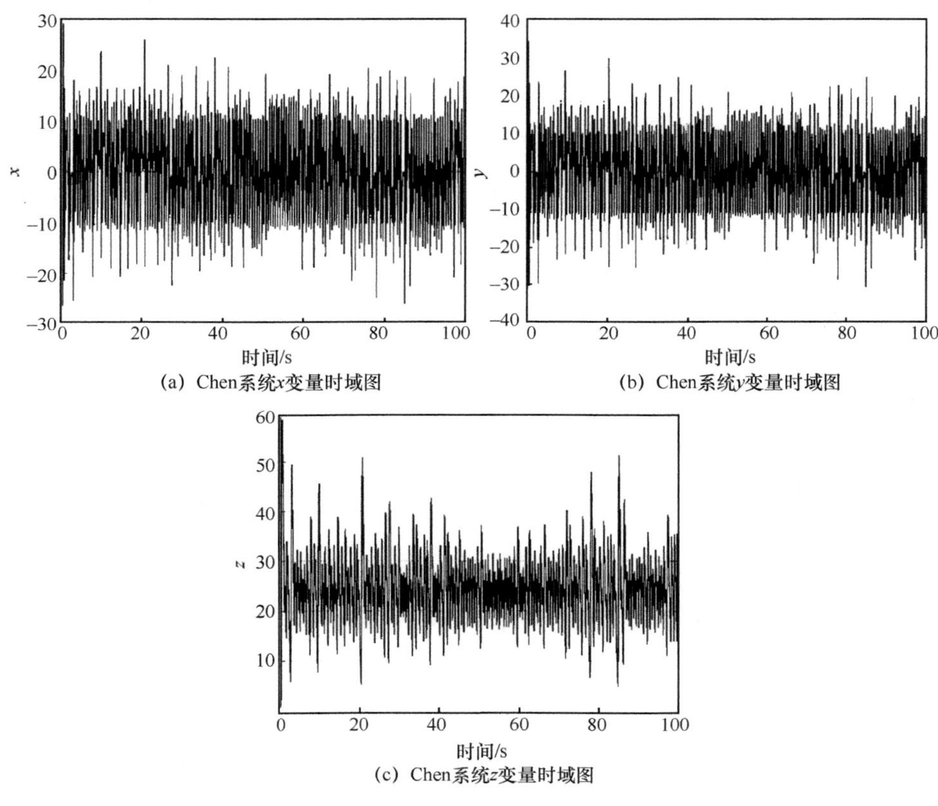

(a) Chen系统x变量时域图　(b) Chen系统y变量时域图

(c) Chen系统z变量时域图

图 1-7　Chen 系统的时域图

以上，本章系统地分析了 Lorenz 系统、Chen 系统的混沌特性。相比之下，Chen 系统比 Lorenz 系统具有更复杂的拓扑结构和动力学行为，这一方面使它在信息安全和通信保密等领域有着更宽广的应用前景[16]。

1.3.5　Qi 混沌系统

作为四维超混沌系统，Qi 混沌[17-19]系统表现出比二维、三维混沌系统更复杂的动力学特性。Qi 混沌系统的每个方程式都包含非线性项，因此其动态行为更难预测，极大地提高了破译难度，这也是 Qi 混沌系统与以往混沌系统的区别所在。其动力学方程式为

$$\begin{cases} x_1' = \lambda\left(x_2 - x_1\right) + x_2 x_3 x_4 \\ x_2' = \psi\left(x_1 + x_2\right) - x_1 x_3 x_4 \\ x_3' = \omega x_3 + \tau x_1 x_2 x_4 \\ x_4' = \varphi x_4 + x_1 x_2 x_3 \end{cases} \tag{1-7}$$

式中，x_1、x_2、x_3、x_4 为系统的状态，λ、ψ、ω、τ、φ 为系统的特性参数。当 $\lambda = 50$、$\varphi = -20$、$\psi = 4$、$\omega = -13$、$\tau = 4$、$x_1 = 1.01$、$x_2 = 1.01$、$x_3 = 1.01$、$x_4 = 1$ 时，Qi 系统进入超混沌状态。Qi 混沌系统的时域图和吸引子图分别如图 1-8 和图 1-9 所示。

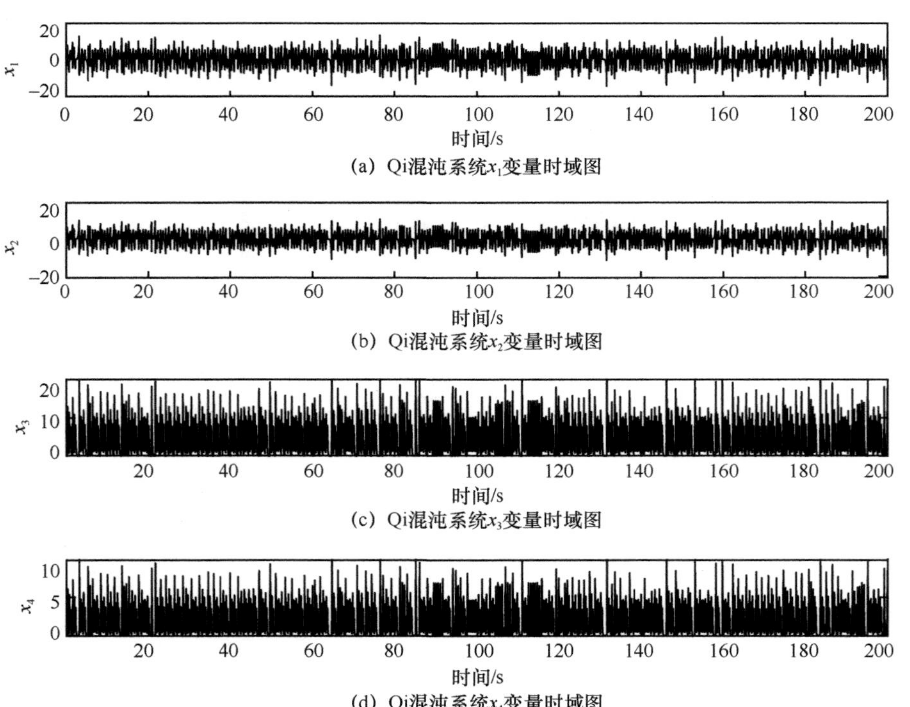

图 1-8　Qi 混沌系统的时域图

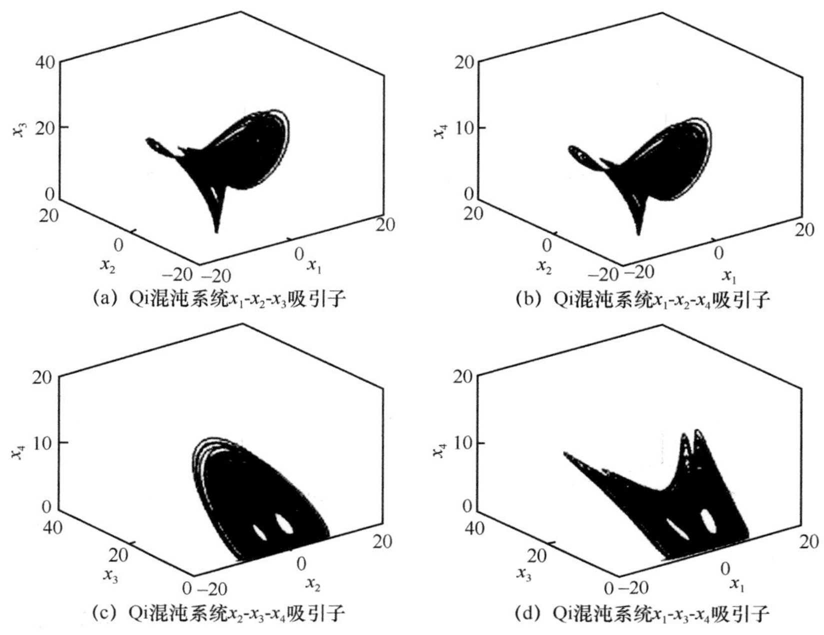

(a) Qi混沌系统x_1-x_2-x_3吸引子　(b) Qi混沌系统x_1-x_2-x_4吸引子

(c) Qi混沌系统x_2-x_3-x_4吸引子　(d) Qi混沌系统x_1-x_3-x_4吸引子

图 1-9　Qi 混沌系统的吸引子图

1.4　混沌遮掩及保密特性

实际上，从信息安全的角度考虑，信息隐藏技术除了需要具备不可预测性及抗干扰能力之外，还应该保证信息传输过程中的安全性，即信息一旦被攻击或截获，仍然具备不可破译性，从而大大提高信息隐藏的有效性与可靠性。混沌信号是由确定性系统产生的，它具有随机性、对初始条件的敏感性以及宽频谱等优质特性，其近似为零的互相关函数对多用户干扰起到较好的约束作用，因此在保密通信领域得到广泛的运用。

1.5　本章小结

本章从语音信号数字化的优点入手，给出 3 种比较经典的混沌系统，简要分析它们的动力学特性，给出了相应的混沌吸引子图及时域波形图；结合混沌系统的特性对数字化混沌保密遮掩技术进行分析，为后面语音信号的混沌保密遮掩奠定基础。下一章就正定含噪系统中数字语音信号的隐藏和分离进行仿真实验，结合实验数据对算法的有效性、普适性及数字信号的可靠性进行验证。

参考文献

[1] BRUNTON S L, BRUNTON B W, PROCTOR J L, et al. Chaos as an intermittently forced linear system[J]. Nature Communications, 2016, 8(1): 19.

[2] COTLER J, HUNTER-JONES N, LIU J, et al. Chaos, complexity, and random matrices[J]. Journal of High Energy Physics, 2017, 2017(11): 48.

[3] 杨晓刚，王飞，毛彦斌，等. 基于位运算的动态多混沌图像加密算法[J]. 火控雷达技术, 2015(2): 22-27.

[4] YAMADA T, FUJISAKA H. Stability theory of synchronized motion in coupled oscillator systems III[J]. Progress of Theoretical Physics, 1984, 72: 32-47.

[5] HUA Z, ZHOU Y, PUN C M, et al. 2D sine logistic modulation map for image encryption[J]. Information Sciences, 2015, 297: 80-94.

[6] 贾红艳，陈增强，袁著祉. 一个大范围超混沌系统的生成和电路实现[J]. 物理学报, 2009(7): 4469-4476.

[7] BENETTIN G, GALGANI L, STRELCYN J M. Kolmogorov entropy and numerical experiments[J]. Physical Review A, 1976, 14(6): 2338-2345.

[8] 柳娜. 基于混沌的数字图像加密算法的研究[D]. 哈尔滨: 哈尔滨理工大学, 2012.

[9] 崔聪. 混沌同步理论及其在图像保密通信中的应用研究[D]. 哈尔滨: 哈尔滨工程大学, 2013.

[10] 陆建山，王昌明，张爱军，等. 基于混沌时间序列的多步预测方法研究[J]. 测试技术学报, 2012, 26(1): 21-25.

[11] 张翌旸. 混沌序列在图像信息加密及跳频序列构造上的应用研究[D]. 长春: 东北师范大学, 2009.

[12] HENON M. A two-dimensional mapping with a strange attractor[J]. Communications in Mathematical Physics, 1976, 50: 69-77.

[13] 贺锋涛，张敏，白可，等. 基于激光散斑和Henon映射的图像加密方法[J]. 红外与激光工程, 2016, 4: 275-279.

[14] GEORGIEV P, THEIS F, CICHOCKI A. Blind source separation and sparse component analysis of overcomplete mixtures[C]//IEEE International Conference on Acoustics, Speech, and Signal Processing. Piscataway: IEEE Press, 2004: 493-496.

[15] 杨晓刚，王飞，毛彦斌，等. 基于位运算的动态多混沌图像加密算法[J]. 火控雷达技术, 2015(2): 22-27.

[16] 涂立，张弛，张应征，等. 基于二维广义 Logistic 映射和反馈输出的图像加密算法[J]. 中

南大学学报(自然科学版), 2014(6): 1893-1899.

[17] QI G Y, DU S Z, CHEN G R, et al. On a four-dimensional chaotic system[J]. Chaos, Solitons & Fractals, 2005, 23(5): 1671-1682.

[18] QI G, MICHAEL A, BAREND J, et al. On a new hyperchaotic system[J]. Physics Letters A, 2008, 372: 124-136.

[19] QI G, MICHAEL A, BAREND J, et al. A new hyperchaotic system and its circuit implementation[J]. Chaos, Solitons & Fractals, 2009, 40(5): 2544-2549.

第2章 正定含噪混沌遮掩及语音信号盲分离

1985年之后，盲源分离（Blind Source Separation，BSS）算法得到大量的研究并取得了丰富的成果，这使它成为一种有效提取信号的手段。典型的例子就是“鸡尾酒会”问题[1]。在喧闹的鸡尾酒会场有很多的声音来源，如人们的谈论声、乐器的演奏声、窗外的汽笛声。即使会场有许多嘈杂声，但你仍然可以全神贯注地和你的朋友交谈。在事先不了解麦克风方位和声音来源的情况下，说话者的声音怎么才能从麦克风收集到的语音信号中被提取出来，BSS的出现是为了解决这类问题。本章将在噪声背景下对算法的分离性能及数字信号的可靠性进行验证。

2.1 ICA 基本原理

BSS 算法作为目前信号处理方向的热门研究对象之一，已成为各国学者关注和研究的焦点。独立成分分析（Independent Component Analysis，ICA）作为 BSS 算法中比较经典的分离方法，随着学者们对盲分离问题探究的不断深入而引起广泛的关注。ICA 算法的基本思想是，首先通过传感器采集观测信号，根据信号本身所具有的统计特性寻找一个切合的目标函数；然后选取适合的迭代算法，在此基础上进一步对目标函数进行优化，得到最优的解混矩阵[2]；最后利用解混矩阵对接收端的观测信号进行转换，得到所求的源信号的估计。混合分离模型如图 2-1 所示。

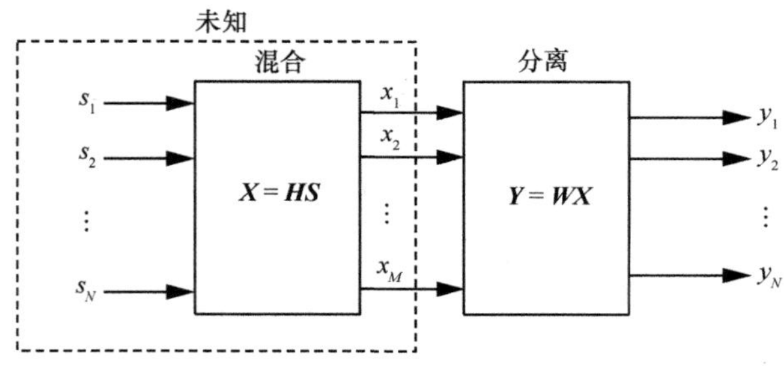

图 2-1　混合分离模型

混合模型的数学表达式为

$$X = HS = \sum_{j=1}^{n} h_j s_j, j = 1, 2, \cdots, n \tag{2-1}$$

式中，$S = [s_1, s_2, \cdots, s_N]^T$ 表示 N 个未知的源信号向量，经 $M \times N$ 阶的未知信道混合矩阵 H 混合后得到 M 个观测信号组成的向量 $X = [x_1, x_2, \cdots, x_M]^T$，$h_j$ 为混合矩阵的列向量。

在 ICA 系统模型中，源信号和信道矩阵均是未知的，如果仅对接收端的观测信号进行分离来获得期望信号，由于观测信号分离时解不是唯一的，需要在使用算法进行分离时人为设置一些约束条件。

① 发送端天线的个数小于或等于接收端天线的个数，保证 $N \leqslant M$，同时信道矩阵 H 满足 $r(H) = n$（n 为矩阵的阶数），逆矩阵 H^{-1} 存在。

② 各源信号均值等于零且彼此之间相互统计独立。

③ 各源信号的概率分布函数中最多有一个是高斯分布。

④ 在 ICA 的使用过程中，对于源信号的概率分布函数有一些先验知识。

分离模型的数学表达式为

$$Y(t) = WX(t) = WHS(t) \tag{2-2}$$

式中，W 表示接收端采用盲分离算法所得到的解混矩阵，$Y = [y_1(t), y_2(t), \cdots, y_N(t)]^T$ 表示接收端的分离信号向量。ICA 的目的就是寻找解混矩阵 $W = (w_{ij})_{n \times n}$（信道矩阵 H 的逆矩阵），根据算法设置的假设和约束条件，改变分离矩阵 W 使分离信号 Y 与源信号 S 具有一致性，即

$$Y = P\Lambda S \tag{2-3}$$

式中，P 和 Λ 分别表示置换矩阵和对角矩阵。

2.2　正定系统模型建立

根据通信系统中发送端和接收端天线的配置情况，将系统模型分为正定[3-4]混合盲分离和欠定混合盲提取两类。本节以数字化处理为基础，假设接收端天线个数与发送端天线个数相等（$M = N$），正定系统盲分离模型如图 2-2 所示。

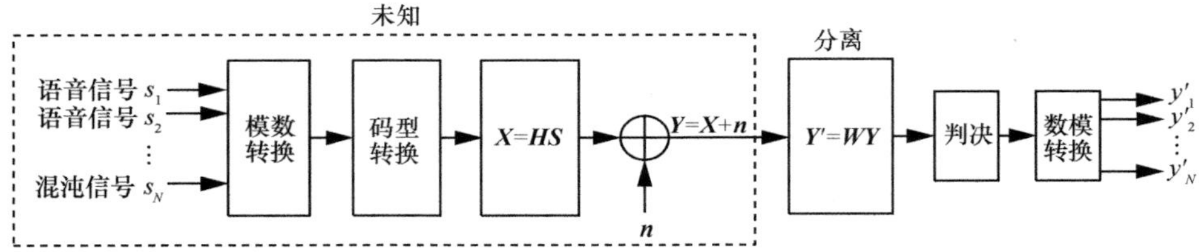

图 2-2　正定系统盲分离模型

正定系统模型的数学表达式为

$$\boldsymbol{Y}=\boldsymbol{HS}+\boldsymbol{n} \tag{2-4}$$

式中，$\boldsymbol{H}$ 表示 $N\times N$ 阶的信道混合矩阵，$\boldsymbol{S}=\left[s_1(t),s_2(t),\cdots,s_N(t)\right]^{\mathrm{T}}$ 表示 N 个源信号向量，在盲分离中 $\boldsymbol{H}$ 和 $\boldsymbol{S}$ 均未知。为了保证信号传输过程中的安全性，选取 $\boldsymbol{S}$ 中的某一个向量为混沌信号，其余为语音信号，经过 A/D 转换之后在含噪信道中信号进行混合，$\boldsymbol{n}$ 表示信道中的噪声。分离模型的数学表达式为

$$\boldsymbol{Y}'=\boldsymbol{WY}=\boldsymbol{WHS}+\boldsymbol{Wn} \tag{2-5}$$

式中，$\boldsymbol{W}$ 表示接收端采用盲分离算法所得到的分离矩阵，即解混矩阵；$\boldsymbol{Y}=\left[y_1(t),y_2(t),\cdots,y_M(t)\right]^{\mathrm{T}}$ 表示接收端的观测信号向量。

发送端对语音信号和混沌信号进行 A/D 转换得到相应的码元序列之后，再进行混合，在信道中加入加性高斯白噪声 $\boldsymbol{n}$。

2.3　数字化编码方式

语音信号属于非平稳信号的范畴，其频率和幅值级别相对较低[5]。语音信号的频率大部分都集中在低频附近，因此直接对语音信号进行传输很难满足信道的要求，并且与模拟语音信号相比，数字语音信号受信道噪声影响较小，抗干扰能力较强。以下为语音信号数字化的优势所在[6]。

① 数字语音信号受传输影响小，而模拟语音信号在传输时各种噪声将以叠加的形式积累在信号上，使语音信号的质量大大下降。

② 数字系统中可以采用纠错编码等差错控制技术，提高系统抗干扰能力。

③ 数字系统可以采用数据压缩技术，减少输入信号的冗余度，提高信号的传输速率。

④ 数字系统可以采用高保密的加密技术，提高信号传输过程中的安全性。

⑤ 和模拟通信设备相比，数字通信设备的设计和制造更简便，使得将理论知识转为实际应用更易于实现。

语音编码可以分为以下 3 种[7]：波形编码、参数编码和混合编码。波形编码通过对时域或变换域信号进行数字化处理，将模拟信号变为数字信号，使编码前后的语音信号在波形上具有较高的相似度。参数编码通过对源信号的特征参数进行数字化编码处理，经传输后在解码端对接收到的数字信号进行解码，再根据解码得到的特征参数重新构建语音信号。混合编码则包含了上述两种编码的特性，保证在传输速率较低的同时还能合成高质量的语音信号。

2.3.1　波形编码

波形编码在保持较高音质的基础上应使量化后语音样点的比特值降到最低，因此，波形编码要求重构前后语音信号间的样本值差别尽可能小。设 $H(x)$ 为原语音信号，$\hat{H}(x)$ 为重构后的语音信号，两者之间的量化误差可表示为 $\eta(x)=H(x)-\hat{H}(x)$，波形编码旨在通过给定的传输比特率，使 $\eta(x)$ 的能量有一个最小值。常见的波形编码方法有 3 种，分别是脉冲编码调制（Pulse Code Modulation，PCM）、自适应增量调制（Adaptive Delta Modulation，ADM）和自适应差分脉冲编码调制（Adaptive Differential Pulse Code Modulation，ADPCM）。为提高语音信号的量噪比，需要对其进行非均匀量化处理，脉冲编码调制中用于不均匀量化的方法有两种，μ 律和 A 律，编码速率为 64 kbit/s；与脉冲编码调制相比，自适应增量调制的编码速率较低，它采用 16～32 kbit/s 的速率对信号增量进行自适应量化处理；自适应差分脉冲编码调制是对波形样点的预测值与原语音信号之间的差值进行编码处理，在编码速率为 32 kbit/s 时可得到高质量的语音信号。由于波形编码具有音质高、适应性好、算法复杂度较低、抗干扰能力强等优点，因此本章选取波形编码中比较常用的 PCM 对语音信号进行数字化处理。

2.3.2　参数编码

通过建立语音信号产生的数字模型来对语音信号进行分析和特征参数（声门振动的激励参数和表征声道特性的声道参数）的提取，产生一组有效的参数编码[8]。语音信号的主要信息可以通过提取的特征参数来体现，可以用较小的比特数来对这些特征参数信息进行编码；在语音信号的还原中，可以通过解码这些参数进行还原。在这个过程中，选择合适的特征参数和合成器的类型来降低码率。参数编码的目的在于提高重构语音信号可懂性的基础上，使重构前后的语音信号之间不存在映射现象。因此，在缺乏客观评价标准的情况下，需要借助主观来评定合成语音的好坏。参数编码虽然具有低速率语音编码的特点，但是这种编码在语音质量和自然度上效果比较差，并且相应的编码器对噪声的要求比较高。在本章的仿真中为了进一步验证数字信号的抗噪性，考虑了不同信噪比情况下算法的分离性能，鉴于参数编码对噪声比较敏感，因此在这里不做考虑。

2.3.3 混合编码

混合编码将波形编码和参数编码的优点结合起来，在得到高质量语音信号的同时还能获得很低的编码速率，在 4～16 kbit/s 的速率上能够合成高质量语音。常见的混合编码有两种，多脉冲激励线性预测编码（Multi-Pulse Excited-Linear Predictive Coding，MPE-LPC）和码激励线性预测编码（Code Excited Linear Prediction，CELP）。但混合编码以复杂的算法和很大的运算量为代价，大大增加了算法分离的难度，因此在本章仿真中不做考虑。

语音信号可以从日常生活中选取，但考虑到噪声的存在对语音信号的产生带来不可避免的干扰作用，为了保证算法的有效性及可对比性，从国际标准语音库——TIMIT 语音库中选取语音信号。这里选取该语音库中的 SA1、SA2 和 SI943 语音作为待遮掩信号。3 种语音信号的时域波形如图 2-3 所示。

本章的仿真实验采用的语音信号数字化处理方法是 PCM 中的 A 律 13 折线编码，这种方法是 PCM 非均匀量化中的一种对数压扩形式。PCM 由采样、量化、编码 3 个步骤组成。其中，量化是通过离散的方法实现对抽样值的取值，根据离散间隔的大小来区分均匀量化和非均匀量化。在均匀量化中，量化间隔及量化噪声功率都是固定的，所以在小信号的传输过程中，信噪比很难达到既定的要求。非均匀量化可以克服均匀量化的缺点，通过增大大信号的量化间隔，减小小信号的量化间隔，实现对任何输入信号都保持几乎相同的信噪比，可以明显改善信号的量化信噪比。A 律和 μ 律是语音信号量化过程中常采用的两种对数形式，我国和欧洲一般采用 A 律 PCM 对语音信号进行数字化处理。

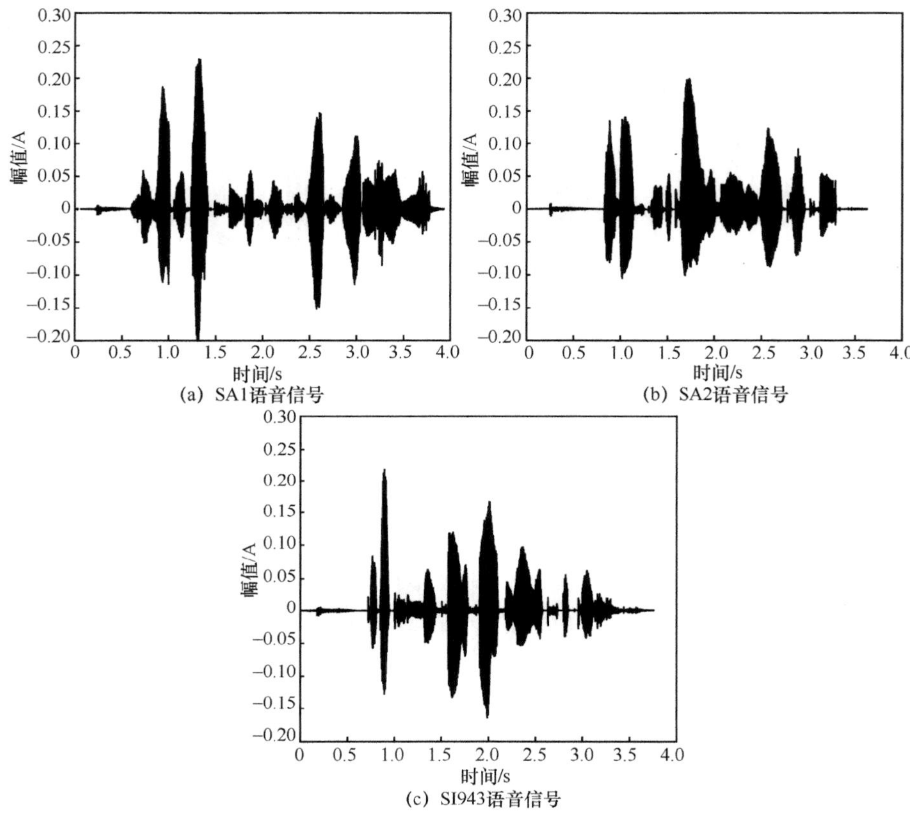

图 2-3　语音信号时域波形

首先对语音信号进行采样处理，设采样频率 $f_s = 8\ \text{kHz}$，然后对采样值进行 8 bit 量化，各量化值用二进制码元序列表示。为了验证该编码方式的有效性，需要对语音信号进行解码，输出相应的波形。图 2-4 为三路语音信号的解码波形。将解码输出后语音信号的波形图与源语音信号的波形图进行对比分析，可以观察出信号波形之间基本上完全相同，说明该编码方式成功实现了对语音信号的编码。

同样，需要对混沌信号进行数字化处理以获得二值化的码元序列。以 3 种不同维度的混沌信号作为遮掩载体，根据不同的混沌系统给定其相应的参数和初值，系统将进入混沌状态，其动力学方程产生相应的实值序列，再进一步对实值序列进行量化即可得到 0/1 码元序列。为了保证量化过程的精准性，依次选取混沌系统实值序列的均值作为量化判决标准，其中 Henon 混沌系统的量化判决值为 0.3，Chen 混沌系统的量化判决值为−0.02，Qi 混沌系统的量化判决值为 0.06。

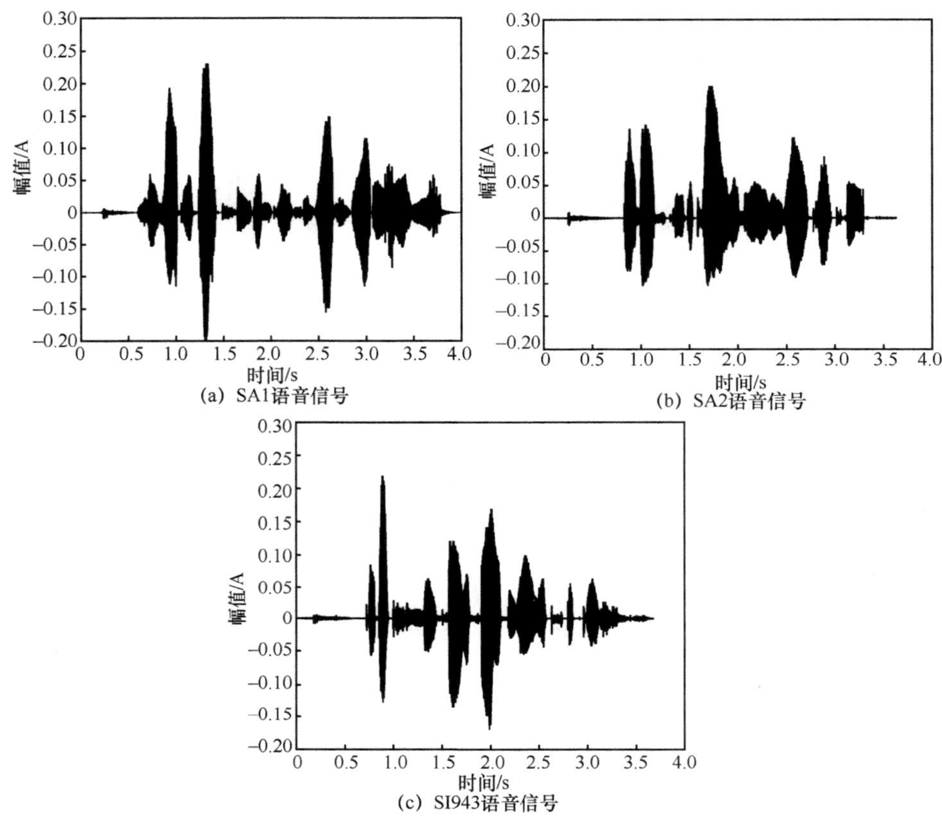

(a) SA1语音信号

(b) SA2语音信号

(c) SI943语音信号

图 2-4　三路语音信号解码波形

2.4　二进制判决门限的选择

由于信道和噪声的影响，分离后的序列为实值序列，故需要设置相应的二进制判决门限，把实值序列转换成 0/1 码元序列。关于二进制判决门限的选取问题，《数字通信——基础与应用》的第 4 章有说明：检验统计量为

$$Q(t)=a_i(t)+n(t),\quad i=1,2 \tag{2-6}$$

式中，$n(t)$ 是噪声分量。由于噪声分量 $n(t)$ 是均值为 0 的高斯随机变量，因此 $Q(t)$ 是均值为 a_1 或 a_2 的高斯随机变量，究竟是哪一个则取决于发送信号是二进制 0 还是二进制 1。

高斯随机变量 $n(t)$ 的概率密度函数（Probability Density Function，PDF）为

$$p(n)=\frac{1}{\sigma\sqrt{2\pi}}\exp\left[-\frac{1}{2}\left(\frac{n}{\sigma}\right)^2\right] \tag{2-7}$$

由式（2-6）和式（2-7）可以得到随机变量 $Q(t)$ 的两个条件概率密度函数 $p\left(\frac{Q}{s_1}\right)$ 和 $p\left(\frac{Q}{s_2}\right)$，这两个 PDF 分别称为 s_1 和 s_2 的似然函数，表达式分别为

$$p\left(\frac{Q}{s_1}\right)=\frac{1}{\sigma\sqrt{2\pi}}\exp\left[-\frac{1}{2}\left(\frac{Q-a_1}{\sigma}\right)^2\right] \tag{2-8}$$

$$p\left(\frac{Q}{s_2}\right)=\frac{1}{\sigma\sqrt{2\pi}}\exp\left[-\frac{1}{2}\left(\frac{Q-a_2}{\sigma}\right)^2\right] \tag{2-9}$$

式中，σ^2 表示噪声分量，$p\left(\frac{Q}{s_1}\right)$ 和 $p\left(\frac{Q}{s_2}\right)$ 分别表示已知发送信号为 $s_1(t)$ 和 $s_2(t)$ 时检测输出 $Q(t)$ 的概率密度函数。

在高斯噪声条件下，二进制判决门限的选择是基于最小差错概率准则的，其表达式为

$$Q(t)\underset{H_2}{\overset{H_1}{\gtrless}}\frac{a_1+a_2}{2}=\gamma_0 \tag{2-10}$$

当发送信号为 $s_1(t)$ 时，$Q(t)$ 的信号分量为 a_1；当发送信号为 $s_2(t)$ 时，$Q(t)$ 的信号分量为 a_2。由于信号混合前需要分别对语音信号和混沌进行二进制相移键控（Binary Phase Shift Keying，BPSK）调制，因此在该仿真中可设 $a_1=-1$、$a_2=1$。当门限值 $\gamma_0=\frac{a_1+a_2}{2}$ 时，可以使等概信号的错误判决概率最小。因此，对于等概率且极性相反的信号，最优化判决准则变为

$$Q(t)\underset{H_2}{\overset{H_1}{\gtrless}}=0 \tag{2-11}$$

因此本章所有仿真在对信号进行数字化处理的过程中选 0 作为二进制判决门限的判决值。

2.5 语音信号与混沌载体的时频分析

考虑到本章的仿真实验所选取的两种信号（混沌信号、语音信号）均为非平稳信号，无法采用傅里叶变换对其进行分析。而时频联合分析方法能对信号的时域和频域分布特性进行处理，是分析非平稳信号的有效手段。其中小波变换[9]是信号分析领域较常用的时频分析方法。小波变换的优势在于它可以对分析信号进行任意的放大平移，并对其特征进行提取。在图像信号分析领域中，常用小波变换对复杂信号进行多分辨率分析。基于小波变换的这些优点，时域（空域）–频域中大多使用小波变换的多分辨率分析方法。

凭借着小波变换在信号处理方面表现出的优良特性，本章仿真采用复 Morlet 小波对语音信号和混沌信号进行处理，发掘语音信号和混沌信号的时频分布特性。语音信号的采样频率 $f_s = 8\ \text{kHz}$，三路语音信号 SA1、SA2 和 SI943 的小波分析如图 2-5 所示。

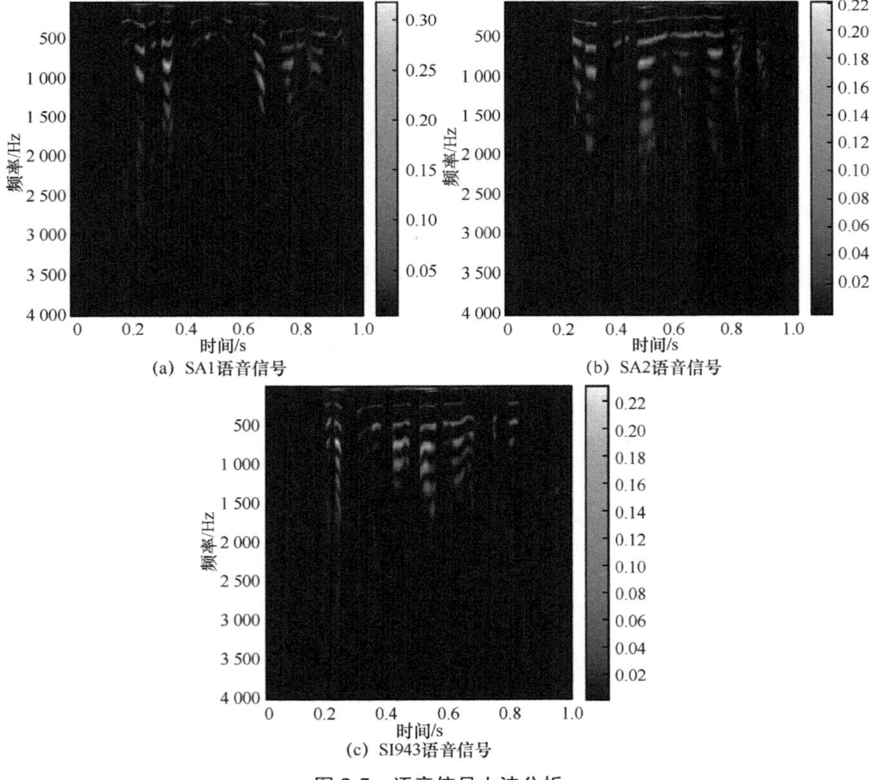

图 2-5 语音信号小波分析

通过分析三路语音信号的小波变换图可知，虽然它们的频率分布范围比较广，但幅值级别相对高的信号主要分布在 500～1 000 Hz 频段内，该频段可称作“能量聚集带”。

选取 Henon 混沌系统、Chen 混沌系统和 Qi 超混沌系统中的 x 分量作为遮掩载体，利用小波变换对它们进行分析处理，以了解混沌信号的时频能量聚集特性。图 2-6 为 Henon、Chen 和 Qi 混沌系统 x 分量的时频分析。

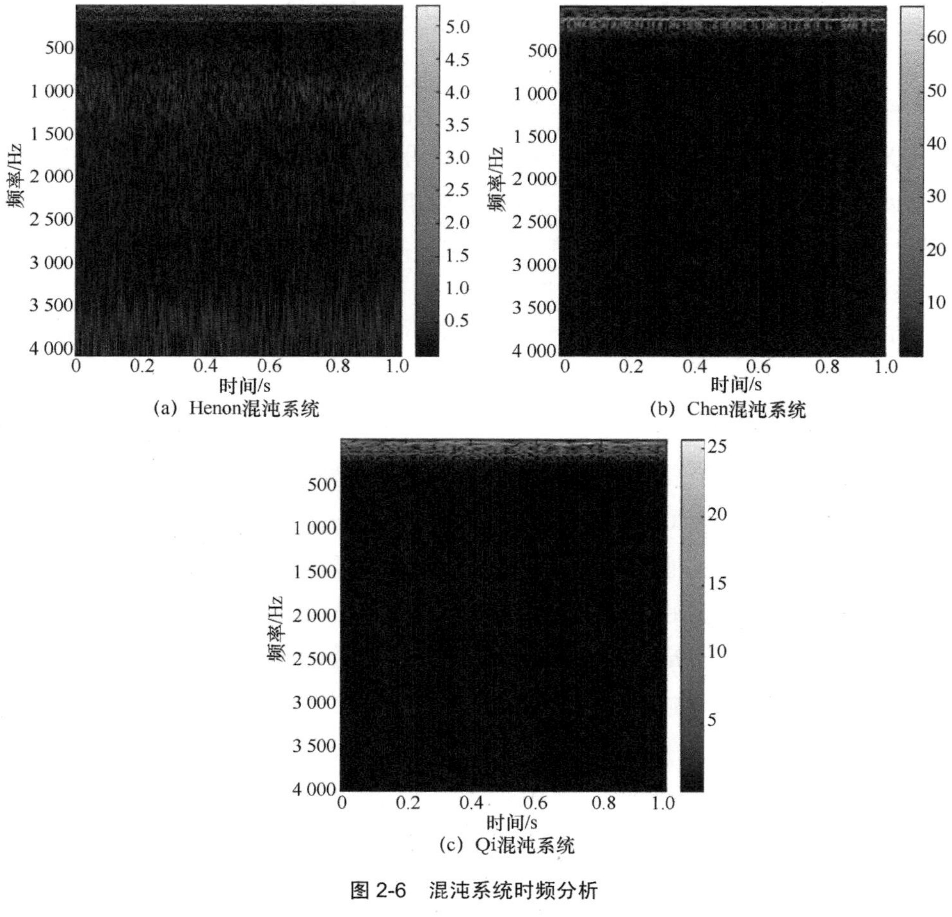

(a) Henon混沌系统

(b) Chen混沌系统

(c) Qi混沌系统

图 2-6　混沌系统时频分析

分析图 2-6 可知，Henon 混沌系统在整个频率范围内能量分布比较均匀，大约为 0.7 J；Chen 混沌系统的能量聚集带出现在 0～300 Hz 频段内，在该频段内能量强度最高可达到 60 J，在其他频段内能量分布情况相对均匀，能量强度大约为 6 J；Qi

混沌系统的能量集中分布在 0～200 Hz 频段内，在该频段内能量强度高达 23 J，在其他频段内能量分布相对均匀，这与 Chen 混沌系统相似，能量强度大约为 3 J。

综上，可以得出以下结论：语音信号的幅值和能量级别远小于混沌信号，从信号能量角度考虑，可借助混沌信号所具有的高能量特性实现对语音信号的遮掩。在之后将通过仿真实验进一步验证语音信号的成功遮掩，说明本章研究的可行性。

2.6 噪声影响及其分类

噪声会对信号产生各种各样的干扰作用。如果无法克服噪声干扰，就会造成信号失真，严重时将无法保证通信过程准确和有效地进行。由于天体放电、电气设备等原因造成系统外部干扰，使电磁波引起的噪声，称作外部噪声；由于机械运动、器材材料本身以及系统内部电路等原因，引起系统内部的噪声，称之为内部噪声。按照其产生原因，对这两种噪声进行划分。

根据噪声的统计特性是否随时间变化，将其分为非平稳噪声和平稳噪声。非平稳噪声，即噪声的统计特性随时间变化；若统计特性不随时间变化，则为平稳噪声。不追究其严格的数学定义，在设计应用中一般用统计的观点去看待它。

此外，按照噪声和信号的关系，将其分为加性噪声和乘性噪声两大类[10]。加性噪声是以混合叠加的形式出现在信号上。不论信号有无，加性噪声对系统的危害始终存在。与加性噪声不同的是，乘性噪声与有用信号是共存的关系，如果信号不存在，则乘性噪声也不存在。窄带高斯噪声、白噪声、高斯噪声、高斯白噪声这几种噪声是通信系统理论分析中最常用的几种噪声。本章的所有仿真中的噪声均为加性高斯白噪声，一是为了体现数字化处理的抗噪优势，二是为了验证算法在噪声环境下的稳定性。

文献[11-13]指出，噪声影响可由式（2-12）和式（2-13）推导。设 σ^2 为平稳加性高斯白噪声的方差，在无噪声和有噪声时，盲源分离混合模型的数学表达式分别为

$$\boldsymbol{x}(t)=\boldsymbol{H}\boldsymbol{s}(t) \tag{2-12}$$

$$\boldsymbol{x}(t)=\boldsymbol{H}\boldsymbol{s}(t)+\boldsymbol{n}(t) \tag{2-13}$$

设 $\boldsymbol{W}$ 为无噪声时的解混矩阵，令 $\boldsymbol{W}$ 与式（2-13）的左右两边相乘，可得

$$\boldsymbol{Wx}(t)=\boldsymbol{WHs}(t)+\boldsymbol{Wn}(t) \tag{2-14}$$

又有

$$\boldsymbol{W}=\boldsymbol{UQ}=\boldsymbol{U}\boldsymbol{\Lambda}_s^{-\frac{1}{2}}\boldsymbol{V}_s^{\mathrm{T}} \tag{2-15}$$

式中，$\boldsymbol{U}$ 为正交解混矩阵，$\boldsymbol{\Lambda}_s^{-\frac{1}{2}}\boldsymbol{V}_s^{\mathrm{T}}$ 为球化预处理矩阵的正交解形式，$\boldsymbol{\Lambda}_s$ 为观测信号协方差矩阵 $\boldsymbol{R}_{xx}$ 的特征值对角阵，$\boldsymbol{V}_s$ 为对应的特征向量矩阵。故式（2-14）右边第二项 $\boldsymbol{W}n(t)$ 可表示为

$$\boldsymbol{W}n(t)=\boldsymbol{U}\boldsymbol{\Lambda}_s^{-\frac{1}{2}}\boldsymbol{V}_s^{\mathrm{T}}\boldsymbol{n}(t) \tag{2-16}$$

其协方差矩阵可表示为

$$\mathrm{E}\left\{\boldsymbol{Wn}(t)\left[\boldsymbol{Wn}(t)\right]^{\mathrm{T}}\right\}=\boldsymbol{U}\boldsymbol{\Lambda}_s^{-\frac{1}{2}}\boldsymbol{V}_s^{\mathrm{T}}\mathrm{E}\left\{\boldsymbol{n}(t)\boldsymbol{n}(t)^{\mathrm{T}}\right\}\boldsymbol{V}_s\boldsymbol{\Lambda}_s^{-\frac{1}{2}}\boldsymbol{U}^{\mathrm{T}} \tag{2-17}$$

设 $\boldsymbol{I}$ 为单位矩阵，$\sigma_s^{\ 2}$ 为观测信号方差，令

$$\boldsymbol{\Lambda}_s^{-\frac{1}{2}}\boldsymbol{\Lambda}_s^{-\frac{1}{2}}=\sigma_s^{\ 2}\boldsymbol{I} \tag{2-18}$$

则有

$$\mathrm{E}\left\{\boldsymbol{Wn}(t)\left[\boldsymbol{Wn}(t)\right]^{\mathrm{T}}\right\}=\left(\frac{\sigma^2}{\sigma_s^{\ 2}}\right)\boldsymbol{I} \tag{2-19}$$

由式（2-19）知，$\boldsymbol{Wn}(t)$ 的每个分量之间是互不相关的。根据中心极限定理可知，$\boldsymbol{Wn}(t)$ 将趋于高斯分布。由于高斯信号的不相关和独立相互等价，故 $\boldsymbol{W}n(t)$ 的每个分量彼此独立。综上分析得到以下结论：加性高斯白噪声对算法分离性能的影响也是加性的，因此在分离的过程有必要考虑噪声的干扰作用。

2.7　算法的评价指标

本节从定性和定量两方面来对分离算法的性能进行区分评价。通过对比分析分离前后信号的时域波形图、时频特性图来进行定性评价，从相似系数和误码率的判定来进行定量分析。此外，进一步结合主观听觉感受，对分离前后语音信号的音质进行对比分析。

2.7.1 定性评价

（1）语音信号的时域波形图

对比分析分离前后语音信号的时域波形，判定二者的相似程度，以此来验证算法分离性能的好坏。通过人眼观察语音信号的时域波形，对分离前后语音信号的时域波形进行一个整体性的对比，但是人眼分辨率不同会产生误差。

（2）语音信号的时频分析图

利用小波变换对语音信号进行分析处理，结合语音信号的时频分布特性图，通过对比分析分离前后语音信号对应时刻的频率、幅值的分布情况给出相应的判断。

2.7.2 定量评价

定量评价是定性评价的具体化，它使定性评价更加科学、更加系统化，因此可以较准确、直观地描述出算法的分离性能。在仿真实验中观测并记录分离前后语音信号的相似系数和误码率，在理论上判断本章算法的分离效果并验证数字化处理的可靠性。

（1）相似系数

相似系数用来度量分离前后信号之间的相似性，其数学表达式为

$$\xi_{ij}=\xi\left(y_i,s_j\right)=\frac{\left|\sum_{i=1}^{N}y_i(t)S_j(t)\right|}{\sqrt{\sum_{i=1}^{N}y_i^{\,2}(t)\sum_{i=1}^{M}S_j^{\,2}(t)}} \tag{2-20}$$

式中，S_j 为源信号，y_i 为分离后得到的期望信号，当两个信号完全相关时，$\xi_{ij}=1$；当两个信号完全独立时，$\xi_{ij}=0$。ξ_{ij} 的取值范围为 0～1，其值越靠近 1 说明分离前后的信号之间具有较高的相似性，这时算法的分离效果较显著。由于引入信道和噪声干扰，本章中仅要求相似系数达到 0.9 以上即可。由 ξ_{ij} 组成的矩阵称为相似系数矩阵，若矩阵的每行（每列）只有一个元素接近 1，其他元素几乎为 0，则这样的矩阵为优势矩阵，这时可以判定算法具有良好的分离性能。

（2）误码率

在数字通信系统中，用误码率来评价数据在特定时间内传输的精准程度。误码

是由于在数字信号传输的过程中存在各式各样的干扰，这些干扰对传输的码元产生影响进而发生错码现象。误码可以由很多的因素造成，诸如噪声干扰、由闪电引起的脉冲、传输装置出现故障等。通信系统内部各个组成部分的不稳定以及外界对传输信号的干扰等因素都有可能使传输信号发生改变。当以上各种因素的影响达到一定的程度，就会使信号的传输产生差错，形成误码。在数字信号的传输过程中，规定时间内接收的错误码元数与这段时间接收的总码元数之比叫作“误码率”。在门限电压最佳以及概率相等的发送条件下，双极性基带系统和单极性基带系统误码率的数学表达式分别为

$$P_{\mathrm{B}_e} = \frac{1}{2}\operatorname{erfc}\left(\frac{A}{\sqrt{2}\sigma_n}\right) \tag{2-21}$$

$$P_{\mathrm{U}_e} = \frac{1}{2}\operatorname{erfc}\left(\frac{A}{2\sqrt{2}\sigma_n}\right) \tag{2-22}$$

式中，A 表示信号的峰值，σ_n 表示噪声均方根值。系统的误码率取决于 A 和 σ_n 的比值，与信号形式无关。考虑到噪声的影响，本章的仿真中只要误码率控制在 10^{-4} 以下，即可判定算法的分离性能较好。

2.7.3　主观听觉感受

播放分离前后语音信号的音频文件，判断算法是否能成功实现混沌遮掩下语音信号的盲分离、分离性能是否良好。语音主观听觉感受评价的方法较多，大体上可以从语音的音质和语音的内容这两方面进行测评考察。音质测评所关注的是语音的自然度、说话者音色、音调是否发生改变、多路语音混合分离时是否存在串音情况；内容测评主要考察说话者内容的完整性，即语音信息是否完整保留、语音信号是否出现失真情况。

2.8　正定含噪系统中语音信号盲分离的实现

本章基于数字化技术，利用盲源分离算法中比较经典的 FastICA 算法对混沌遮掩下的含噪语音信号进行盲分离，在保证信号安全传输的同时实现了信号的准确分离。结合系统模型和信号的时频分布特性，构建出本章的仿真流程如图 2-7 所示。

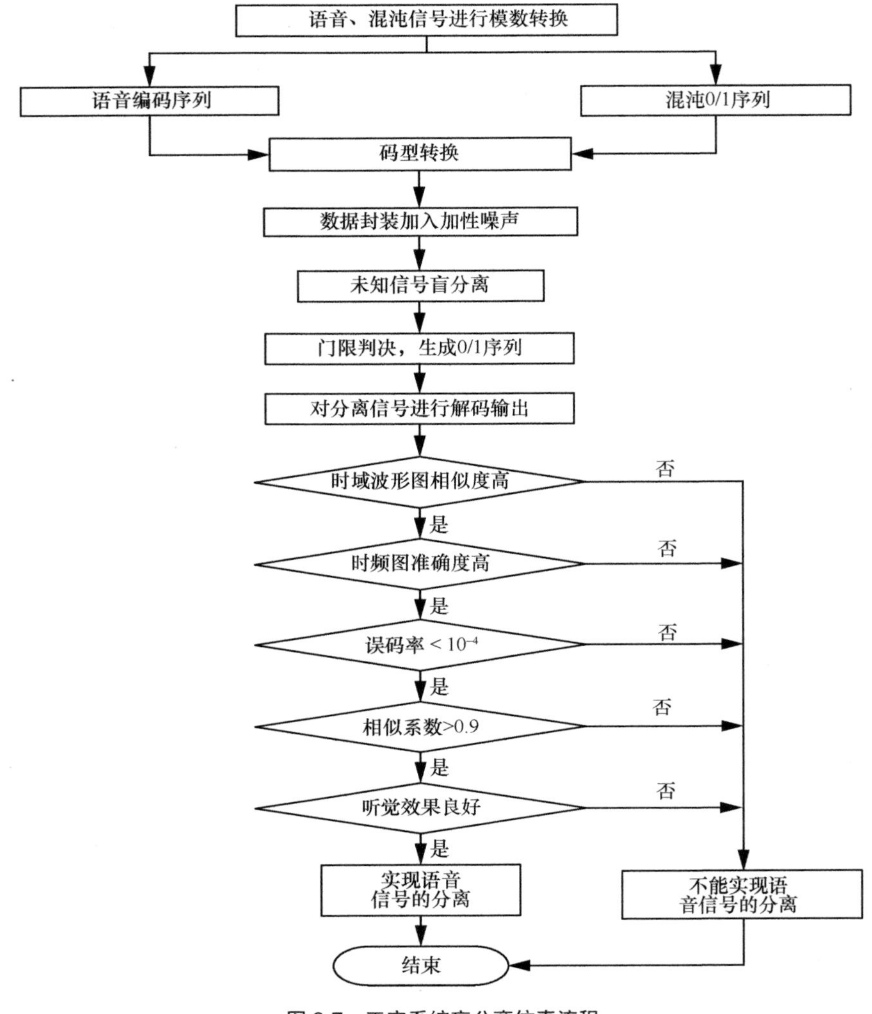

图 2-7 正定系统盲分离仿真流程

正定系统盲分离仿真流程具体步骤如下。

步骤 1 混沌信号数字化。选取合适的量化判决值，对混沌信号进行量化以得到二值化的码元序列。由前面的铺垫可知，基于混沌遮掩的信号盲分离的关键是选取合适的混沌系统，使信号能够隐藏在混沌能量聚集带内。针对混沌信号这一非平稳信号选取合适的时频分析方法，发掘混沌系统的能量聚集带，为语音信号的遮掩奠定基础。

步骤 2 语音信号数字化及混沌遮掩。对语音信号进行 PCM 编码处理得到二进制码元序列；再者，由于信号的遮掩主要体现在频率和幅值两方面，因此需要对语

音信号进行小波分析，通过小波分析图确定语音信号的时频能量分布特性，实现语音信号的成功遮掩。

步骤 3　混合信号进入含噪信道。考虑数字信道的未知性以及随机生成的信道混合矩阵为实数矩阵，故需要对两种信号的码元序列进行码型转换，然后在含噪信道中信号进行混合，经天线传输到接收端，得到观测信号。

步骤 4　观测信号盲分离。利用 FastICA 算法对接收端的观测信号进行盲分离，由于信道和噪声的影响，因此观测信号为实值序列，故需要对其进行门限判决，使其转换成 0/1 序列。

步骤 5　数字语音信号解码。对分离的期望信号的码元序列进行并串转换，使其并行输出，然后再对其进行 PCM 解码还原成模拟信号。

步骤 6　算法分离性能的验证。对比分析分离前后语音信号的时域波形图和时频分析图，对分离算法进行定性评价；记录观测仿真实验中的误码率和相似系数，对分离算法进行定量评价；结合人耳听觉效果，听取分离后语音信号的音质，与源信号的音质相比，以验证本章算法的有效性。

对信号进行混合分离之前，需要确定采样频率、语音信号的编码方式、信道混合矩阵和噪声的信噪比。前面已提及采样频率 $f_s = 8\ \text{kHz}$，采用 PCM 中的 A 律 13 折线编码对语音信号进行 8 bit 量化处理；由先验知识可知，算法分离效果的好坏与信道混合矩阵没有直接的关系，因此在仿真实验中随机产生一个行满秩的信道混合矩阵 $\text{rank}(\boldsymbol{H}) = M$（$M$ 为观测信号的数目）。需要强调一点，混沌信号的能量强度比较高，且具有类噪声的特性，但由于混沌系统的能量无法计算，因此后面所提及的参数信噪比（Signal to Noise Ratio，SNR）仅仅涵盖了加性高斯白噪声，并没有考虑混沌信号的能量。也就是说，如果考虑混沌信号的能量，则实际的信噪比要远远小于仿真实验中的数值。在正定混合系统的仿真中，设噪声 SNR=20 dB，截取语音信号中前 29 030 个点的音频长度进行 PCM 编码处理，再对得到的 0/1 码元序列进行串并转换，使 8 bit 编码数据串行输出，得到总的码元序列长度为 29 030×8=232 240 个数据点，因此需要截取混沌信号中 232 240 个点以实现对语音信号的保密遮掩。

2.8.1　无干扰情况下语音信号盲分离

首先考虑加性高斯白噪声下的正定混合模型，对混沌遮掩下的单路语音信号和多路语音信号进行盲分离实验，验证本章算法的准确性。

仿真 1　单路语音

在单路语音信号的仿真实验中，选取 SA2 语音信号为待遮掩信号，随机生成一个 2×2 的信道混合矩阵，即

$$\boldsymbol{H}=\begin{bmatrix}0.5311 & 0.1608\\ 0.6745 & 0.7063\end{bmatrix} \tag{2-23}$$

语音信号和混沌信号在含噪信道中进行混合，发送端通过天线将混合后的信号传送到接收端，得到观测信号。为了验证语音信号的成功遮掩及保密传输，需要结合观测信号的时域波形图及时频分析图进行对比分析。下面，分别给出在不同维度混沌背景下观测信号的时域波形图及时频分析图，如图 2-8～图 2-11 所示。3 种不同维度的混沌背景下观测信号的时域波形图杂乱无章，无法分辨 SA2 语音信号的时域特性；与图 2-5 进行对比分析，在观测信号的时频分析图上并没有显示出语音信号的时频分布特性，从而说明了不同维度的混沌信号均可实现对单路语音信号的成功遮掩。

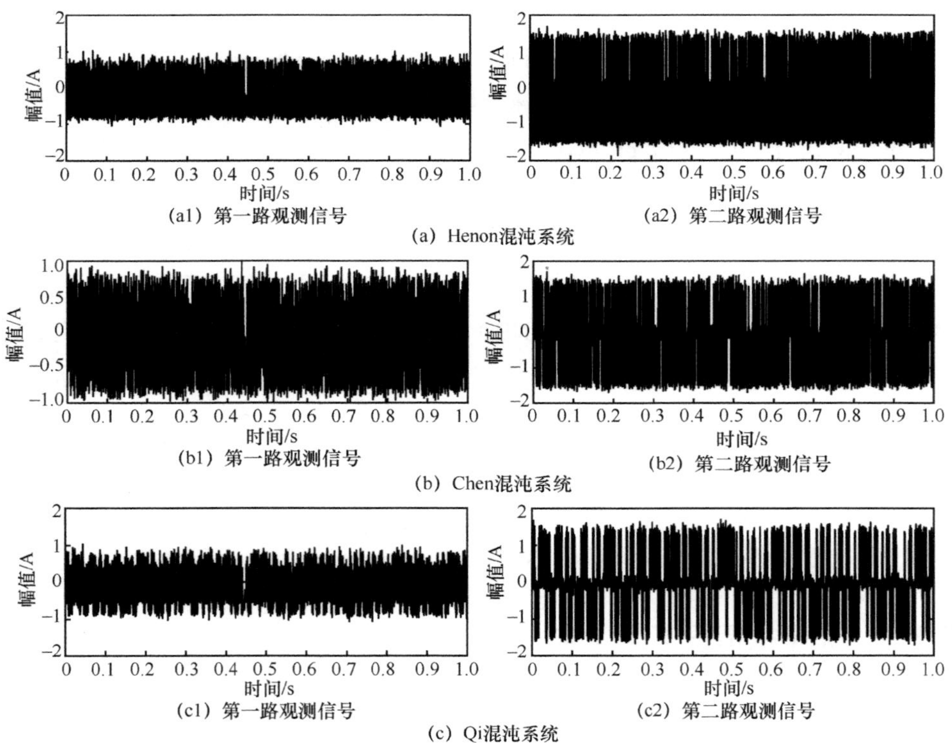

图 2-8　不同混沌背景下观测信号时域波形

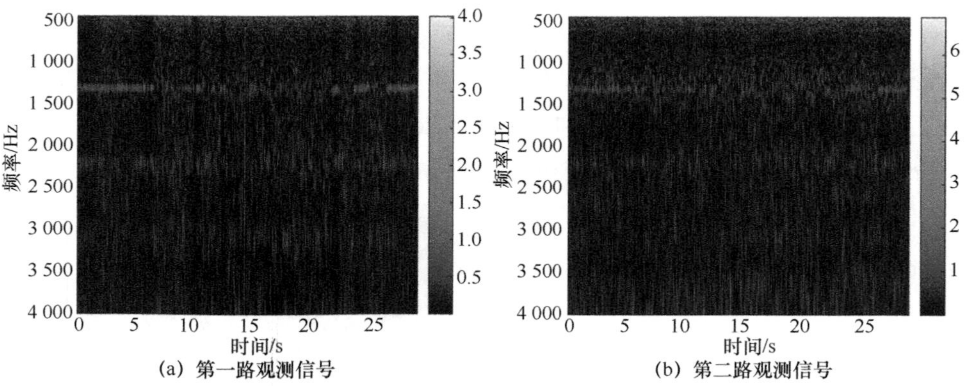

(a) 第一路观测信号　　(b) 第二路观测信号

图 2-9　Henon 混沌背景下观测信号时频分析

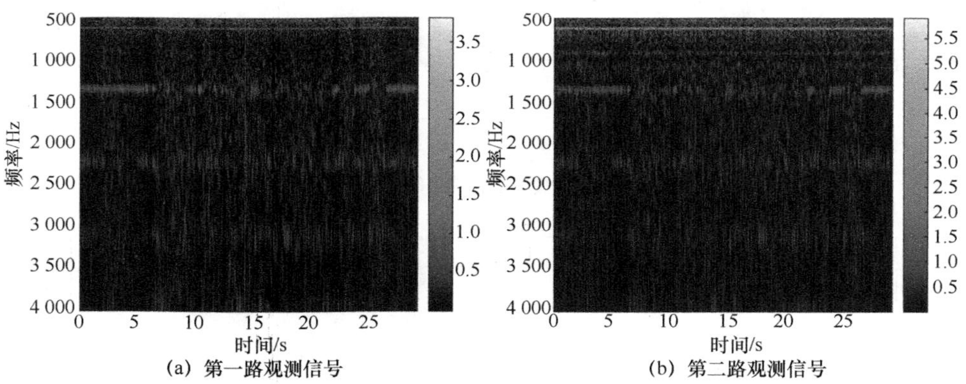

(a) 第一路观测信号　　(b) 第二路观测信号

图 2-10　Chen 混沌背景下观测信号时频分析

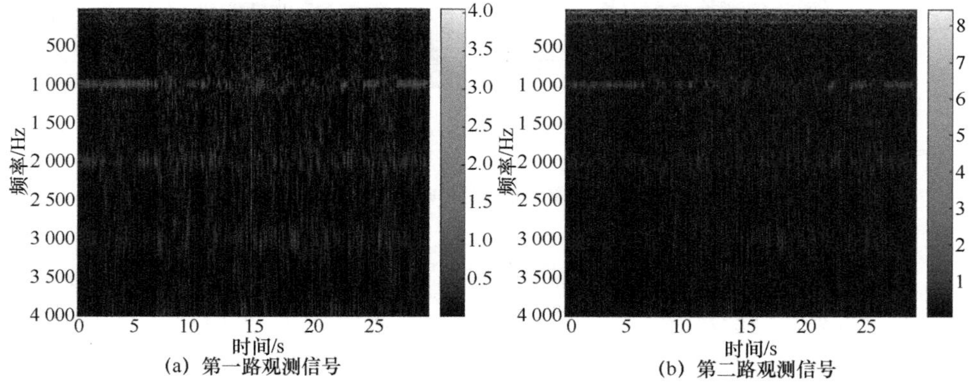

(a) 第一路观测信号　　(b) 第二路观测信号

图 2-11　Qi 混沌背景下观测信号时频分析

下一步，在接收端采用 FastICA 算法对观测信号进行盲分离，以得到期望信号。对分离后的语音编码序列进行并串转换，使其并行输出，然后再对其进行 PCM 解码还原成模拟信号。图 2-12～图 2-14 分别为 Henon 混沌、Chen 混沌和 Qi 混沌背景下分离前后语音信号时域波形比较和期望信号的时频分析。

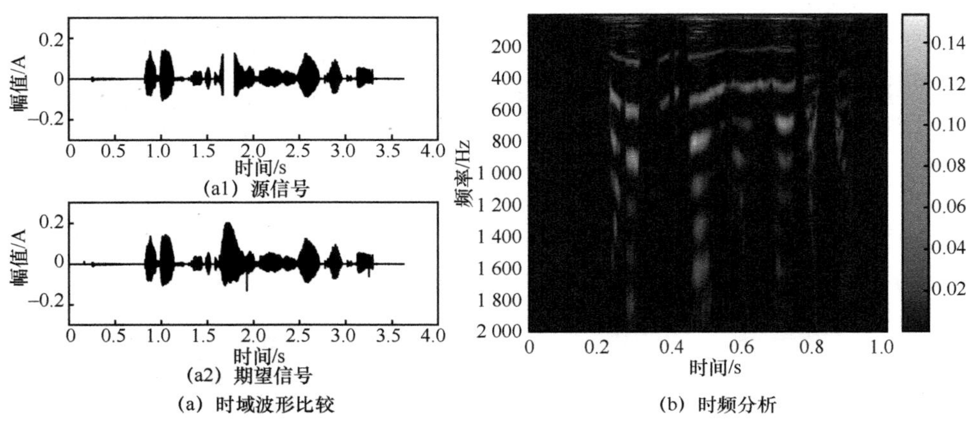

图 2-12　Henon 混沌背景下语音信号时域波形比较和时频分析

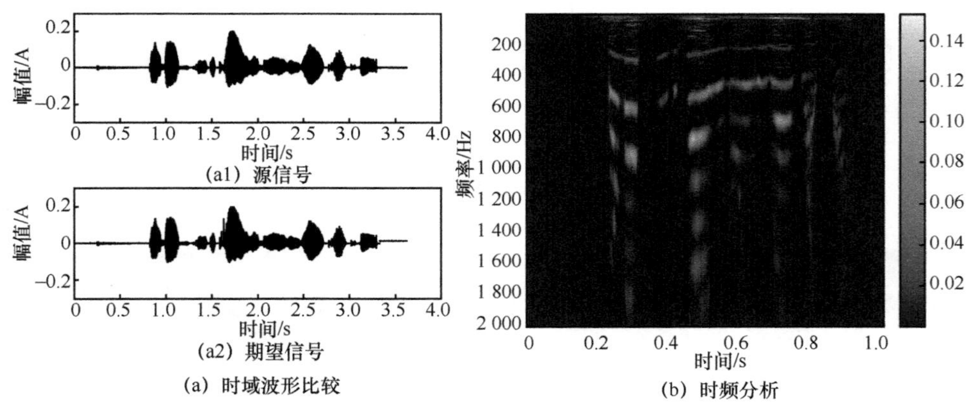

图 2-13　Chen 混沌背景下语音信号时域波形比较和时频分析

由于信道中加性高斯白噪声的影响，期望信号与源语音信号的波形图对比会产生毛刺现象，但是分离前后的信号具有整体上的一致性；同时不同混沌背景下期望信号的时频分析图与图 2-5 相比频点的分布没有变化，虽然频率变为原来的一半，但是能量聚集带所在的频率范围并没有改变。在定性评价方面判定算法分离性能良好的基础上，需要从定量评价及听觉效果进一步验证分离算法的可靠性。

在数字信号的分离中，误码率和相似系数是评价分离性能的两大标准。表 2-1 为 SNR=20 dB 时不同混沌背景下期望信号的评价指标。

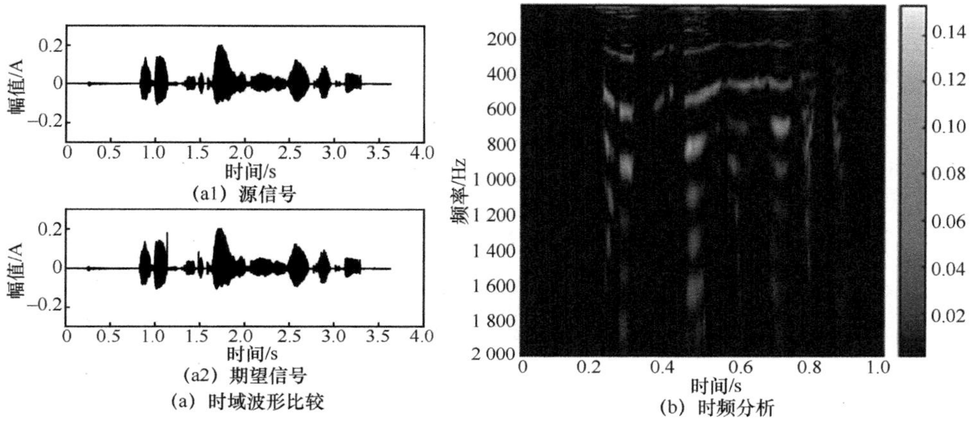

图 2-14　Qi 混沌背景下语音信号时域波形比较和时频分析

表 2-1　SNR=20 dB 时不同混沌背景下期望信号的评价指标

混沌系统	语音信号误码率	相似系数矩阵
Henon	9.473×10^{-5}	$\begin{bmatrix}0.967\,3 & 0.007\,2\\0.025\,1 & 0.952\,9\end{bmatrix}$
Chen	$4.736\,5\times10^{-5}$	$\begin{bmatrix}0.967\,5 & 0.050\,6\\0.020\,8 & 0.953\,4\end{bmatrix}$
Qi	$6.028\,2\times10^{-5}$	$\begin{bmatrix}0.967\,3 & 0.046\,7\\0.241\,3 & 0.953\,3\end{bmatrix}$

分析表 2-1 可知，在不同混沌背景下分离语音信号，其误码率均控制在 10^{-4} 之内；同时通过分析相似系数矩阵可以看出，每种混沌背景下相似系数矩阵的每行（每列）只有一个元素达到 0.9 以上，接近 1，其余元素均接近 0，说明该矩阵满足优势矩阵的条件，由此证明误码率和相似系数均达到算法评价指标的标准。通过定性和定量这两方面验证算法具有良好的分离性能之后，最后辅之以听觉效果，播放分离前后的音频文件，对比语音的音质。受到信道和加性噪声的影响，分离得到的语音信号含有少许的杂音，但语音信号的音质在本质上并没有受到影响，源语音信号中说话者的音色、音调以及谈话内容基本上都可以被恢复。由此说明该算法不仅实现了信号的遮掩传输，同时实现了在不同维度混沌系统中对单路语音信号的盲分离，算法的通用性和有效性得以证明。

为了进一步验证噪声环境数字信号的抗噪性及算法的可靠性，在信噪比取值为 0～20 dB 条件下进行仿真实验，分别记录语音信号的误码率和相似系数，绘制相应的曲线，如图 2-15～图 2-17 所示。

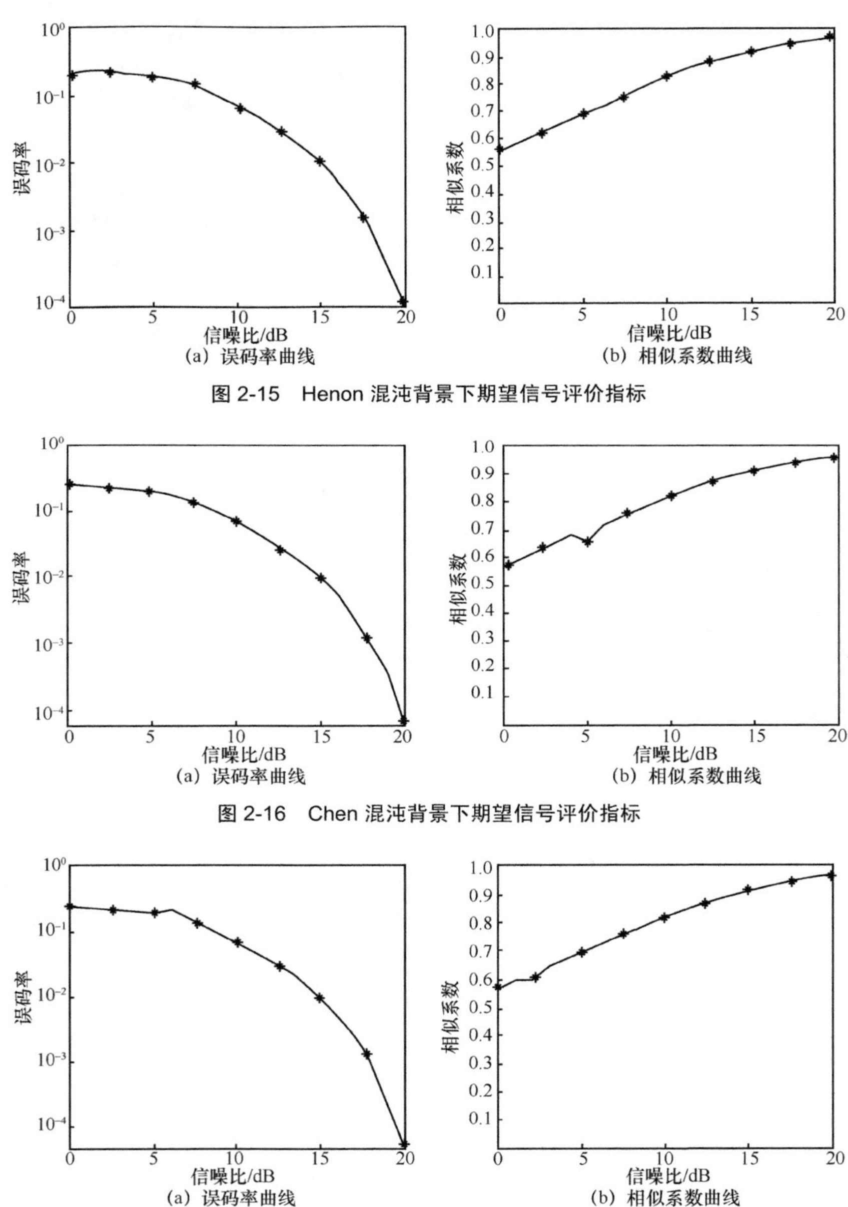

(a) 误码率曲线　　(b) 相似系数曲线

图 2-15　Henon 混沌背景下期望信号评价指标

(a) 误码率曲线　　(b) 相似系数曲线

图 2-16　Chen 混沌背景下期望信号评价指标

(a) 误码率曲线　　(b) 相似系数曲线

图 2-17　Qi 混沌背景下期望信号评价指标

由两种评价指标的曲线可以直观地了解到：随着信噪比不断增大，误码率呈现出下降的趋势，相似系数则相反，进而证明了数字信号与模拟信号相比有着较好的抗噪性，在信噪比相对低的情况下，无论是对低维的混沌系统还是多维的混沌系统，均可实现含噪信道中数字语音信号的盲分离；同时也说明了该算法针对不同维度混沌遮掩的语音信号有着优良的分离性能，分离效果区别不大，不同维度的混沌系统下语音信号的误码率和相似系数曲线相似度较高，即算法的稳定性较好，混沌维数的增多对单路语音信号的分离影响不大。

仿真 2　多路语音

在多路语音信号混合分离的仿真实验中，以两路语音信号为例，选取 SA1、SA2 语音为待遮掩信号，因为这两路语音信号的说话者均为女性，其音色和音调极其相似，一定程度上增大了分离算法的提取难度。随机生成一个 3×3 的信道混合矩阵，即

$$\boldsymbol{H}=\begin{bmatrix}0.5706 & 0.1778 & 0.8172\\ 0.3209 & 0.6082 & 0.7436\\ 0.9008 & 0.4997 & 0.7498\end{bmatrix} \tag{2-24}$$

信号混合经天线传送到接收端得到所需的观测信号。与仿真 1 相同，在对观测信号进行盲分离之前需要验证语音信号是否成功被混沌信号遮掩，因此需要结合源语音信号的时域波形和小波分析，对观测信号的时域波形和时频能量分布特性进行对比分析。下面，给出不同混沌背景下观测信号的时域波形和时频分析，分别如图 2-18～图 2-20 所示。结合观测信号的时域波形和时频分析，通过与图 2-3 和图 2-5 进行比对可以清楚地看出，语音信号在时域上已经被混沌信号遮掩，观测信号的时域波形显得杂乱无章，语音信号的波形已被混沌信号所覆盖；语音信号的能量和幅值的遮掩可以由观测信号的时频特性来说明。

验证语音信号的成功遮掩之后，重复仿真 1 的实验步骤，对观测信号进行盲分离。不同维度混沌背景下源信号和期望信号的波形对比如图 2-21～图 2-23 所示，期望信号的时频特性如图 2-24～图 2-26 所示。

与源语音信号的时域波形相比，由于噪声和信道的原因，期望信号的时域波形上产生些许的毛刺，但对算法的分离性能影响不大，两路语音信号在时域上基本还原；对语音信号进行小波分析时，所选取的语音信号的能量聚集带出现在 500～1 000 Hz 这个频段内，观察图 2-24～图 2-26 可知，期望信号的能量聚集范围

也在该频率区间内，且期望信号与源信号的时频分析相似度极高。下面，通过对算法的性能指标进行判定以验证算法的准确性。表 2-2 为不同混沌背景下分离的两路语音信号的误码率和相似系数矩阵，其中不同混沌背景下分离的两路语音信号的误码率都控制在 10^{-4} 之内，且相似系数矩阵均为优势矩阵。

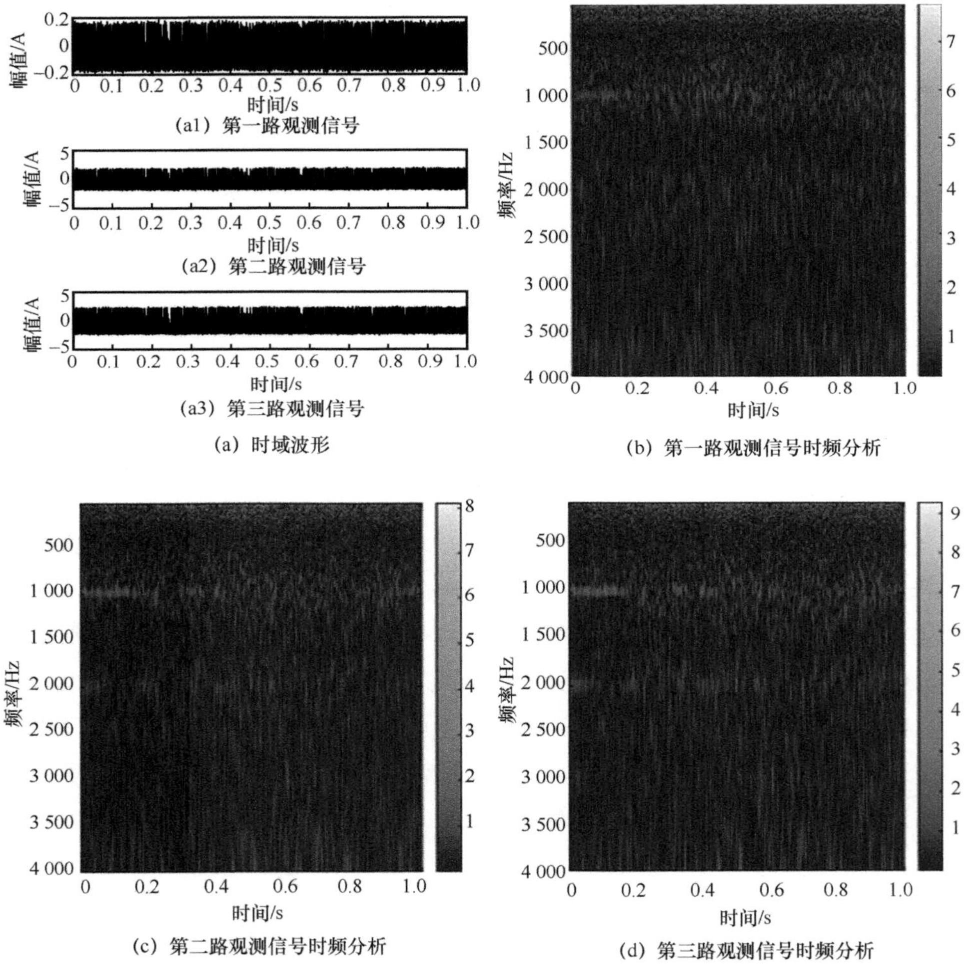

(a1) 第一路观测信号

(a2) 第二路观测信号

(a3) 第三路观测信号

(a) 时域波形

(b) 第一路观测信号时频分析

(c) 第二路观测信号时频分析

(d) 第三路观测信号时频分析

图 2-18 Henon 混沌背景下观测信号时域波形和时频分析

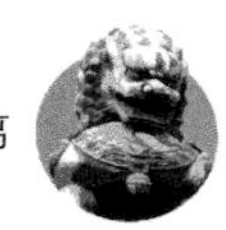

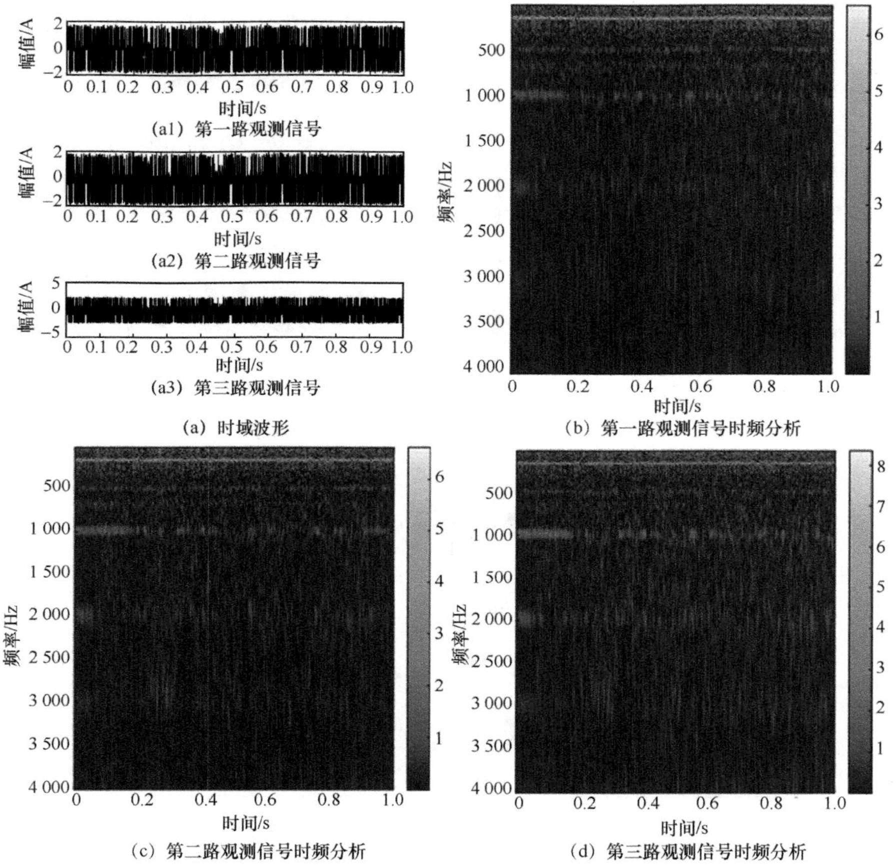

(a1）第一路观测信号

(a2）第二路观测信号

(a3）第三路观测信号

(a）时域波形

(b）第一路观测信号时频分析

(c）第二路观测信号时频分析

(d）第三路观测信号时频分析

图 2-19　Chen 混沌背景下观测信号时域波形和时频分析

(a1）第一路观测信号

(a2）第二路观测信号

(a3）第三路观测信号

(a）时域波形

(b）第一路观测信号时频分析

图 2-20　Qi 混沌背景下观测信号时域波形和时频分析

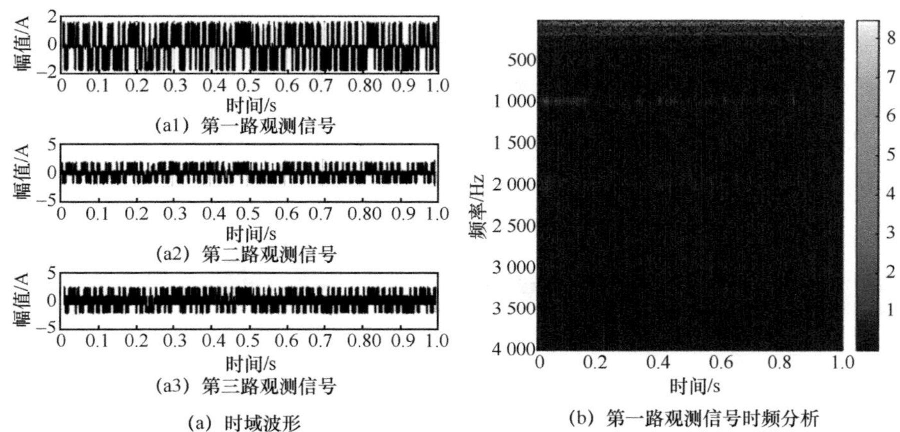

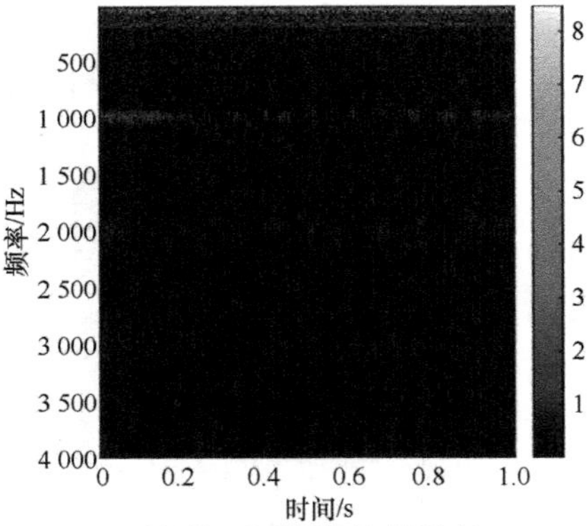

(c) 第二路观测信号时频分析

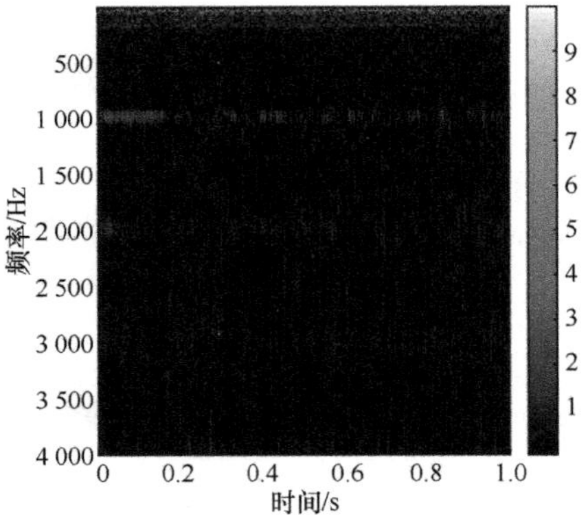

(d) 第三路观测信号时频分析

图 2-20　Qi 混沌背景下观测信号时域波形和时频分析（续）

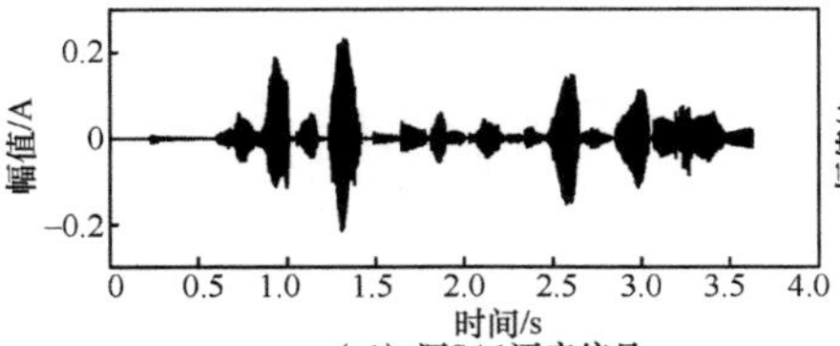

(a1) 源SA1语音信号

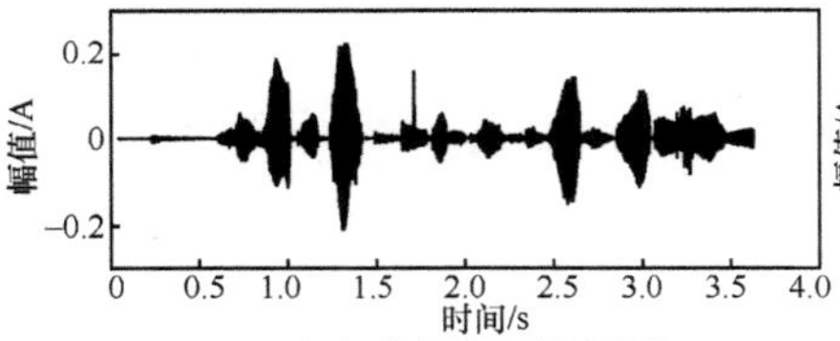

(b1) 源SA2语音信号

(a2) 分离的SA1语音信号

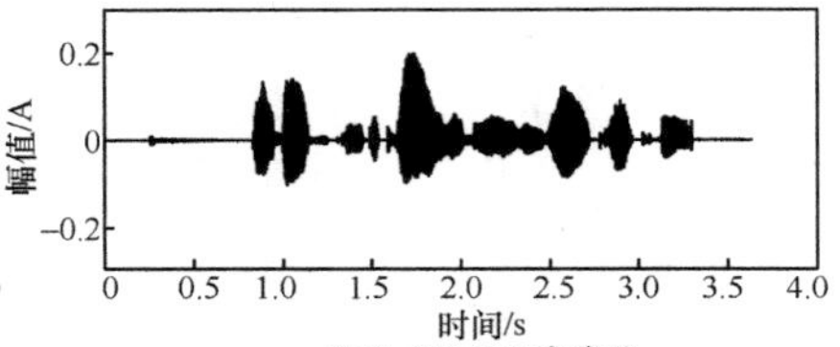

(a) SA1语音信号

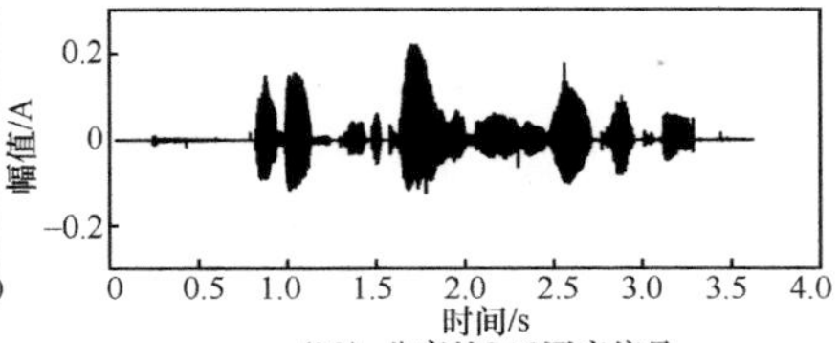

(b2) 分离的SA2语音信号

(b) SA2语音信号

图 2-21　Henon 混沌背景下分离前后语音信号时域波形比较

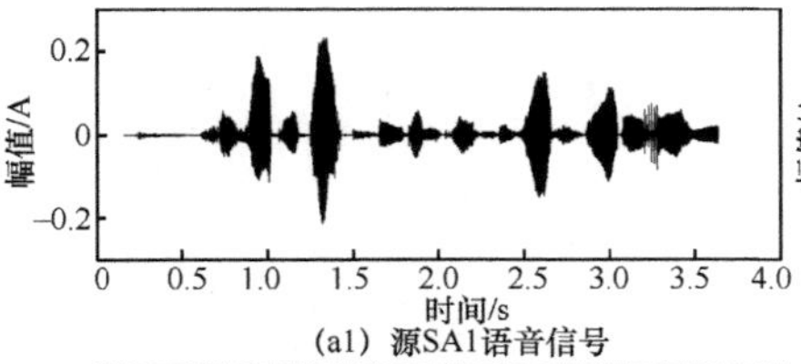

(a1) 源SA1语音信号

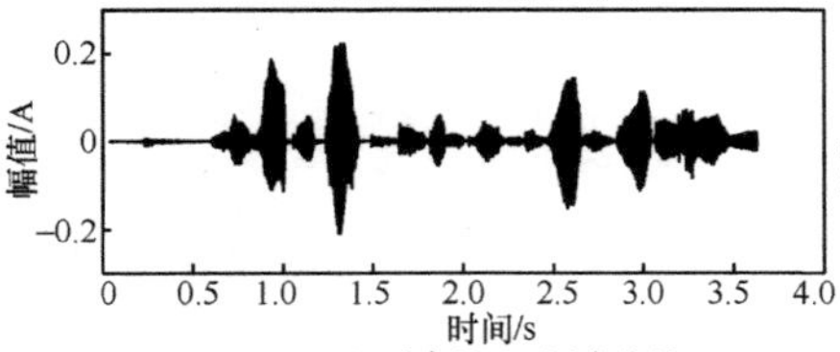

(b1) 源SA2语音信号

(a2) 分离的SA1语音信号

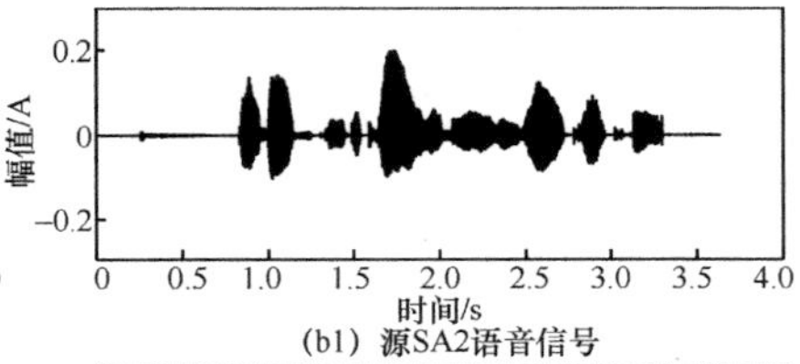

(a) SA1语音信号

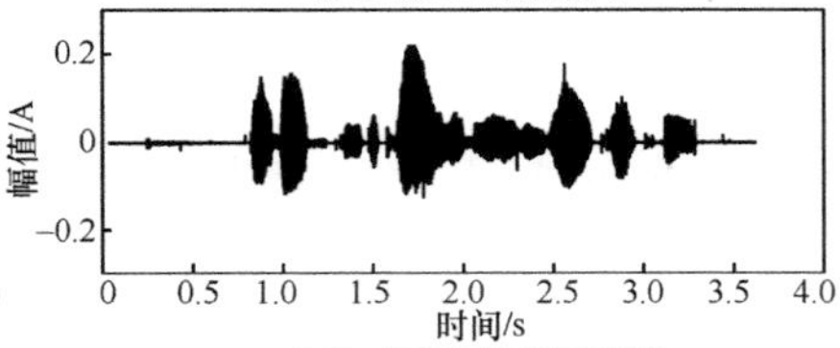

(b2) 分离的SA2语音信号

(b) SA2语音信号

图 2-22　Chen 混沌背景下分离前后语音信号时域波形比较

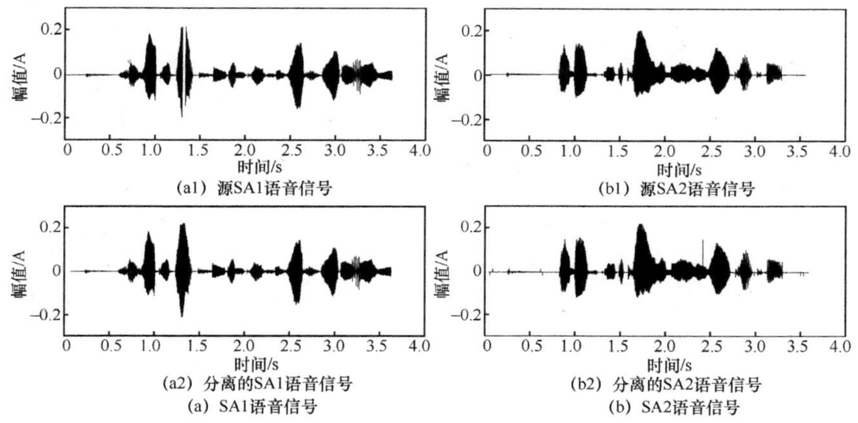

图 2-23　Qi 混沌背景下分离前后语音信号时域波形比较

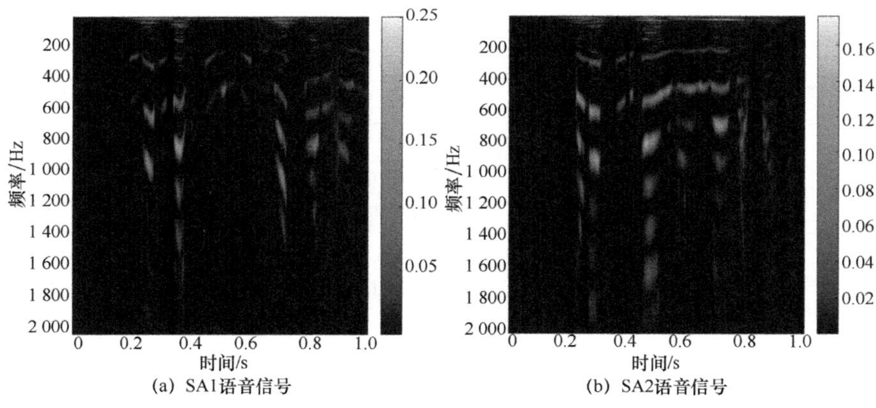

图 2-24　Henon 混沌背景下期望信号时频分析

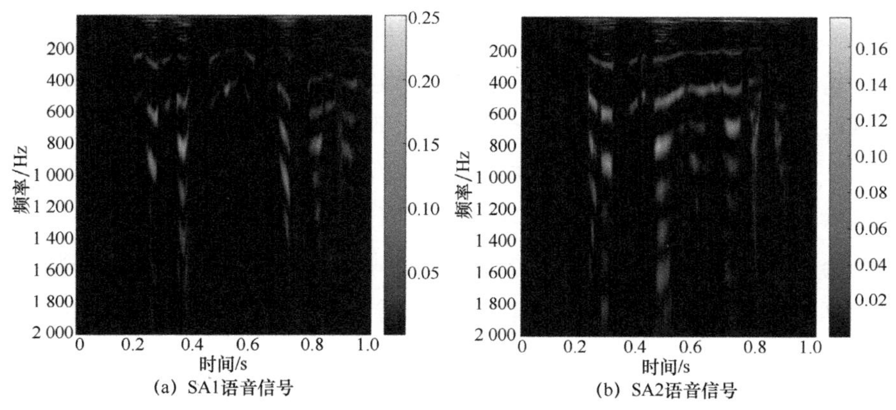

图 2-25　Chen 混沌背景下期望信号时频分析

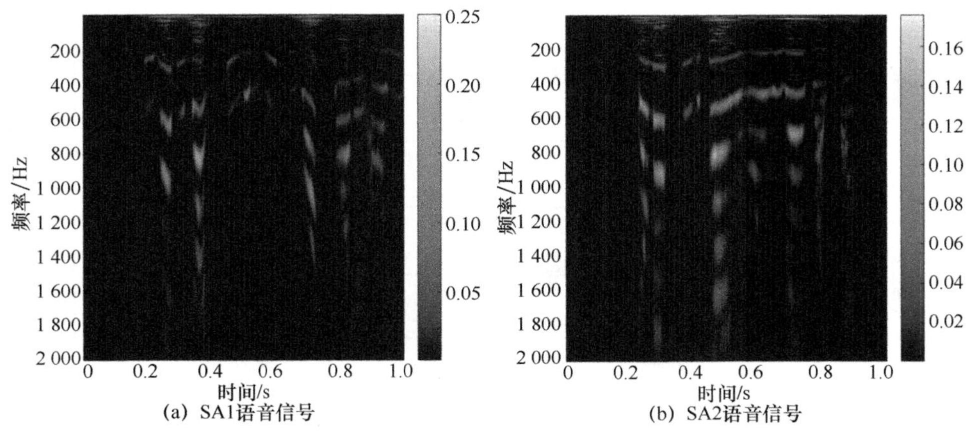

(a) SA1语音信号 (b) SA2语音信号

图 2-26 Qi 混沌背景下期望信号时频分析

表 2-2 不同混沌背景下期望信号的评价指标

混沌系统	SA1 误码率	SA2 误码率	相似系数矩阵
Henon	$3.014\,1\times10^{-5}$	$1.636\,2\times10^{-4}$	$\begin{bmatrix}0.972\,4 & 0.123\,4 & 0.005\,6\\0.074\,8 & 0.959\,3 & 0.064\,4\\0.083\,1 & 0.068\,8 & 0.967\,5\end{bmatrix}$
Chen	$8.611\,8\times10^{-6}$	$3.229\,4\times10^{-4}$	$\begin{bmatrix}0.037\,2 & 0.066\,1 & 0.969\,2\\0.972\,3 & 0.154\,0 & 0.012\,1\\0.048\,7 & 0.955\,9 & 0.013\,1\end{bmatrix}$
Qi	$2.152\,9\times10^{-5}$	$3.014\,1\times10^{-4}$	$\begin{bmatrix}0.972\,7 & 0.140\,6 & 0.061\,8\\0.064\,6 & 0.958\,8 & 0.014\,7\\0.018\,2 & 0.020\,1 & 0.967\,6\end{bmatrix}$

表 2-2 的实验数据可以在定量评价方面阐明分离算法的优良性能，加之播放分离前后两路语音的音频文件，从定性，定量和人耳听觉效果这三方面总体评价算法的分离性能。这里需要重点说明的是：多路语音信号的混合分离与单路语音信号混合分离最大的区别在于，单路语音信号的情况不会存在串音的情况，只需要将语音信号从混沌信号中分离出来即可；而在多路语音信号的分离中可能会存在语音信号两两互换的情况，尤其是对于说话者的性别相同时，这是本仿真的一个难点，也是该分离算法的一个亮点。对比分析分离前后语音信号的音质效果，噪声的存在不可避免地在播放过程中会偶尔会伴有杂音，但是分离得到的两路语音信号不仅没有串音，并且音色和音调没有太大的波动，听

觉效果良好。综上验证了该分离算法可以在不同维度的混沌系统中实现对两路语音信号的盲分离。

最后在不同信噪比的情况下多次进行仿真实验，记录两路语音信号误码率和相似系数的实验数据，验证噪声背景下数字信号的抗噪能力及算法的可靠性。不同混沌背景下两路语音信号的误码率和相似系数曲线如图 2-27～图 2-29 所示。

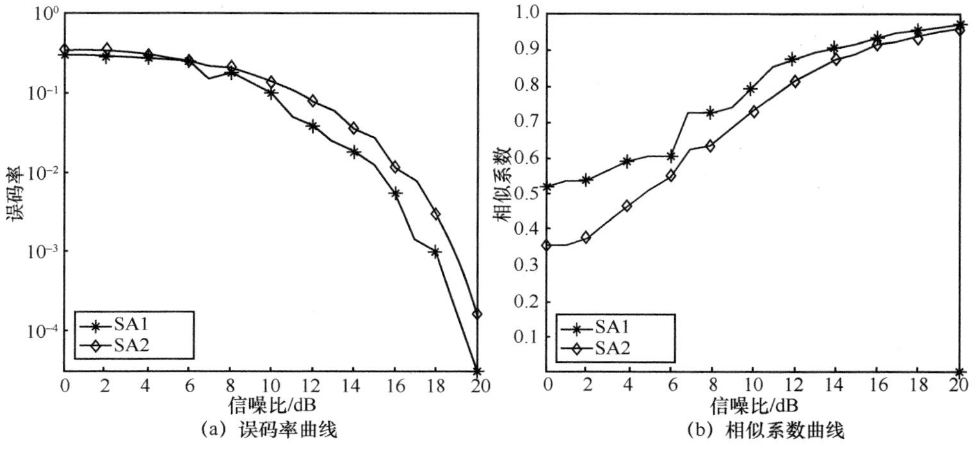

(a) 误码率曲线　　(b) 相似系数曲线

图 2-27　Henon 混沌背景下期望信号评价指标

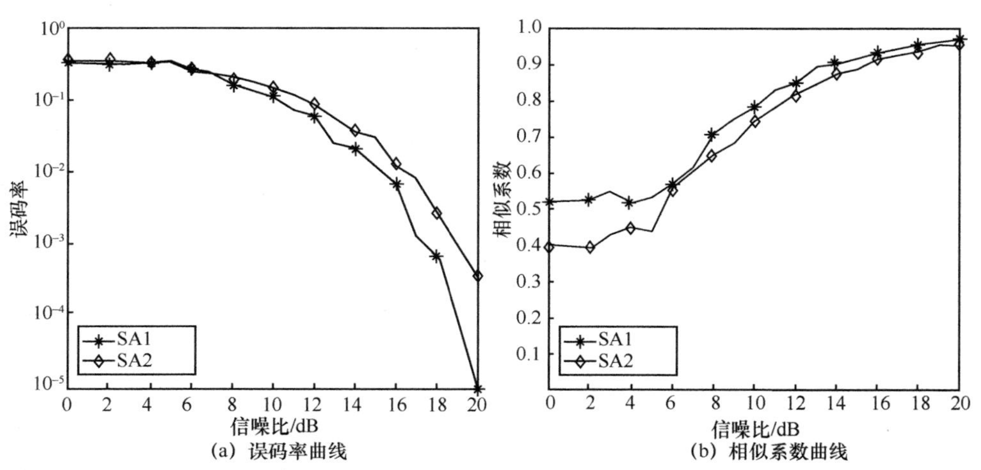

(a) 误码率曲线　　(b) 相似系数曲线

图 2-28　Chen 混沌背景下期望信号评价指标

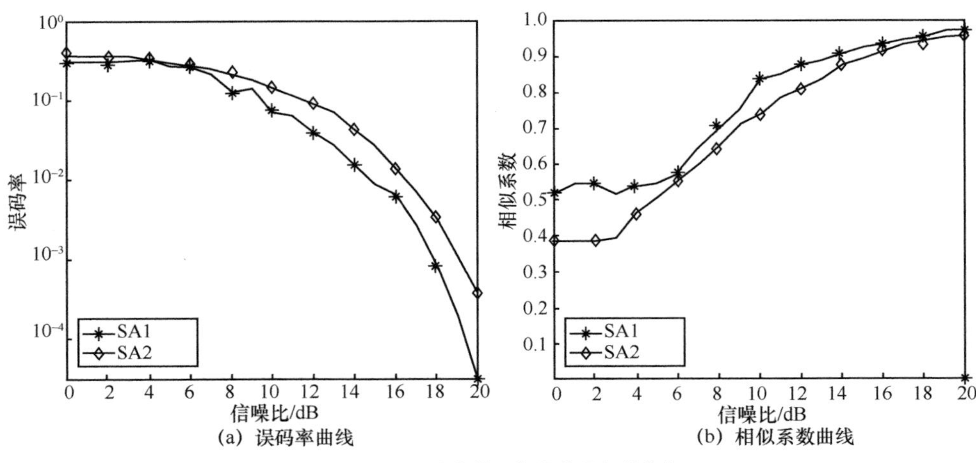

(a) 误码率曲线 (b) 相似系数曲线

图 2-29 Qi 混沌背景下期望信号评价指标

由误码率和相似系数的曲线可以得到与仿真 1 一致的结论：误码率整体上呈现出下降的趋势，相似系数则相反；但是在仿真 2 中曲线的波动性稍微大于仿真 1，且不同混沌背景下同一信号误码率和相似系数曲线的相似度也略低于仿真 1，这是由于对多路同性别说话者语音分离的难度所导致的。但由仿真 2 中的曲线可以直观地了解到：当信噪比大于 10 dB 之后，语音信号误码率和相似系数曲线逐渐趋于稳定下降/上升，且不同维度混沌背景下曲线的相似度很高，这是因为数字信号的抗噪性较好。

2.8.2 有干扰情况下语音信号盲分离

2.8.1 节通过仿真实验验证了本章算法在不同维度的混沌载体中对含噪信道中单路和多路语音信号的盲分离性能，但是在实际的通信环境中，语音信号除了受到噪声的影响，还会受到来自第三方信号的干扰，就好比“鸡尾酒会效应”所考虑的问题：在嘈杂的环境中，两个说话者的交谈内容不仅会受到音乐声的影响，还有来自其他说话者声音的干扰。如何克服这些影响使说话者可以清晰地听到对方的声音，获取自己感兴趣的内容是本节的研究重点。

仿真 2 证明算法对于两路语音信号有着良好的分离效果，基于仿真 2 的实验结果，再次以 SA1、SA2 为语音信号，以 SI943 为干扰信号，验证在加性噪声和干扰信号的影响下算法对混沌载体遮掩的目标语音信号的分离性能。SI943 语音的说话者也为女性，与 SA1、SA2 两路语音的说话者性别一样，这在一定程度上加大了算

法分离的难度，同时也足以验证数字信号的抗干扰性能。源信号由 SI943、SA1、SA2 语音信号和混沌信号组成，利用 rand 函数随机产生一个 4×4 的信道混合矩阵，即

$$\boldsymbol{H}=\begin{bmatrix}0.9927 & 0.8632 & 0.0031 & 0.3520\\0.2015 & 0.5951 & 0.3882 & 0.2143\\0.7113 & 0.6330 & 0.8700 & 0.4824\\0.6503 & 0.2707 & 0.7588 & 0.8455\end{bmatrix} \tag{2-25}$$

信道混合矩阵 $\boldsymbol{H}$ 对语音信号和混沌信号进行加权，经由天线传送至接收端得到观测信号。下面，给出 3 种混沌背景下观测信号的时域波形和时频分析，分别如图 2-30～图 2-33 所示。无论是在观测信号的时域波形还是时频分布特性上，均没有显现语音信号的特性，前已说明语音信号的能量和幅值级别相对比较低，完全满足混沌遮掩的基本要求。

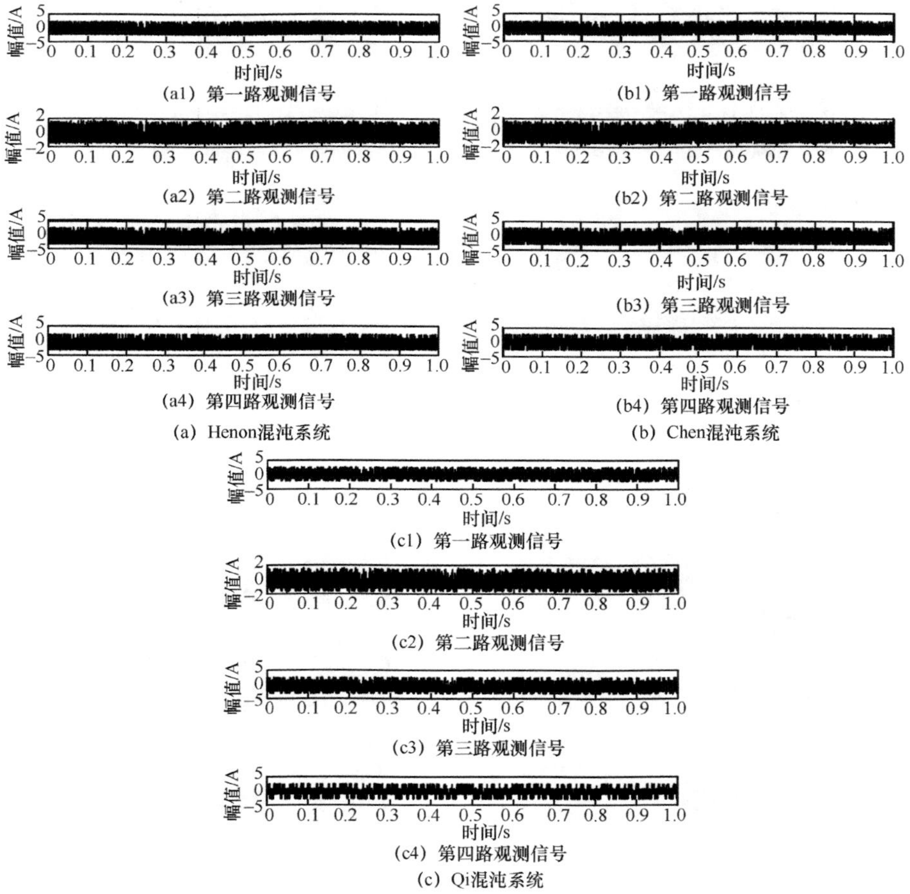

(a1) 第一路观测信号　(b1) 第一路观测信号

(a2) 第二路观测信号　(b2) 第二路观测信号

(a3) 第三路观测信号　(b3) 第三路观测信号

(a4) 第四路观测信号　(b4) 第四路观测信号

(a) Henon混沌系统　(b) Chen混沌系统

(c1) 第一路观测信号

(c2) 第二路观测信号

(c3) 第三路观测信号

(c4) 第四路观测信号

(c) Qi混沌系统

图 2-30　不同混沌背景下观测信号时域波形

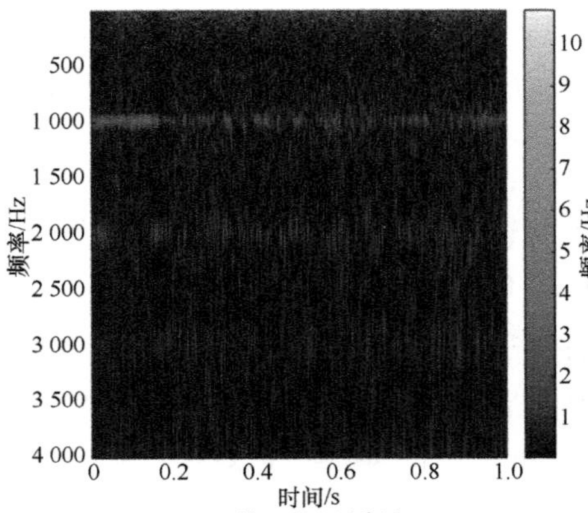

(a) 第一路观测信号

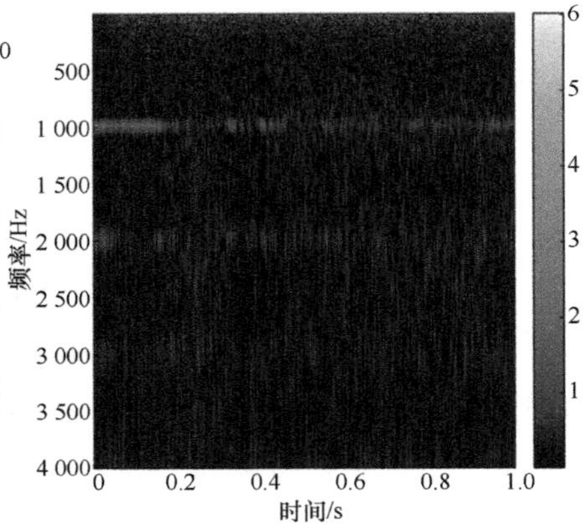

(b) 第二路观测信号

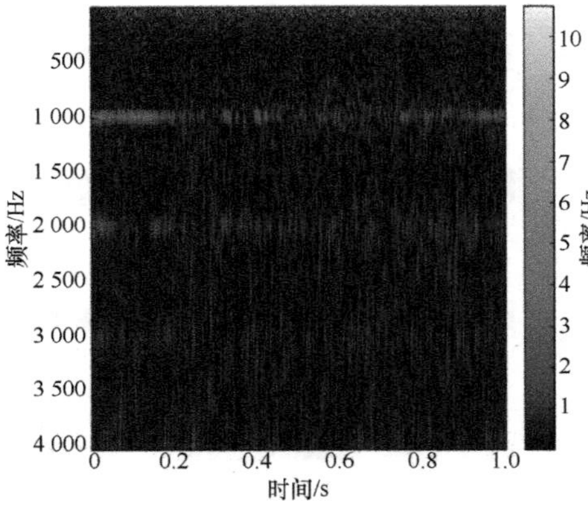

(c) 第三路观测信号

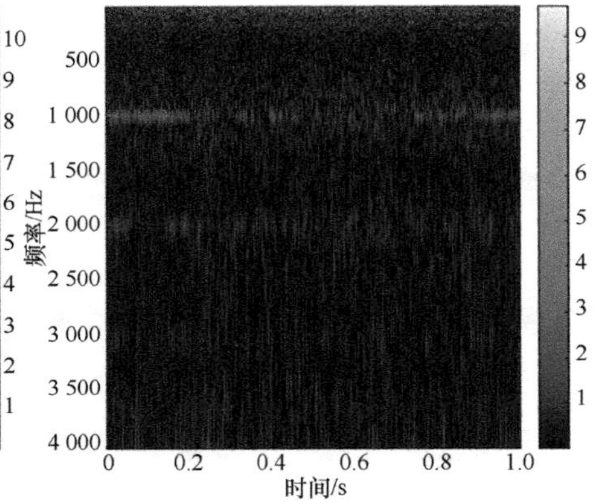

(d) 第四路观测信号

图 2-31　Henon 混沌背景下观测信号时频分析

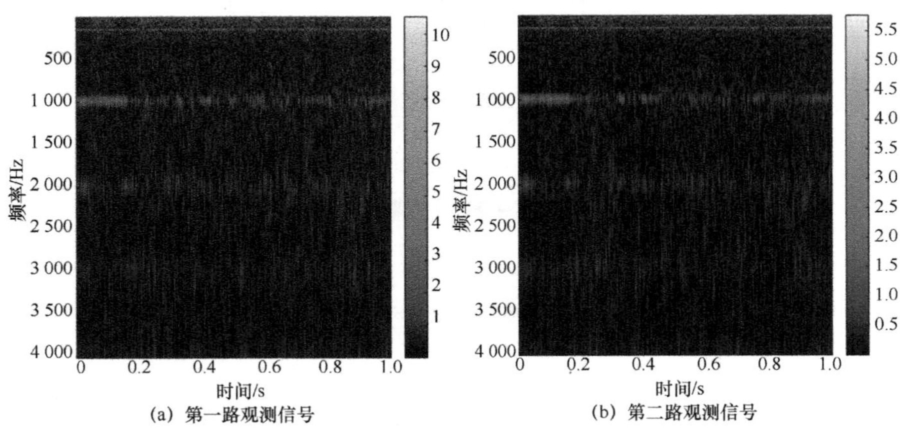

(a) 第一路观测信号

(b) 第二路观测信号

图 2-32　Chen 混沌背景下观测信号时频分析

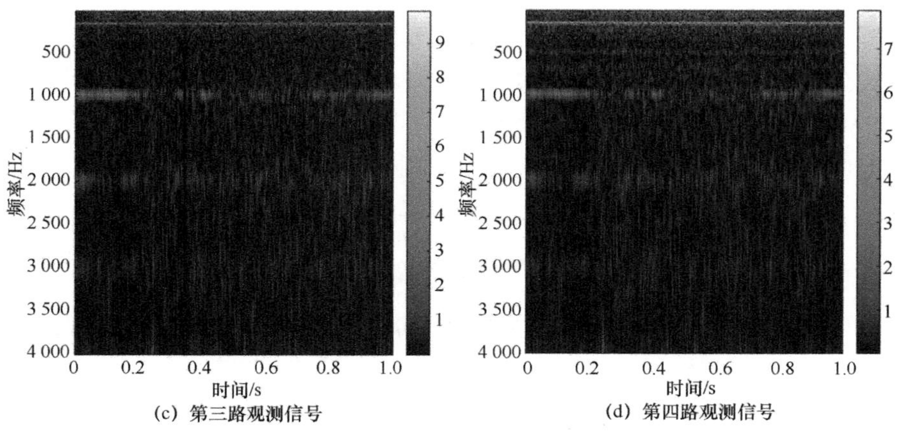

(c) 第三路观测信号　　(d) 第四路观测信号

图 2-32　Chen 混沌背景下观测信号时频分析（续）

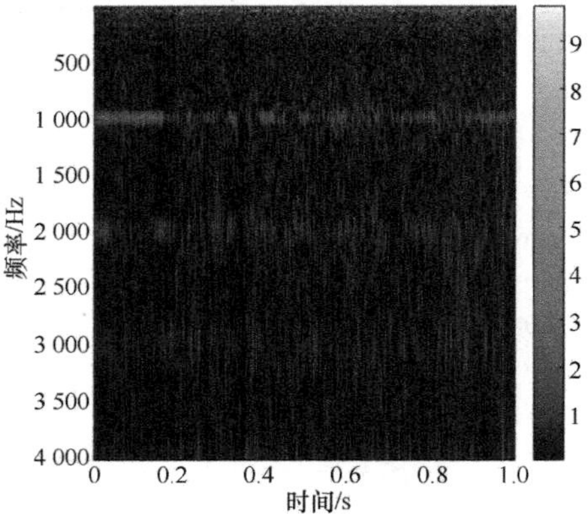

(a) 第一路观测信号 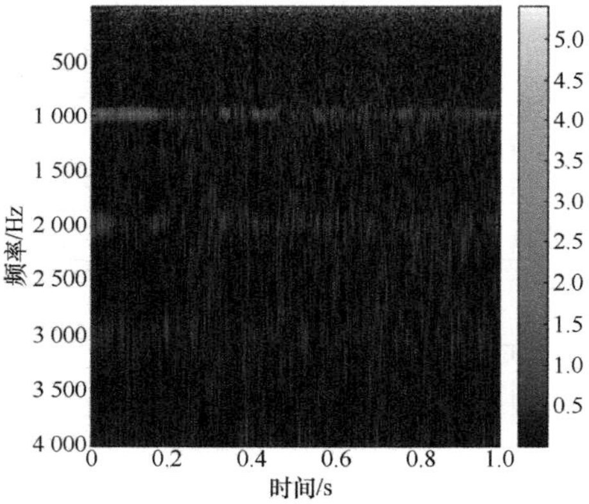　　(b) 第二路观测信号

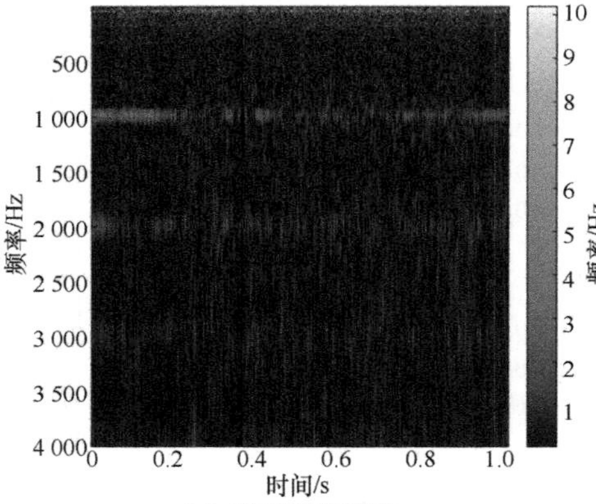

(c) 第三路观测信号 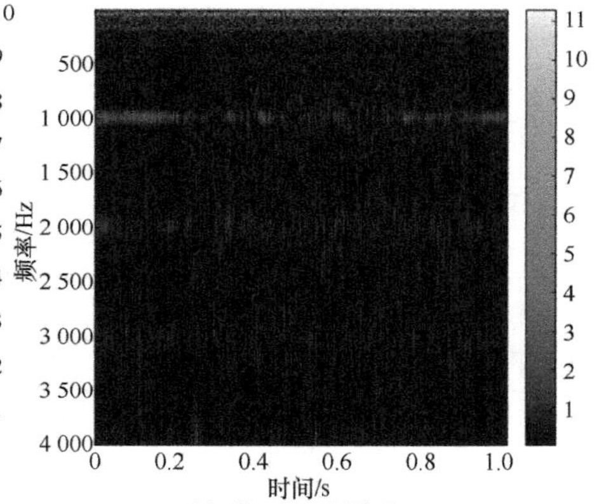　　(d) 第四路观测信号

图 2-33　Qi 混沌背景下观测信号时频分析

为了获取语音信号，通过数字化进一步克服了干扰信号和噪声的影响，对观测信号进行盲分离得到期望信号的码元序列，经过门限判决得到 0/1 序列，再对其进行 PCM 解码恢复出两路期望信号的音频。不同混沌背景下分离前后语音信号和干扰信号时域波形比较和时频分析如图 2-34～图 2-36 所示。

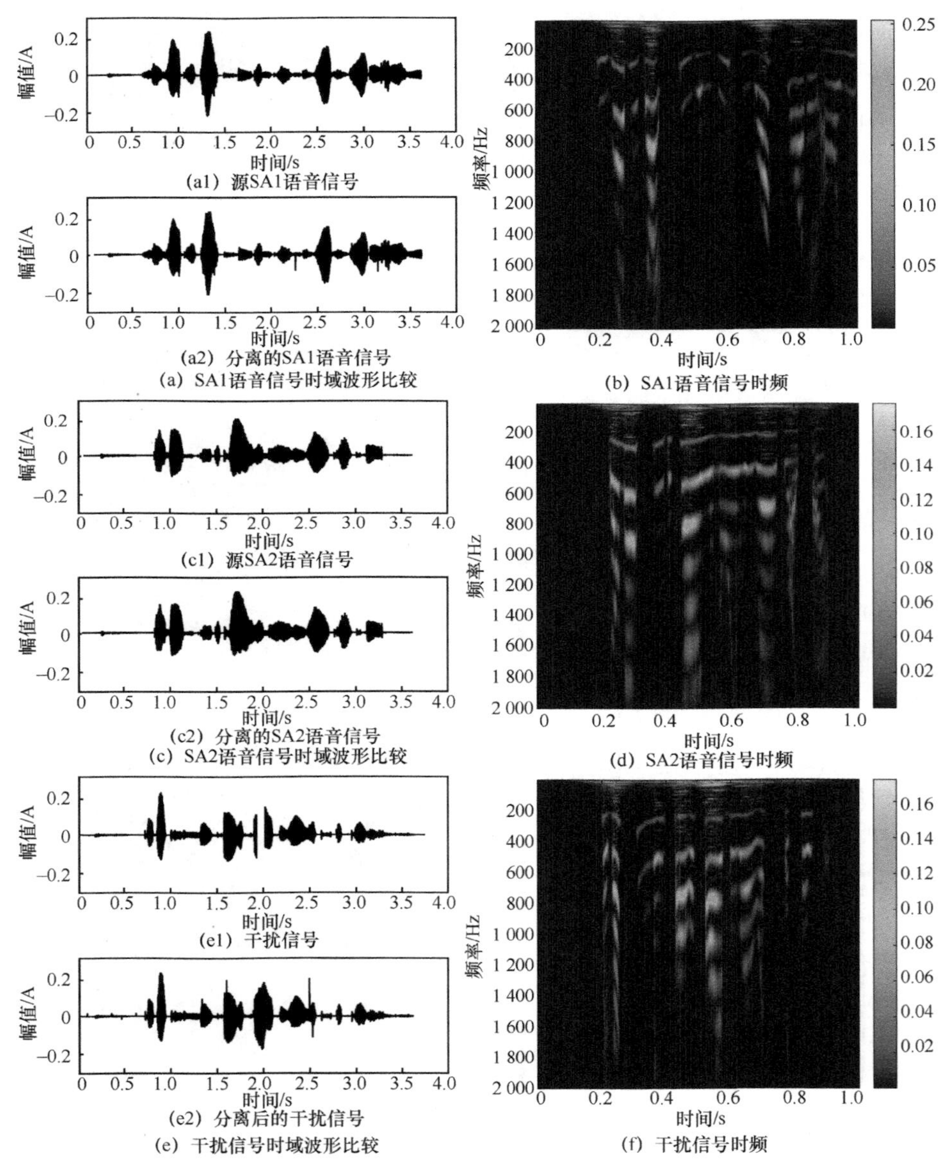

图 2-34 Henon 混沌背景下信号时域波形比较和时频分析

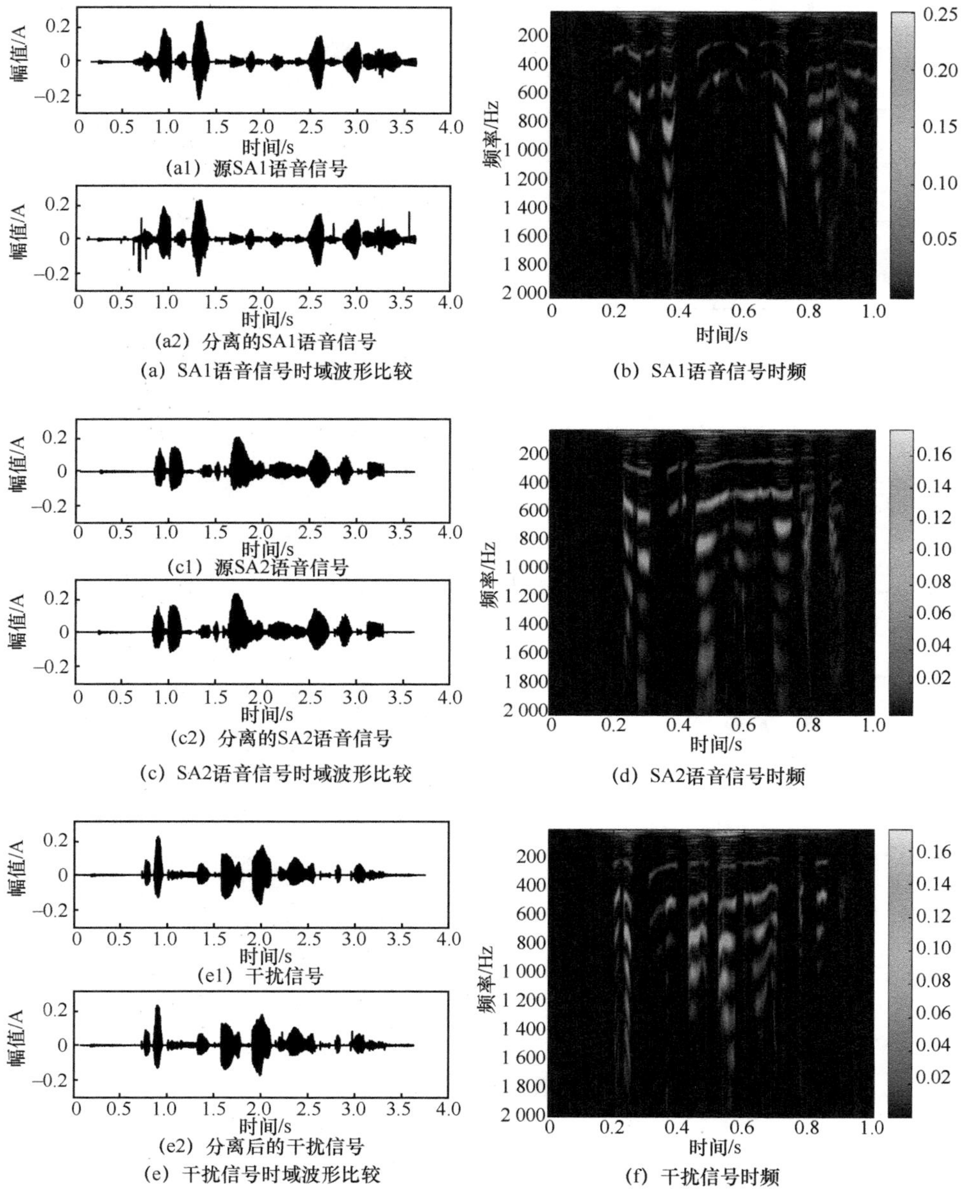

(a1) 源SA1语音信号

(a2) 分离的SA1语音信号

(a) SA1语音信号时域波形比较

(b) SA1语音信号时频

(c1) 源SA2语音信号

(c2) 分离的SA2语音信号

(c) SA2语音信号时域波形比较

(d) SA2语音信号时频

(e1) 干扰信号

(e2) 分离后的干扰信号

(e) 干扰信号时域波形比较

(f) 干扰信号时频

图 2-35　Chen 混沌背景下信号时域波形比较和时频分析

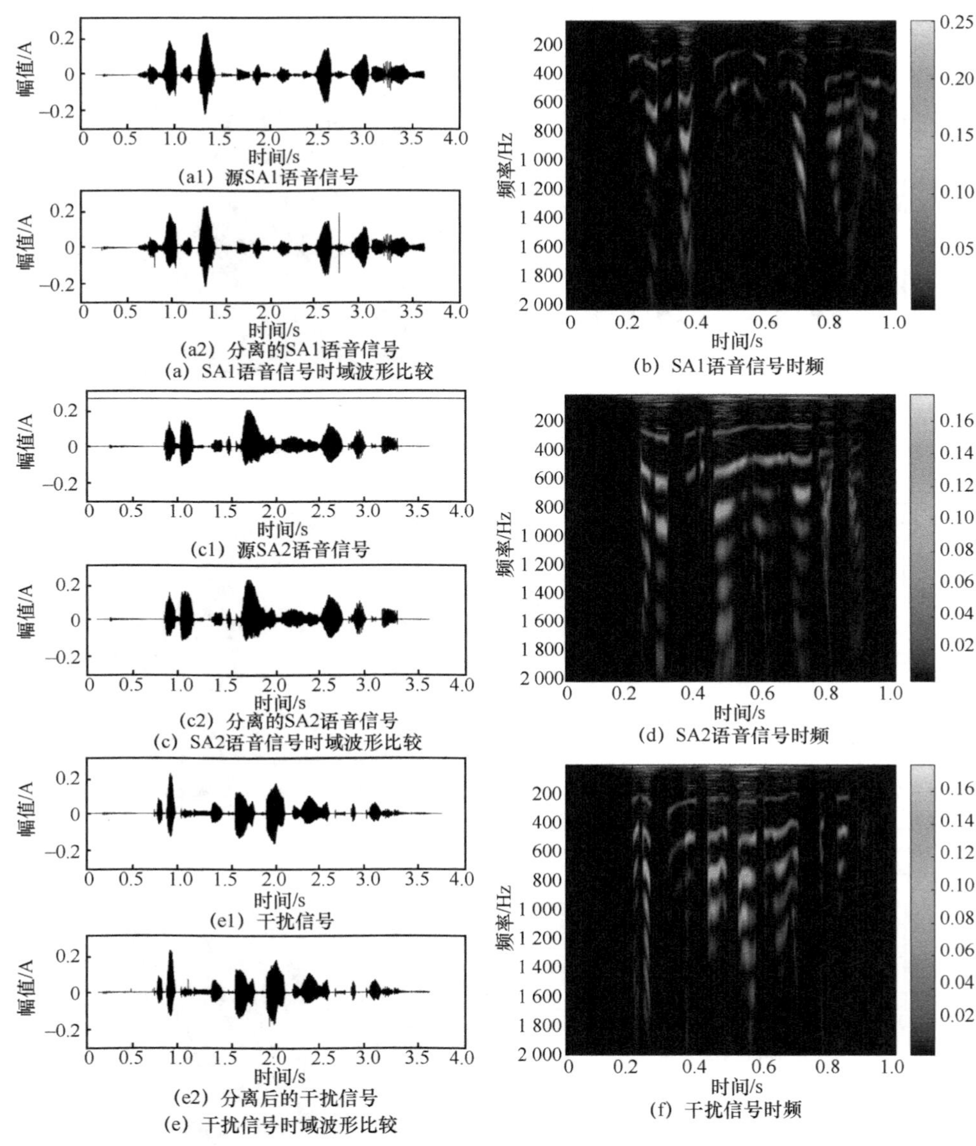

图 2-36 Qi 混沌背景下信号时域波形比较和时频分析

虽然存在噪声影响和同性别语音信号的干扰，期望信号的波形和时频分析可以直观地映射出源语音信号的特点，从定性方面验证了算法的分离性能；再结合两种评价指标进一步判定算法的优良性能。表 2-3 为不同维度混沌遮掩下干扰信号及两路语音信号的误码率和相似系数矩阵。

表 2-3　不同混沌背景下干扰信号及两路语音信号的评价指标

混沌系统	干扰信号误码率	SA1 误码率	SA2 误码率	相似系数矩阵
Henon	6.1144×10^{-4}	1.7654×10^{-5}	3.0141×10^{-5}	$\begin{bmatrix}0.9579 & 0.1694 & 0.1423 & 0.0142\\0.0867 & 0.9690 & 0.1343 & 0.1231\\0.0917 & 0.0761 & 0.0500 & 0.9329\\0.0887 & 0.0810 & 0.9732 & 0.0719\end{bmatrix}$
Chen	5.8991×10^{-4}	1.5932×10^{-5}	1.2918×10^{-5}	$\begin{bmatrix}0.0825 & 0.0556 & 0.0638 & 0.9380\\0.9560 & 0.2000 & 0.1782 & 0.0068\\0.0650 & 0.9638 & 0.1630 & 0.0163\\0.0575 & 0.0447 & 0.9668 & 0.0029\end{bmatrix}$
Qi	3.6600×10^{-4}	2.8849×10^{-5}	2.5835×10^{-5}	$\begin{bmatrix}0.1509 & 0.1695 & 0.9793 & 0.0540\\0.9564 & 0.1924 & 0.0956 & 0.0860\\0.0473 & 0.9591 & 0.0448 & 0.0785\\0.0070 & 0.0196 & 0.0004 & 0.9291\end{bmatrix}$

表 2-3 中的实验数据可以说明算法的定量评价指标达到标准，且相似系数矩阵也为优势矩阵，最后再根据分离前后的干扰信号和两路语音信号的音质效果，总体上说明算法的分离效果较好。即使存在第三方（SI943）的干扰，两路语音信号（SA1、SA2）的音调、音色依然良好，没有存在串音的情况；语音内容也没有受到影响，可以被清楚地还原。综上，算法的有效性得到验证。

为了证明数字化处理可以提高信号的抗噪性以及噪声环境下算法的可靠性，重复仿真 2 中的步骤，在信噪比为 0～20 dB 环境下进行仿真实验，分别记录干扰信号和两路语音信号的误码率和相似系数，如图 2-37～图 2-39 所示。

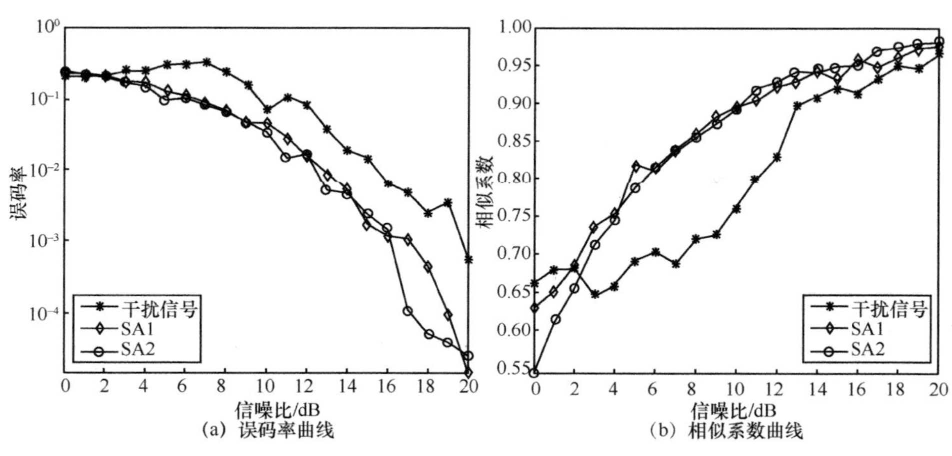

(a) 误码率曲线　　(b) 相似系数曲线

图 2-37　Henon 混沌背景下干扰信号和期望信号评价指标

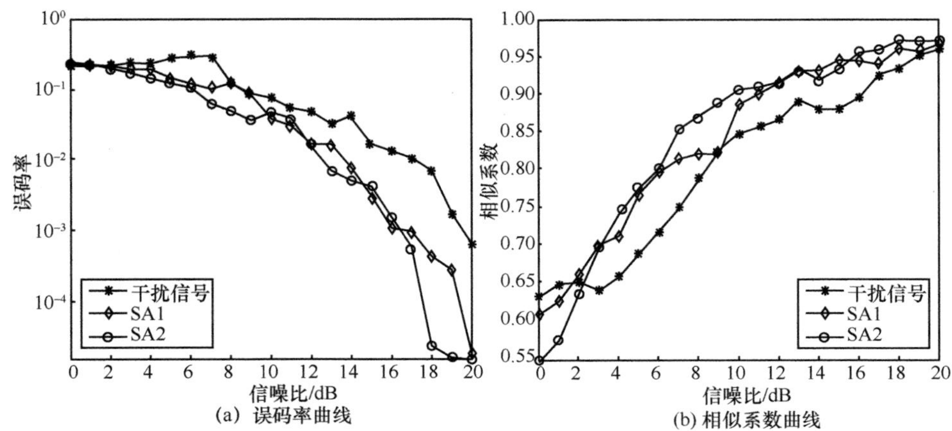

(a) 误码率曲线　(b) 相似系数曲线

图 2-38　Chen 混沌背景下干扰信号和期望信号评价指标

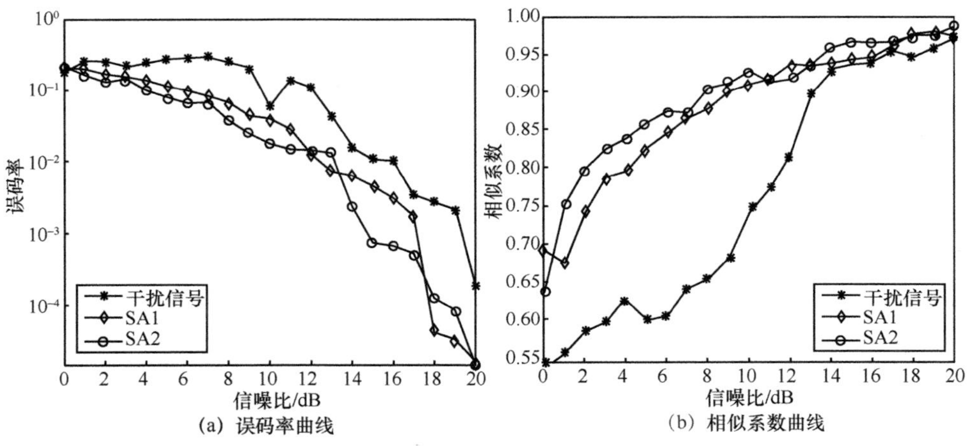

(a) 误码率曲线　(b) 相似系数曲线

图 2-39　Qi 混沌背景下干扰信号和期望信号评价指标

从两方面对误码率和相似系数曲线进行分析，首先结合仿真 1 和仿真 2 中对单路语音和多路语音进行分离时对应的曲线来分析，仿真 1 中语音信号的误码率和相似系数曲线相对较稳定，波动不大，且不同维度的混沌背景下的曲线相似度极高，此时算法的稳定性和普适性最好；仿真 2 中误码率和相似系数曲线稍有波动，且不同混沌背景下曲线的相似性也不如仿真 1 的高；在该仿真中，由于受到干扰信号的影响，从而加大了算法分离的难度，曲线存在波动性，但是整体而言，误码率曲线是下降的，相似系数曲线是上升的，说明了该算法成功实现在干扰情况下对语音信

号的盲分离。同时，观察图 2-37～图 2-39 发现（类似的情况在仿真 1 和仿真 2 中也存在，它随着信号分离难度的加大而逐渐明显），不同维度混沌背景下误码率曲线相似度比较高，相似系数曲线的相似性稍差，这正是得益于数字化处理使信号具有较好的抗噪性，因为相似系数侧重于对算法分离性能的判定，而误码率则偏重于评估数字化处理的抗噪能力。

2.9　本章小结

本章首先结合盲源分离理论对 ICA 算法进行分析探究；其次结合数字化处理的方法和盲分离基础理论构建本章的正定系统模型，选取相应的编码方式实现对语音信号及混沌信号的数字化处理；再次利用小波变换分析语音信号、混沌信号的时频分布特性，获取二者的能量聚集带，为语音信号的隐藏做铺垫，再根据语音信号的特点及数字化的基本原理分别就定性评价、定量评价和听觉效果这 3 个方面对算法进行一个整体性的评估；最后给出本章仿真的实验步骤，分别在不同维度的混沌载体中就无干扰和有干扰情况下语音信号的分离实验对算法的普适性和有效性进行验证，再结合不同信噪比情况下期望信号的误码率和相似系数曲线说明数字化处理的优势所在。基于正定混合分离系统的优良性能，之后更应该贴切实际地考虑欠定系统。为此，下一章的重点将放在数字化背景下欠定含噪信道中语音信号盲提取性能的研究。

参考文献

[1] COMON P, JUTTEN C. Handbook of blind source separation: independent component analysis and applications[J]. Elsevier Oxford, 2010, 1(3): 80-88.

[2] 李智明. 基于改进 FastICA 算法的混合语音盲分离[D]. 上海: 上海交通大学, 2015.

[3] WANG E F, LIU Q, JIA L L. Steady-state point capture based blind harmonic signal extraction algorithm under the chaotic background[J]. International journal of Sensor Networks, 2014, 15(1): 52-61.

[4] STARK J, ARUMUGAM B V. Extracting slowly varying signals from a chaotic background[J]. International Journal of Bifurcation and Chaos, 1992, 2(2): 413-419.

[5] 李辉. 带噪语音编码的若干问题研究[D]. 合肥: 中国科学技术大学, 2007.

[6] 樊昌信, 曹丽娜. 通信原理[M]. 北京: 国防工业出版社, 2006: 5-10.

[7] 张雪英. 数字语音处理及 MATLAB 仿真[M]. 北京: 电子工业出版社, 2010: 138-169.

[8] 毕兴. 基于频率规整的语音转换技术研究[D]. 长沙: 国防科学技术大学, 2013.

[9] 张雪英. 数字语音处理及 MATLAB 仿真[M]. 北京: 电子工业出版社, 2010: 138-169.

[10] 郭昌鹤. 成像激光雷达距离像乘性噪声的分析和处理[D]. 哈尔滨: 哈尔滨工业大学, 2014.

[11] 焦卫东, 杨世锡, 吴昭同. 基于独立分量分析的噪声消除技术研究[J]. 浙江大学学报, 2004, 38(7): 872-876.

[12] 向前, 林春生, 程锦房. 噪声背景下的盲源分离算法[J]. 数据采集与处理, 2006, 21(1): 42-45.

[13] 徐科, 徐金梧. 一种新的基于小波变换的白噪声消除方法[J]. 电子科学学刊, 1999, 21(5): 706-709.

第3章 欠定含噪混沌遮掩及语音信号盲提取

随着接收阵列低元化技术的出现，在实际的通信环境中，发送端天线的数量比接收端天线的数量多的情况更常见，此时的通信系统为欠定系统。由于仿真中信道混合矩阵是随机生成的，其随机性对正定系统中语音信号的盲分离性能没有影响，因此可以通过求解逆矩阵的方法来得到期望信号。但是在欠定系统中，由于信道混合矩阵的非奇异性使其解具有多样性[1-3]。本章将根据欠定系统的特殊性，结合数字语音信号和混沌载体的特性，提出一种适用于欠定系统中含噪语音信号盲提取的算法，并在不同维度的混沌背景中对算法的有效性和普适性进行验证。

3.1 欠定系统模型建立

针对欠定系统存在的接收端天线数量小于发送端天线数量（ $M<N$ ）的情况，构建相应的系统模型，如图 3-1 所示。

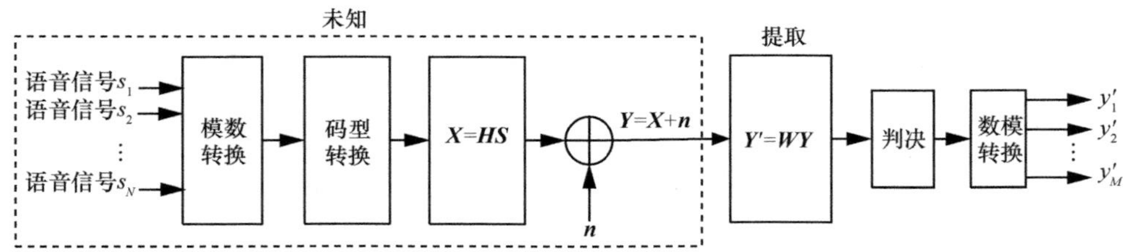

图 3-1 数字化欠定含噪语音盲提取模型

图 3-1 中 $\boldsymbol{S}=\left[s_1(t),s_2(t),\cdots,s_N(t)\right]^{\mathrm{T}}$ 为 N 个未知的源信号向量，由语音信号、干扰信号和混沌信号组成，由此可得到混合模型的数学表达式为

$$\boldsymbol{Y}=\boldsymbol{H}\boldsymbol{S}+\boldsymbol{n} \tag{3-1}$$

式中，$\boldsymbol{Y}=\left[y_1(t),y_2(t),\cdots,y_M(t)\right]^{\mathrm{T}}$ 为观测信号向量；$\boldsymbol{H}=\begin{pmatrix} a_{11} & a_{12} & \cdots & a_{1n} \\ a_{21} & a_{22} & \cdots & a_{2n} \\ \vdots & \vdots & \ddots & \vdots \\ a_{m1} & a_{m2} & \cdots & a_{mn} \end{pmatrix}$ 为 $M\times N$

阶未知信道混合矩阵，其中 M 为接收端观测信号中向量的个数，N 为发送端源信号中向量的个数。在欠定混合盲提取问题中，由于接收端天线的数量比发送端天线的数量少，使观测信号向量的数目比源信号向量的数目少，欲通过观测信号转换得到源信号的估计这一方法的可行性变得极低。为此，需要寻找切实可行的方法，补充观测信号中缺失的天线阵元，具体的解决措施将在下文中进行详细说明。

3.2　欠定到正定模型的转化

欠定系统只利用天线阵列接收信息，此时数学约束方程的数目比源信号的数目少，想要得到源信号的精确估计本就困难，还要考虑信道中噪声存在所带来的影响，想要减小噪声对信号的干扰以降低欠定盲提取的难度，这使对信号进行数字化处理变得尤其重要。前面提到由于欠定模型中信道混合矩阵的不可逆性和非奇异性而造成解的多样性，这将大大提升算法的提取难度，因此欠定盲提取问题成为混沌保密通信研究领域的重点和难点。在现有的一些研究方法中，基于稀疏性的方法、子空间类方法在信号的分析处理上都有着优良的特性。然而语音信号和混沌信号都不满足稀疏性，因此基于稀疏性的方法在本章中无法使用；而子空间类方法在低信噪比时，尤其是在各个阵元的噪声不均匀时，方法的性能较差，并存在着失效的可能。为此根据语音信号和混沌载体的特性寻找信号分析方法，使含噪的欠定系统中对混沌遮掩下语音信号的盲提取变得切实可行。

在 2.5 节中提到，时频联合分析方法通过结合信号的时频特性对信号进行分析使对非平稳信号的处理变得切实可行，其中短时傅里叶变换、正弦曲线拟合方法、Hilbert 变换等都可以结合信号的时频特性进行分析处理。短时傅里叶变换受不确定性原理的约束，无法同时在时间分辨率和频率分辨率上取得一个良好的分析效果；正弦曲线拟合方法克服了短时傅里叶变换的缺点，且适用于多频率成分，但在提取的过程中各个频率成分之间存在彼此影响的可能，且其计算量很大，这在多路语音信号的盲提取和干扰情况下语音信号的盲提取中提取到的语音信号存在串音的可能性极大；Hilbert 变换对于单频信号有着较高的时频分辨率，然而在多频率信号中它失去了物理意义，变得不再适用，因此无法对语音信号和混沌信号这样的多频率信号进行分析处理。在此基础上，1998 年，黄锷等学者提出了经验模态分解（Empirical Mode Decomposition，EMD）算法，它是为了解决 Hilbert 变换无法对多频率信号进行分析处理而发展起来的。EMD 认为任何复杂的时间序列均由若干个本征模态函数（Intrinsic Mode Function，IMF）组成，通过对这些复杂时间序列的分解，可以得到不同频率的时间序列。这种想法映射到本章的欠定语音信号盲提取中的思路是：对接收端的观测信号进行 EMD 以获得本征模态分量，利用本征模态分量构建虚拟接收阵列，实现欠定系统到正定系统的巧妙转化，再结合 FastICA 算法对观测信号进行提取得到期望信号。

3.3 经验模态分解算法

EMD 算法作为一种信号分析方法，在对非平稳信号的处理上有着极其显著的效果。该算法的要旨是：通过对非平稳信号进行分解处理，获取若干个 IMF 分量，无须预先设定任何基函数，操作相对简便。设 $Y(t)$ 为被分析的信号，则 EMD 算法的表达式为

$$Y(t)=\sum_{i=1}^{n} imf_i(t)+r_n(t) \tag{3-2}$$

式中，$r_n(t)$ 是残余信号，$imf(t)$ 是对信号进行分解之后得到的 IMF 分量。IMF 分量应满足两个条件。

① 在数据集的所有时刻范围内，局部极点个数等于零点的个数，或者两者差值不超过一个。

② 在数据集的任何时刻点，上包络线和下包络线的均值等于零。

这两个条件对信号分析得到的 IMF 分量是窄带信号。同时，EMD 基于下面 3 个假设[4-5]。

① 信号的极大值点和极小值点必须存在。

② 信号的特征时间尺度由两个极值相距的时间长度来确定。

③ 遇到信号极值点缺失的情况，应先对信号进行微分分解，再积分的方法获得 IMF 分量。

对信号进行 EMD 的步骤如下。

步骤 1 求出解析信号 $Y(t)$ 的所有局部极值点。

步骤 2 利用三次样条拟合方法计算出全部极大值点对应的上包络线 $h(t)$ 和极小值点对应的下包络线 $l(t)$。

步骤 3　上下包络线的均值记为

$$m(t)=\frac{h(t)+l(t)}{2} \tag{3-3}$$

解析信号与上下包络线均值的差为

$$g(t)=Y(t)-m(t) \tag{3-4}$$

步骤 4　根据上面给出的 IMF 分量的两个条件判定 $g(t)$ 是否满足要求，如果满足要求，那么 $g(t)$ 为第一个 IMF 分量；否则将 $g(t)$ 视作解析信号 $Y(t)$，重复上述步骤直到计算出第一个 IMF 分量 $z_1(t)$（假设重复 k 次之后，$g^k(t)$ 满足 IMF 分量的两个条件，解析信号的第一个 IMF 分量为 $z_1(t)=imf_1(t)=g^k(t)$），此时信号的剩余分量为 $r_1(t)=Y(t)-z_1(t)$。

步骤 5　将 $r_1(t)$ 视作新的解析信号，重复步骤 1～步骤 4，计算出第二个 IMF 分量 $z_2(t)$，信号的剩余分量为 $r_2(t)=r_1(t)-z_2(t)$。

步骤 6　重复以上步骤，直到信号的剩余分量 $r_n(t)$ 是一个单调函数或常量，信号的分解结束。原解析信号被分解成 n 个 IMF 分量和一个剩余分量 $r_n(t)$，此时原解析信号可表示为

$$Y(t)=\sum_{i=1}^{n} z_i(t)+r_n(t) \tag{3-5}$$

需要说明的是：在实际的分解过程中，若上下包络线的均值 $m(t)$ 无法为零，此时需要设置相应的筛选门限 ε。假设经过 k 次分解之后得到的 $g^k(t)$ 不满足 IMF 分量的两个条件，当 ε 满足

$$\frac{\sum\left[g^{k-1}(t)-g^k(t)\right]^2}{\sum\left[g^{k-1}(t)\right]^2}\leqslant\varepsilon \tag{3-6}$$

则判定上下包络线的均值满足 IMF 分量的两个条件。通常 ε 的取值满足 $0.2\leqslant\varepsilon\leqslant0.3$。

以本文选取的两种语音信号（SA1、SA2）为例进行经验模态分解，分解得到的 IMF 分量时域波形如图 3-2 所示。观察分析语音信号 IMF 分量的时域波形，发现第一个 IMF 分量的时域波形与源语音信号的时域波形相似度最高，最能反映源语音信号的特性，而最后一个 IMF 分量是一个单调函数，趋于常量，满足分解步骤 6 中的分解结束条件，因此在本章的仿真中均选取第一个 IMF 分量作为观测信号的补充阵元。

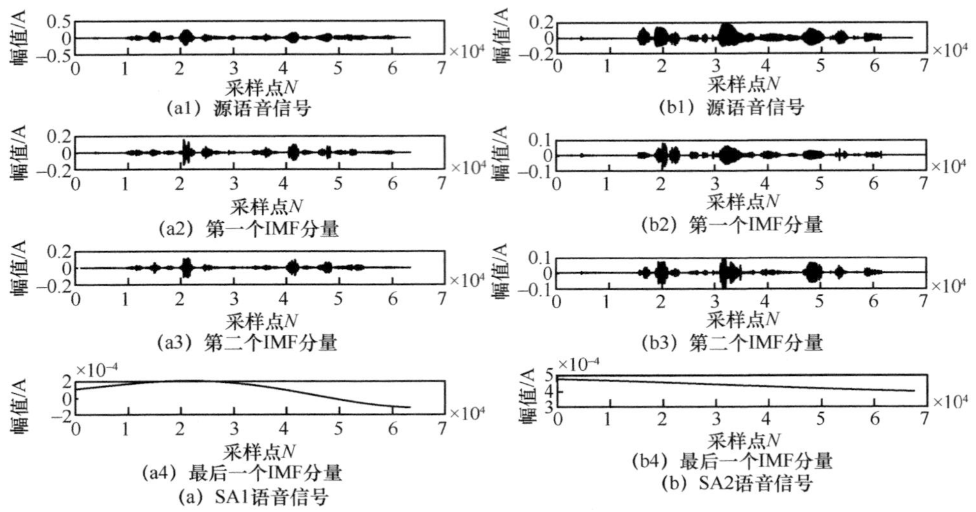

图 3-2 语音信号 EMD

3.4 欠定含噪系统中语音信号的盲提取

在正定含噪语音信号盲分离的基础上，结合本章前 3 节中欠定模型的建立和利用 EMD 算法获取虚拟接收阵列的相关知识，给出本章算法的仿真步骤。

步骤 1 对语音信号和混沌载体进行相应的数字化处理（在第 2 章的仿真实验中已经验证了语音信号成功被混沌信号遮掩，所以在欠定情况下将不再一一赘述）。

步骤 2 对两种信号的码元序列进行码型转换，在含噪信道中对信号进行加权处理得到观测信号。

步骤 3 选取一路观测信号，对其进行经验模态分解得到若干个本征模态函数，选取第一个本征模态函数作为补充信号并添加到缺失天线阵元的观测信号中。

步骤 4 将补充 IMF 分量后的观测信号作为新的观测信号，利用 FastICA 算法对其进行盲提取，得到期望信号的实值序列。

步骤 5 对期望信号的实值序列进行门限判决，得到相应的码元序列，再对码元序列进行 PCM 解码处理即可得到提取出来的语音信号。

步骤 6 通过观察提取前后语音信号的时域波形和时频特性，记录分析语音信号的误码率和相似系数以及播放提取前后的音频文件，从整体上验证本章算法的提取性能。

下面，给出欠定系统盲提取算法流程，如图 3-3 所示。该流程最重要的部分在于虚拟接收阵列的构建，这是本章仿真的重点和难点，也是成功实现欠定含噪信道中混沌遮掩下语音信号盲提取的前提条件。

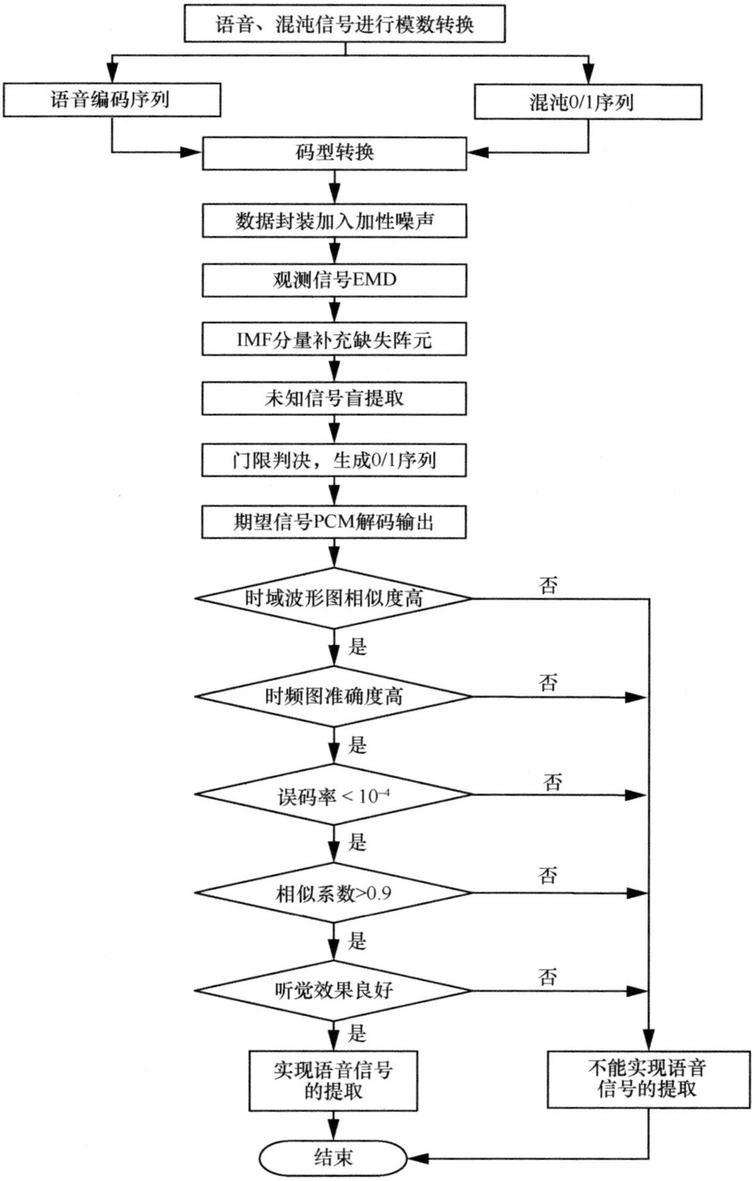

语音、混沌信号进行模数转换

语音编码序列

混沌0/1序列

码型转换

数据封装加入加性噪声

观测信号EMD

IMF分量补充缺失阵元

未知信号盲提取

门限判决，生成0/1序列

期望信号PCM解码输出

时域波形图相似度高

否

是

时频图准确度高

否

是

误码率 $< 10^{-4}$

否

是

相似系数>0.9

否

是

听觉效果良好

否

是

实现语音信号的提取

不能实现语音信号的提取

结束

图 3-3　欠定系统盲提取算法流程

3.5 算法可行性分析与验证

欠定模型中，由于接收端天线个数小于发送端天线个数而使接收端信号的数目比发送端信号的数目少，因此欠定情况下无法实现所有信号的分离，只能从混合信号中提取出人们所需的目标信号即可验证算法的性能。本章的仿真中对语音信号和混沌载体的数字化处理的方式和判决门限值的选取与第 2 章一样，随机生成 $M \times N$ 阶的信道混合矩阵 $\boldsymbol{H}$，在信噪比 SNR 为 22 dB 时进行仿真实验。

3.5.1 无干扰情况下语音信号盲提取

欠定模型中对目标语音信号进行盲提取和正定的情况相同，分别验证单路语音信号和多路语音信号情况下算法的盲提取性能。

仿真 1　单路语音信号盲提取

单路语音信号的盲提取同样选取 SA2 语音信号作为待遮掩信号，验证在不同维度混沌载体中算法的提取性能。随机生成 1×2 的信道混合矩阵

$$\boldsymbol{H}=\left[0.3711,\ 0.020\,4\right] \tag{3-7}$$

两种信号经过含噪信道得到一路观测信号，对这路观测信号进行 EMD 以得到 IMF 分量，用来补充观测信号中缺失的天线阵元，即构建虚拟接收阵列。最后对观测信号进行盲提取获得感兴趣的目标信号。图 3-4～图 3-6 分别为不同维度混沌背景下提取前后语音信号时域波形比较和期望信号时频分析。

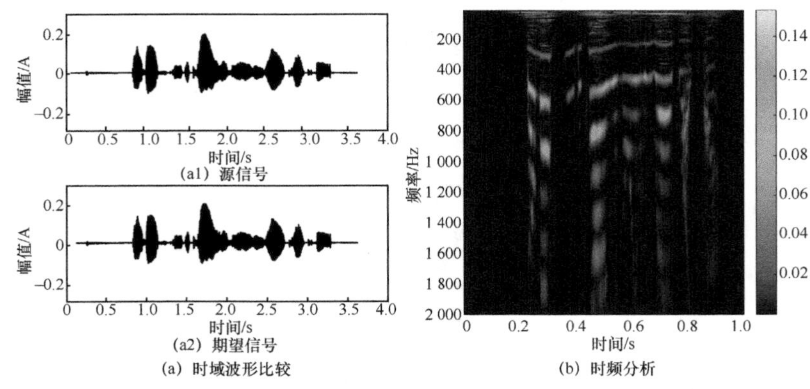

图 3-4　Henon 混沌背景下语音信号时域波形比较和时频分析

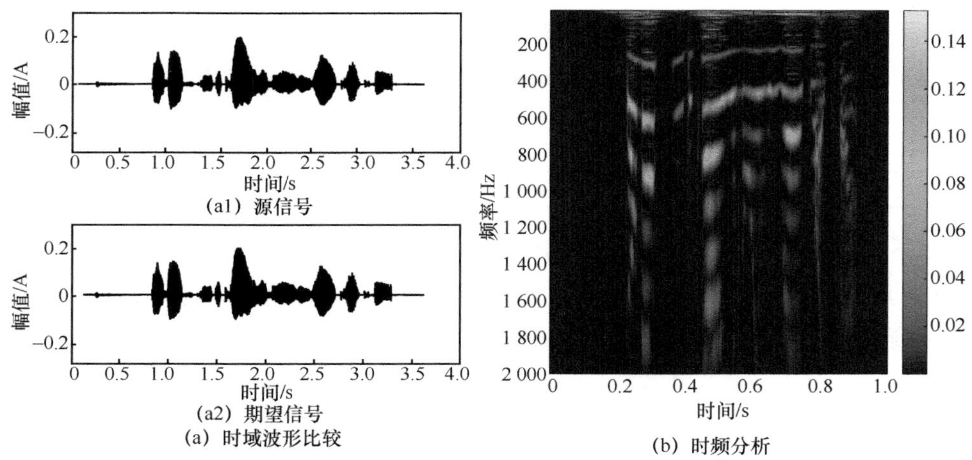

图 3-5　Chen 混沌背景下语音信号时域波形比较和时频分析

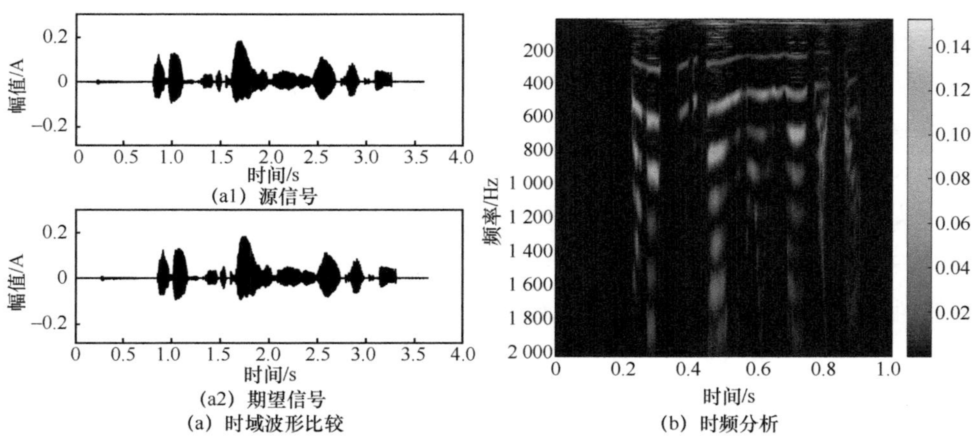

图 3-6　Qi 混沌背景下语音信号时域波形比较和时频分析

从图 3-4～图 3-6 可以看出，每种混沌背景下提取前后语音信号波形的相似度极高，基本上没有出现毛刺，且每种混沌背景下提取的信号波形都几乎相同，相差不大；对比期望信号的时频曲线和源语音信号时频曲线发现，期望信号的能量和幅值的分布情况与源语音信号的一样，这说明算法达到定性评价要求。进一步观察语音信号的误码率和相似系数，定量评价验证算法性能是否达标。表 3-1 为不同维度的混沌背景下算法语音信号的误码率和相似系数。

表 3-1　不同维度的混沌背景下语音信号的误码率和相似系数

混沌系统	误码率	相似系数
Henon	$1.291\ 8\times10^{-5}$	0.976 3
Chen	$4.305\ 9\times10^{-6}$	0.974 6
Qi	$8.611\ 8\times10^{-6}$	0.976 4

不同混沌背景下提取到的语音信号的误码率都特别低，在数字化码元传输过程中，总共传输 232 240 个码元，Henon 混沌背景下语音信号的误码率为 $1.291\ 8\times10^{-5}$，错误码元的数目为 3 个，Chen 混沌背景下误码率为 $4.305\ 9\times10^{-6}$，错误码元的数目为 1 个，Qi 混沌背景下误码率为 $8.611\ 8\times10^{-6}$，错误码元数目为 2 个；语音信号的相似系数达到 0.97 以上。从定量方面分析，算法的提取性能较好，且 3 种混沌系统中 Qi 遮掩下的语音信号提取效果最好。

最后辅之以人耳听觉效果，在不同维度的混沌系统中对算法的提取性能进行总体评价。期望信号的音色和音调与源信号的基本一致，内容也没有出现缺失的情况，语音信号的强度没有改变，并且声音清晰，人耳听不到杂音，语音信号可以较好地被恢复，说明构建虚拟接收阵列的方法对于单个语音信号的提取是可行的。由此，算法的有效性和普适性得到验证。

为了验证在噪声干扰时数字信号的抗噪性和算法的可靠性，通过记录不同信噪比情况下期望信号的误码率和相似系数，绘制曲线，通过曲线直观清晰地对算法的提取性能进行评定。图 3-7～图 3-9 为不同混沌背景下期望信号的评价指标。

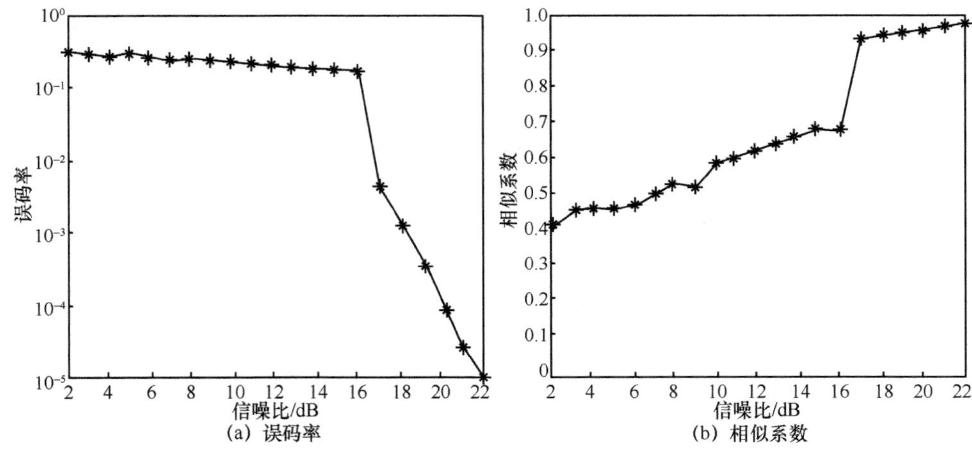

图 3-7　Henon 混沌背景下期望信号评价指标

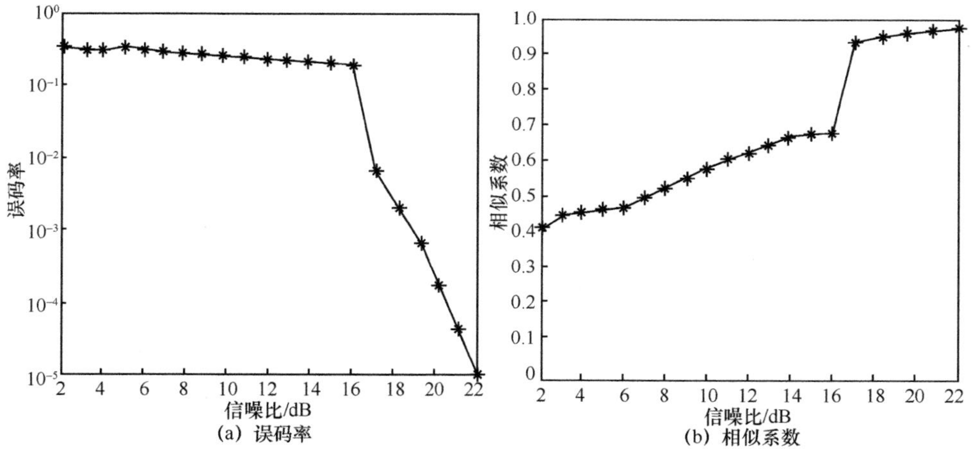

(a) 误码率　　(b) 相似系数

图 3-8　Chen 混沌背景下期望信号评价指标

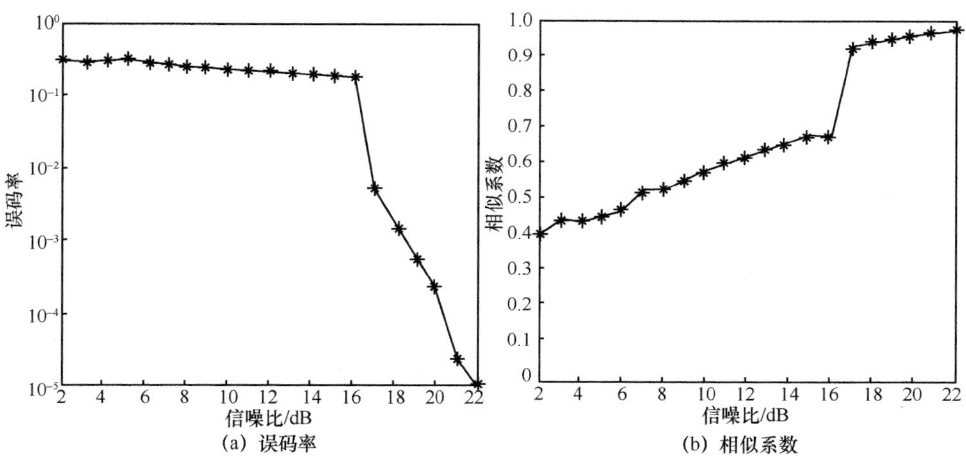

(a) 误码率　　(b) 相似系数

图 3-9　Qi 混沌背景下期望信号评价指标

不同信噪比情况下两种评价指标的曲线说明：总体上误码率呈下降趋势，相似系数呈上升趋势，验证噪声环境下算法的可靠性和数字信号良好的抗噪性；SNR 为 16 dB 时是误码率的一个分水岭，16 dB 之前的误码率曲线相对平缓，下降幅度不大，16 dB 之后误码率大幅度下降，说明数字化处理在噪声强度很大时抗噪效果并不明显，因此在以后的研究中要合理地设置信噪比，切忌借助数字信号的抗噪优势而盲目地降低信噪比。

仿真 2　多路语音信号盲提取

和第 2 章中目标语音信号盲分离的仿真 2 一样，选取 SA1、SA2 语音信号作为待遮掩信号，在不同混沌载体中验证 EMD 算法和 FastICA 算法的可行性和普适性。源信号为两路语音信号和混沌信号的组合，根据源信号的个数以及满足欠定模型的观测信号路数，随机生成 2×3 的信道混合矩阵

$$\boldsymbol{H}=\begin{bmatrix}0.8314 & 0.7888 & 0.0561\\ 0.6353 & 0.2106 & 0.1056\end{bmatrix} \tag{3-8}$$

信道混合矩阵对三路信号进行加权，经天线传送到接收端获得两路观测信号，取任意一路观测信号（选取第一路观测信号）进行 EMD 得到 IMF 分量，再将第一个 IMF 分量补充到缺失阵元的观测信号中，完成虚拟接收阵列的构建，满足算法提取的基本要求。首先对观测信号进行盲提取，得到两路目标语音信号的实值序列，然后经过门限判决得到 0/1 码元序列，再对码元序列进行串并转换，使其并行输出，最后利用 PCM 解码得到所要提取的目标语音信号。不同混沌背景下提取前后两路语音信号时域波形比较如图 3-10～图 3-12 所示，期望信号的时频分析如图 3-13～图 3-15 所示。

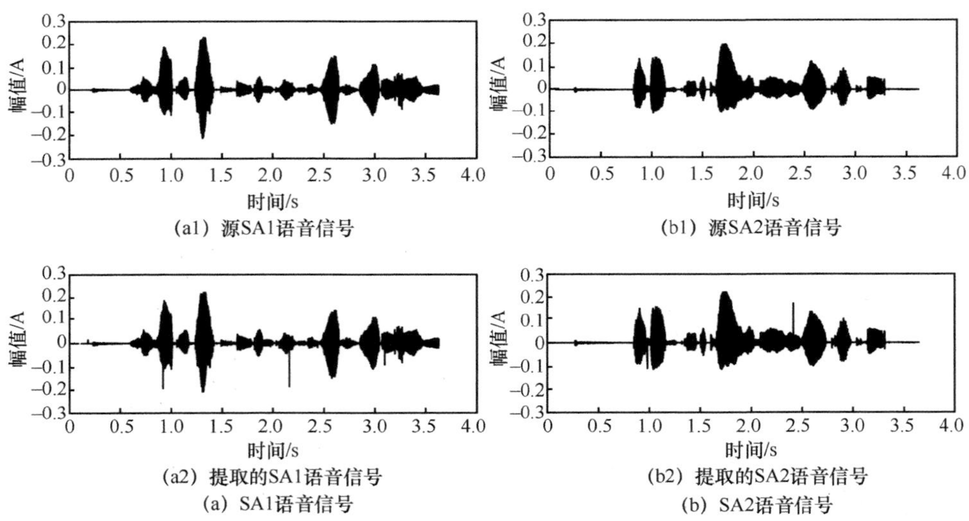

图 3-10　Henon 混沌背景下提取前后语音信号时域波形比较

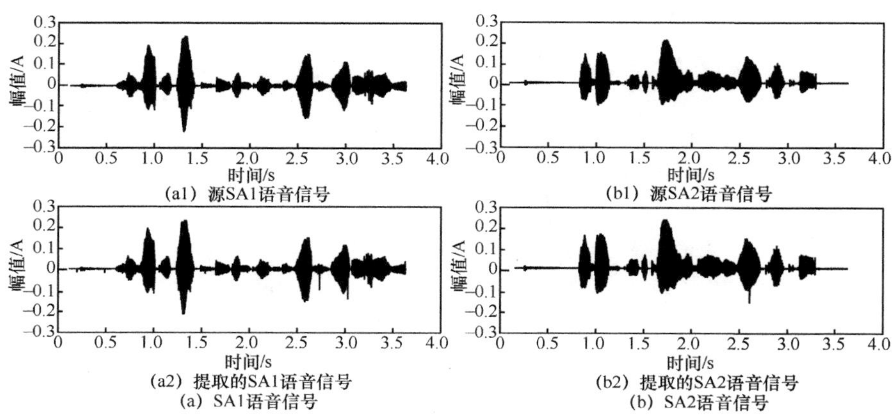

图 3-11　Chen 混沌背景下提取前后语音信号时域波形比较

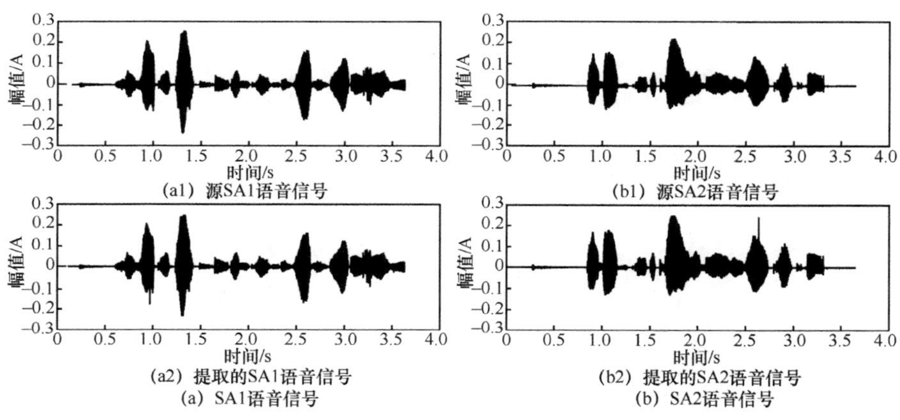

图 3-12　Qi 混沌背景下提取前后语音信号时域波形比较

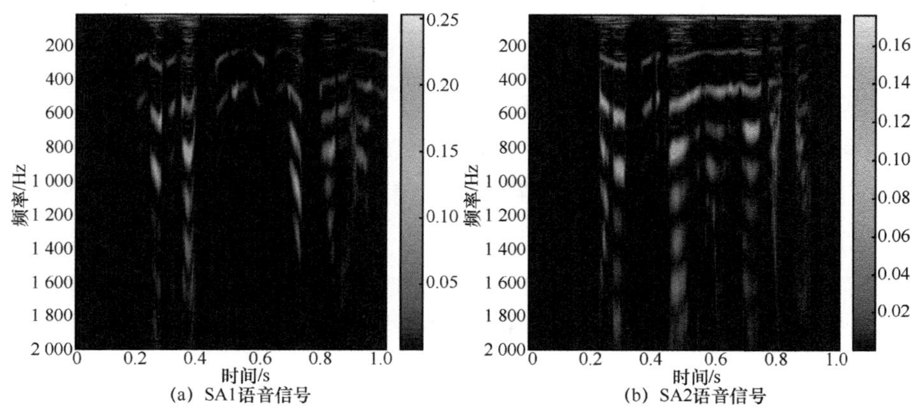

图 3-13　Henon 混沌背景下期望信号时频分析

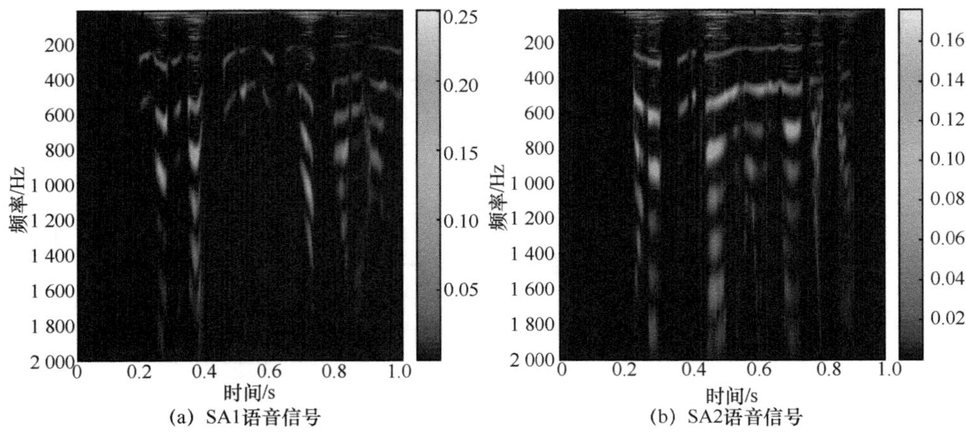

(a) SA1语音信号　(b) SA2语音信号

图 3-14　Chen 混沌背景下期望信号时频分析

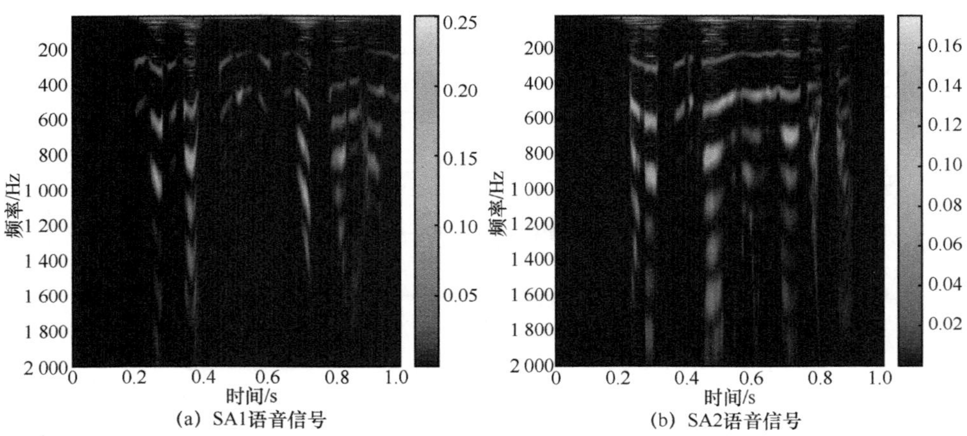

(a) SA1语音信号　(b) SA2语音信号

图 3-15　Qi 混沌背景下期望信号时频分析

在欠定系统两路语音信号的盲提取实验中，虽然两路语音信号提取前后时域波形上伴有少量的毛刺，但是不论从整体上的相似性还是局部的相关性，都可以证明算法良好的提取性能，也说明了虚拟阵列的构建成功地对观测信号进行了补充。同样的分析也可以用在对期望信号的时频分析中，虽然是多路语音信号的混合，但是在期望信号的时频分析上并没有出现频点混叠的情况，这得益于数字化处理通过对语音信号进行编码，编码之后的信号进行混合不会像模拟信号那样出现频点混叠的现象，在混合的过程中可以保留模拟信号的某些特性。之后将继续通过定性分析验证算法的提取效果。表 3-2 给出不同混沌背景下期望信号的误码率和相似系数。

表 3-2　不同混沌背景下期望信号的误码率和相似系数

混沌系统	误码率		相似系数	
	SA1	SA2	SA1	SA2
Henon	$1.377\,9\times10^{-4}$	$1.679\,3\times10^{-4}$	0.952 2	0.961 1
Chen	$1.291\,8\times10^{-5}$	$8.138\,1\times10^{-4}$	0.962 2	0.948 4
Qi	$8.654\,8\times10^{-4}$	$4.305\,9\times10^{-6}$	0.962 3	0.948 9

从表 3-2 提取的两路语音信号误码率和相似系数可以看出，算法的提取性能较理想；播放提取前后的音频文件，提取的两路语音信号音质效果良好，内容完整且不存在串音现象，以此判定算法实现了欠定含噪系统中两路语音信号的盲提取。最后在不同信噪比条件下进行仿真实验判定噪声背景下数字化处理的抗噪性和算法的可靠性。期望信号的评价指标如图 3-16～图 3-18 所示。

在两路语音信号的提取中，两种评价指标的曲线波动性相对于仿真 1 波动幅度稍大，且不同维度混沌系统中两种指标曲线的相似度也没有仿真 1 的高，这是由于在欠定模型中对多路语音信号进行盲提取导致的，但是从整体上看，误码率曲线呈现出下降趋势，相似系数反之，以此验证了数字化处理的抗噪性和算法的可靠性。

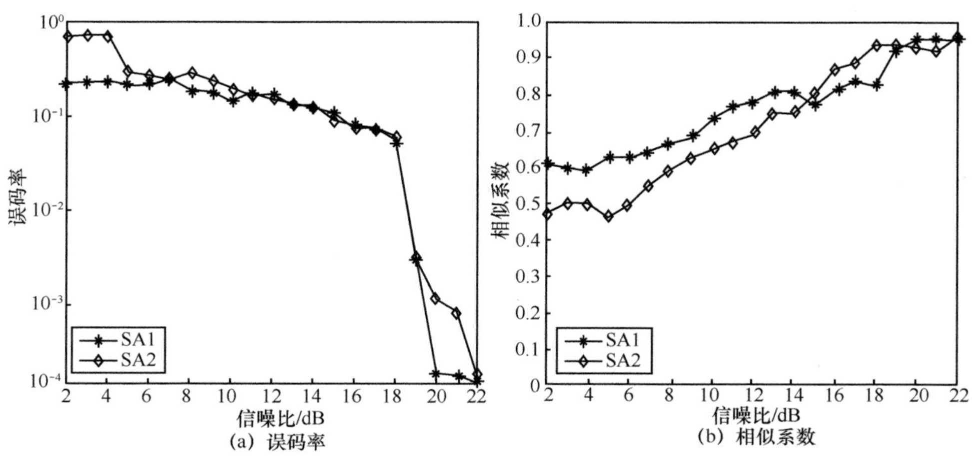

图 3-16　Henon 混沌背景下期望信号评价指标

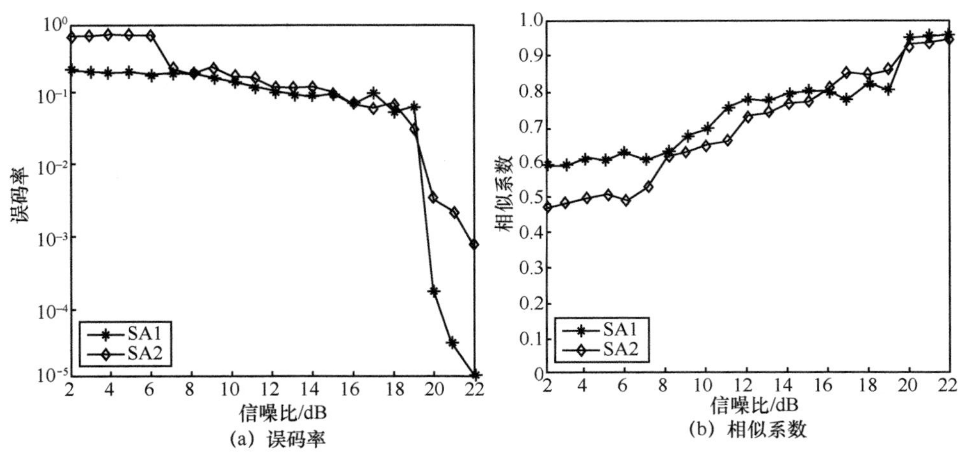

图 3-17　Chen 混沌背景下期望信号评价指标

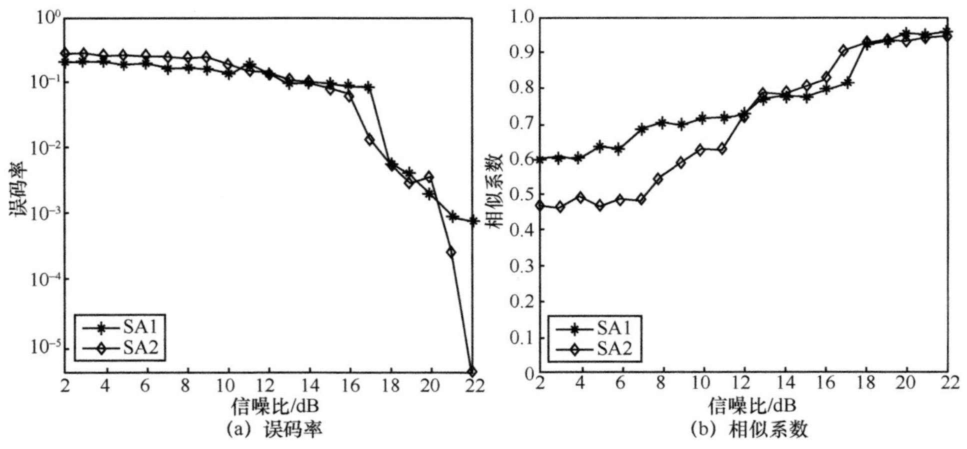

图 3-18　Qi 混沌背景下期望信号评价指标

3.5.2　有干扰情况下语音信号盲提取

第 2 章已考虑了正定系统中存在第三方干扰时两个谈论者可以避开干扰，获取对方的内容消息，然而考虑到实际的通信过程中存在接收端天线数量比发送端天线数量少的情况，因此需要模拟通信环境，在欠定系统中再次验证算法提取的有效性。

源信号由 SA1、SA2、SI943 这三路语音信号和混沌信号共四路信号组成，这里任意选取 SA2 信号作为干扰信号，在含噪的欠定系统中对数字化混沌遮掩下的 SA1、

SI943 信号进行盲提取。模拟实际的欠定系统情况，假设发送端的四路信号经过含噪信道，接收端只收到三路观测信号，为满足假设条件，随机生成3×4的信道混合矩阵

$$\boldsymbol{H}=\begin{bmatrix}0.9927 & 0.8623 & 0.0031 & 0.3520\\ 0.2015 & 0.5951 & 0.3882 & 0.2143\\ 0.7113 & 0.6330 & 0.8700 & 0.4824\end{bmatrix} \tag{3-9}$$

为满足算法的提取条件，构建虚拟接收阵列以实现欠定模型到正定模型的转化。再利用 FastICA 算法对观测信号进行盲提取，克服高斯白噪声和干扰信号的影响，成功实现混沌遮掩下期望信号的提取。图 3-19～图 3-21 为不同混沌背景下提取前后两路语音信号的时域波形比较；图 3-22～图 3-24 为期望信号的时频分析。

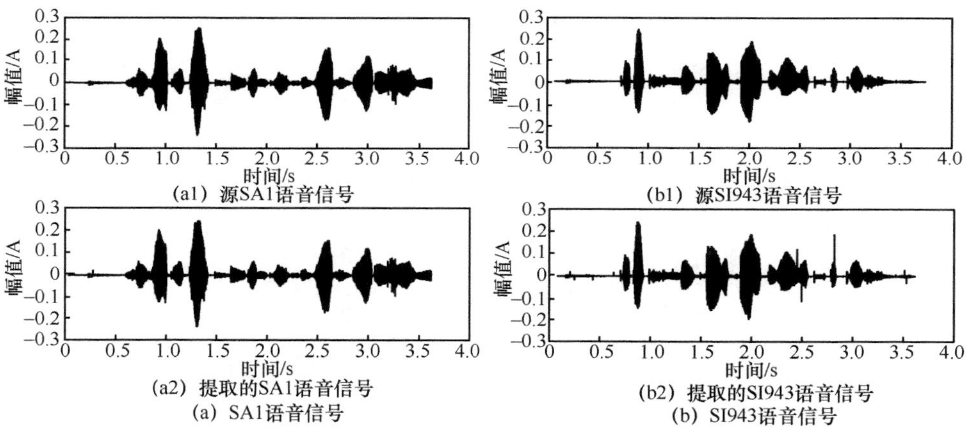

(a) SA1语音信号　(b) SI943语音信号

图 3-19　Henon 混沌背景下提取前后语音信号时域波形比较

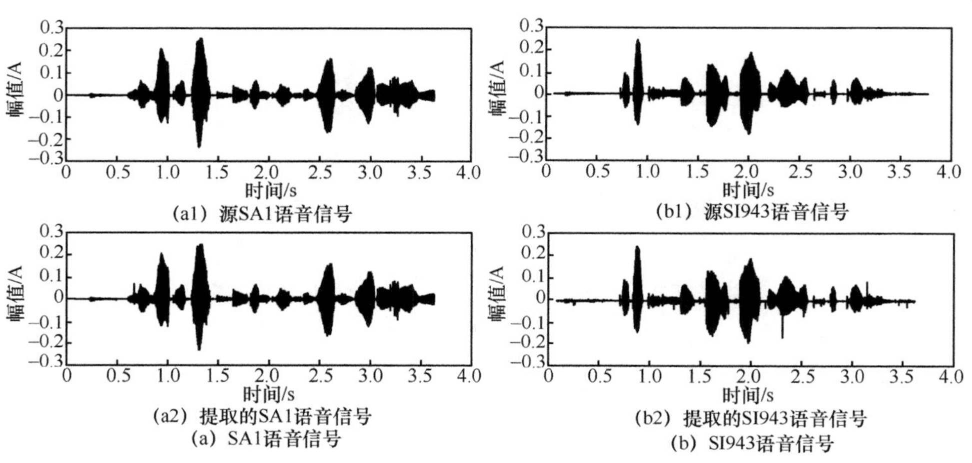

(a) SA1语音信号　(b) SI943语音信号

图 3-20　Chen 混沌背景下提取前后语音信号时域波形比较

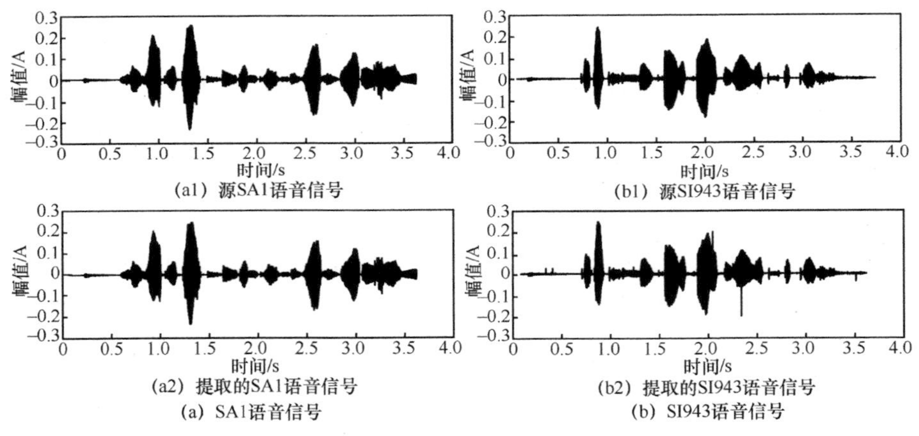

图 3-21 Qi 混沌背景下提取前后语音信号时域波形比较

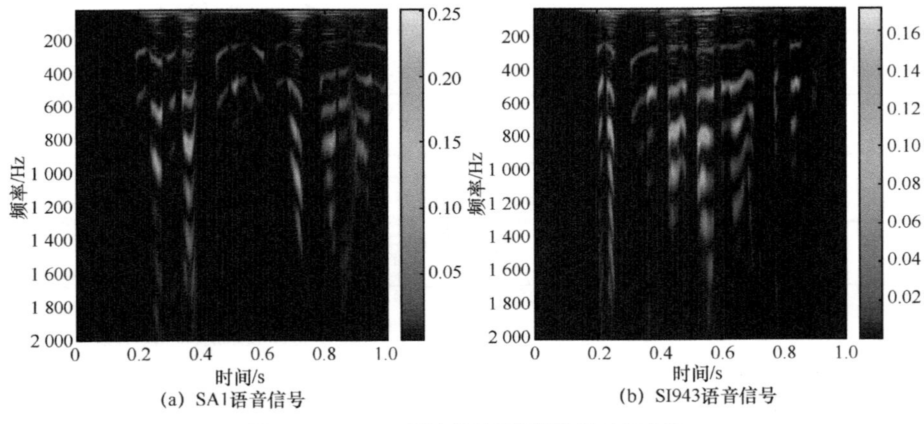

图 3-22 Henon 混沌背景下期望信号时频分析

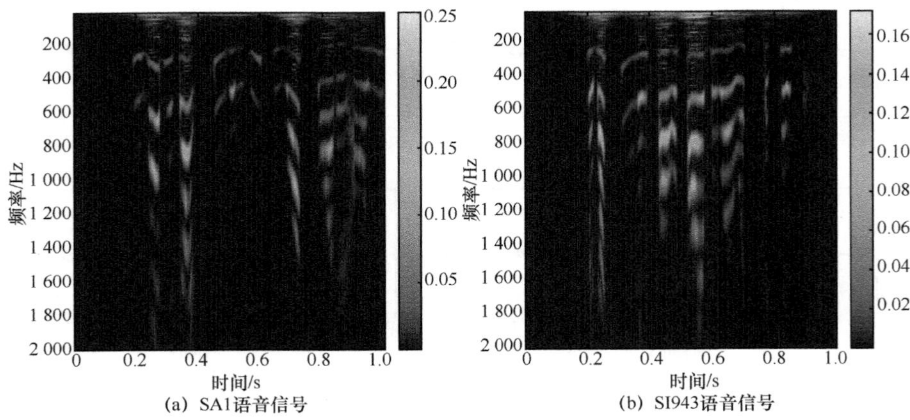

图 3-23 Chen 混沌背景下期望信号时频分析

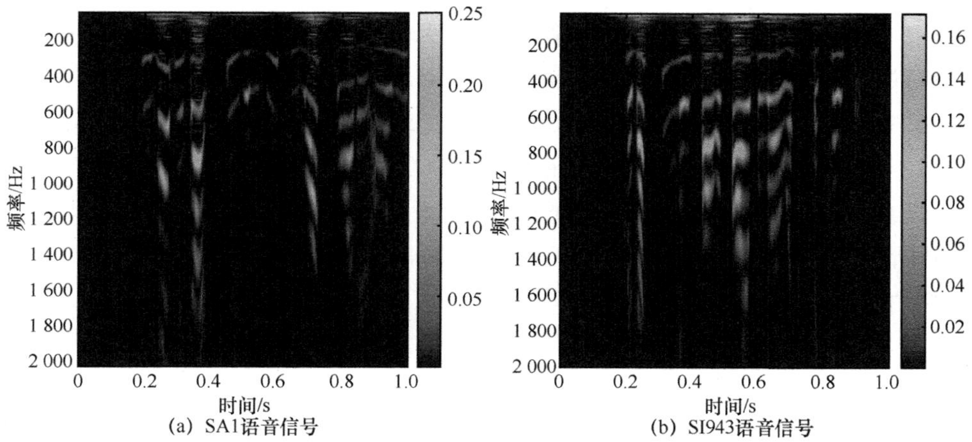

(a) SA1语音信号　　(b) SI943语音信号

图 3-24　Qi 混沌背景下期望信号时频分析

观察提取前后两路语音信号的时域波形可知，SA1 语音信号相比于 SI943 更容易被提取。SA1 提取后的语音信号波形上几乎没有毛刺，SI943 提取后波形上伴有微量的毛刺，但是不影响算法的提取性能；期望信号的时频分析与源信号的时频分析相似度极高，且不论是时域波形还是时频分析，不同维度混沌背景下提取的效果相差不大，算法的普适性得以验证。表 3-3 中给出不同混沌背景下期望信号的误码率和相似系数，可进一步对算法的提取性能进行定量评价。

表 3-3　不同混沌背景下期望信号的误码率和相似系数

混沌系统	误码率		相似系数	
	SA1	SI943	SA1	SI943
Henon	$3.014\ 1\times10^{-5}$	$4.736\ 5\times10^{-5}$	0.969 5	0.950 4
Chen	$2.583\ 5\times10^{-5}$	$1.550\ 1\times10^{-4}$	0.970 2	0.949 4
Qi	$2.152\ 9\times10^{-5}$	$1.937\ 7\times10^{-4}$	0.967 7	0.949 5

由表 3-3 中可以清楚地看出，每种混沌系统中 SA1 的误码率都比 SI943 的低，而每种混沌系统中 SA1 的相似系数都比 SI943 的要高，这再次说明 SA1 语音信号相比于 SI943 更容易被提取；且误码率和相似系数均满足定量评价指标的条件，说明提取算法的性能良好。

最后播放提取前后语音信号的音频文件，提取后语音信号的音调、音色能较好地被恢复，音质清晰，内容完整无损，最重要的是没有出现串音现象。前面说过语音信号是多频点信号，在模拟信号仿真实验过程中出现过语音之间相互混叠的现象，

使语音信号的信息之间会相互重叠，而数字化处理通过对信号进行编码，码元之间的混合保证语音信号频点与频点之间不会发生混叠现象，使提取出来的语音信号不会发生串音现象，这是对语音信号进行数字化处理的优点之一。通过验证，听觉效果良好，成功地实现欠定系统到正定系统的转化，并且算法具有良好的提取性能。

为了验证噪声环境下数字信号的抗噪性以及算法的可靠性，在不同信噪比条件下进行仿真实验，记录两种评价指标的实验数据并绘制曲线，不同混沌背景下两种指标的曲线如图 3-25～图 3-27 所示。

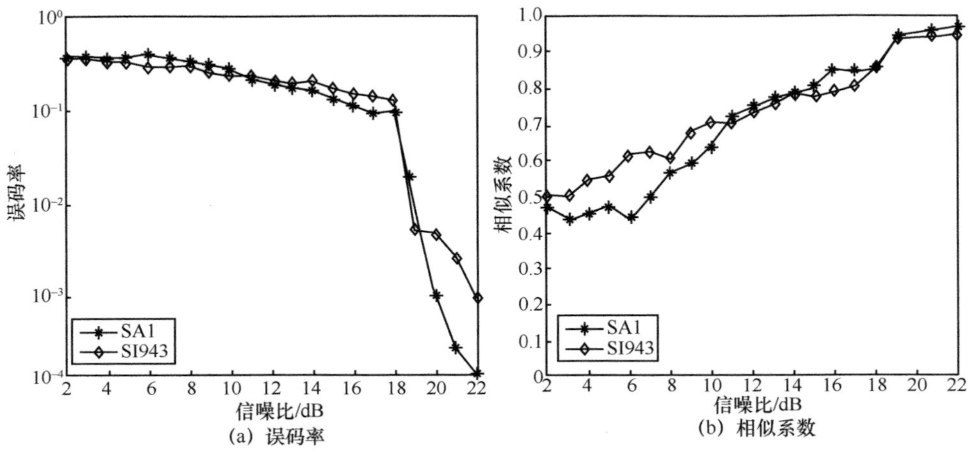

(a) 误码率　　(b) 相似系数

图 3-25　Henon 混沌背景下期望信号评价指标

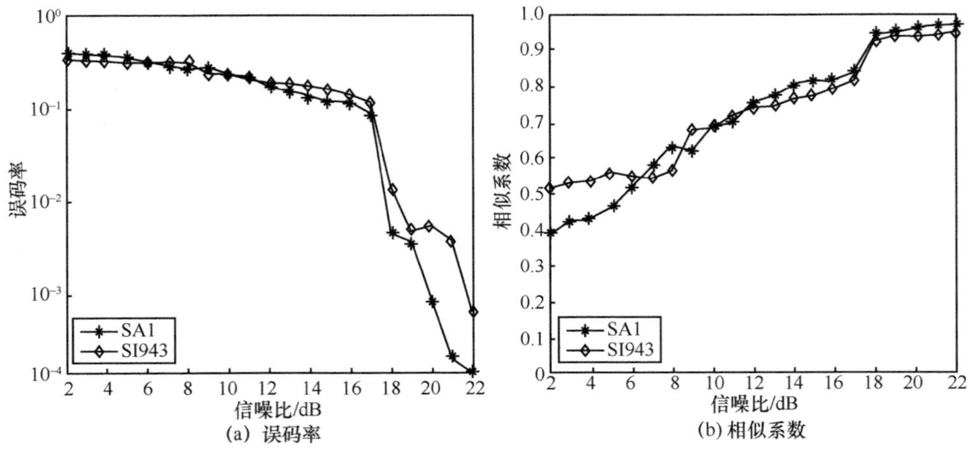

(a) 误码率　　(b) 相似系数

图 3-26　Chen 混沌背景下期望信号评价指标

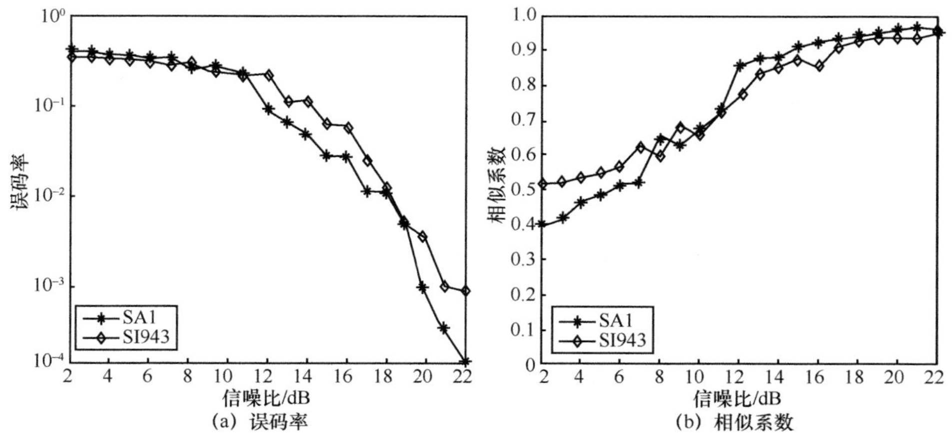

图 3-27　Qi 混沌背景下期望信号评价指标

从图 3-25～图 3-27 可以直观地看出，不同混沌背景下两种信号的误码率均呈现下降的趋势，相似系数则呈现增长趋势，虽然由于噪声强度和干扰信号的影响使曲线具有波动性，但是不影响整体的效果，由此数字信号的抗噪性和本章算法的可靠性得到验证。

3.6　本章小结

本章考虑到实际通信环境中普遍存在的欠定情况，分析欠定系统的存在是因为接收端天线阵列不足，根据问题产生的原因寻找解决方法，即通过对观测信号进行 EMD 获得 IMF 分量，构建虚拟接收阵列补充缺失的阵元，实现欠定模型到正定模型的转化；之后利用 FastICA 算法实现观测信号的盲提取，对不同混沌背景下语音信号的盲提取进行仿真实验，结合时域波形、时频分析、误码率和相似系数以及听觉效果，从定性分析、定量分析、主观听觉感受以及噪声环境下期望信号的误码率和相似系数特性曲线这 4 个方面验证了算法的有效性、可靠性和普适性，突显了数字化处理的抗干扰能力。

参考文献

[1]　QI G Y, DU S Z, CHEN G R, et al. On a four-dimensional chaotic system[J]. Chaos, Solitons

& Fractals, 2005, 23(5): 1671-1682.

[2] QI G, MICHAEL A, BAREND J, et al. On a new hyperchaotic system[J]. Physics Letters A, 2008, 372: 124-136.

[3] QI G, MICHAEL A, BAREND J, et al. A new hyperchaotic system and its circuit implementation[J]. Chaos, Solitons & Fractals, 2009, 40(5): 2544-2549.

[4] COMON P, JUTTEN C. Handbook of blind source separation: independent component analysis and applications[J]. Elsevier Oxford, 2010, 1(3): 80-88.

[5] 李智明. 基于改进 FastICA 算法的混合语音盲分离[D]. 上海: 上海交通大学, 2015.

第4章 时频分析与欠定图像分离算法

在现实场景中，传输过程中的源信号信息通常会面临反射以及时延等现象的发生，故此混合观测信号分离并不仅仅是这种较简单模式的线性瞬时混合，而是更复杂的卷积混合。本章针对图像信号的欠定盲源分离，研究了一种时频（Time-Frequency，TF）[1-2]域中图像信号的欠定卷积混合模型下“两步法”解决盲源分离的算法。同时针对盲源分离后所得到的图像，通过性能评价指标进行验证，进而证明本章所研究算法的可行性，并对本章内容进行总结。

4.1 信号模型与设计

在本章所设定的欠定模型中，考虑由多个阵元接收多个图像源信号，即令 M 和 N 分别表示接收阵元和源信号的数量（ $M < N$ ）。其基本模型“两步法”算法框架如图 4-1 所示。

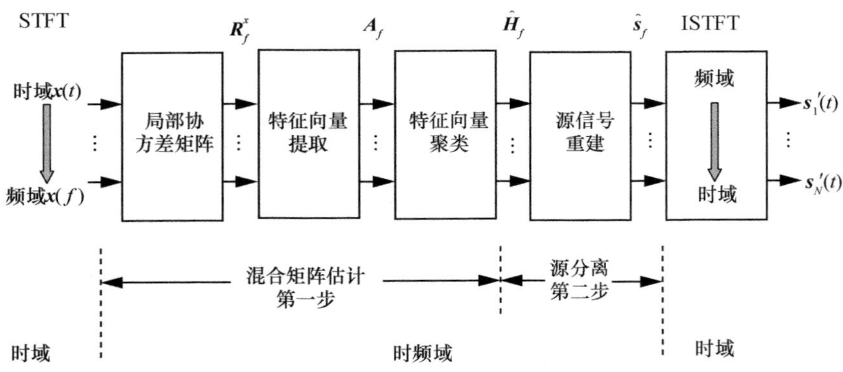

图 4-1　欠定盲源分离基本模型“两步法”算法框架

基于图 4-1“两步法”的框架模型可得，其基本的步骤流程为：第一步，进行短时傅里叶变换（Short Time Fourier Transform，STFT）时频变换，由此通过 $\boldsymbol{x}_f$ 得到局部协方差矩阵序列 $\boldsymbol{R}_f^x$ ，并且提取具有每个局部协方差矩阵的最大特征值

的特征向量集 $\boldsymbol{A}_f$，然后对 $\boldsymbol{A}_f$ 的列进行聚类，得到混合矩阵估计；第二步，重新估算估计的混合矩阵得到 $\hat{\boldsymbol{H}}_f$，然后由 $\boldsymbol{x}_f$ 与 $\hat{\boldsymbol{H}}_f$ 得到 $\hat{\boldsymbol{s}}_f$，最后由短时傅里叶逆变换到时域。

利用图 4-1 中“两步法”的基本框架，给出卷积混合模型为

$$x_j(t)=\sum_{\tau=0}^{L-1}\boldsymbol{H}(\tau)s(t-\tau)=\sum_{i=1}^{N}h_{ij}*s_i(t) \tag{4-1}$$

式中，$\boldsymbol{H}(\tau)\in R^{M\times N}$ 表示时间 τ 之后的混合矩阵，则 $\boldsymbol{H}(\tau)$ 的表达式为

$$\boldsymbol{H}(\tau)=\begin{pmatrix} h_{11,\tau} & \cdots & h_{1N,\tau} \\ \vdots & \ddots & \vdots \\ h_{M1,\tau} & \cdots & h_{MN,\tau} \end{pmatrix} \tag{4-2}$$

式中，$h_{i,j}(\tau)$ 表示 $\boldsymbol{H}(\tau)$ 第 $j(1,\cdots,M)$ 个接收传感器阵元和第 $i(1,\cdots,N)$ 个源信号之间的传输函数（即信道），传输函数的阶数为 L 。

在这里，对混合信号 $\boldsymbol{x}(t)$ 进行 STFT[3]，将其进行时频域转换。若短时傅里叶帧长 F 远大于 L，则此时域上的卷积混合（即式（4-1））可转化为在频域中各频率点 f 上的瞬时混合，其在时频域转化的基本数学表达式为

$$\boldsymbol{x}_{f,d}=\boldsymbol{H}_f\boldsymbol{s}_{f,d}+\boldsymbol{e}_{f,d} \tag{4-3}$$

式中，$\boldsymbol{x}_{f,d}$ 表示当频率为 f 时长度为 D，$\boldsymbol{H}_f=[\boldsymbol{h}_{f1},\cdots,\boldsymbol{h}_{fN}]$ 表示第 f 个频率点处的 $M\times N$ 复值混合矩阵，$\boldsymbol{h}_{fi}$ 则表示 $\boldsymbol{H}_f$ 每个方向的导向矢量，$\boldsymbol{s}_{f,d}=[s_{f1,d},\cdots,s_{fn,d}]^{\mathrm{T}}$、$\boldsymbol{x}_{f,d}=[x_{f1,d},\cdots,x_{fm,d}]^{\mathrm{T}}$、$\boldsymbol{e}_{f,d}=[e_{f1,d},\cdots,e_{fm,d}]^{\mathrm{T}}$ 分别为 (f,d) 处源信号信息、混合信号及噪声的时频域形式。

同时，就上述模型做出如下假设：将混合信号的时频矢量分成 Q 个非重叠块，使每个子块包含 P（即 $P=\dfrac{D}{Q}$）个连续矢量；对任意频率点 f 处的每个源 s_i，至少存在由 qi 索引的子块以满足 $\sigma_{fi,qi}^2>0,\sigma_{ji,qi}^2=0$（$\forall j\neq i$，$\forall qi\in\{1,2,\cdots,Q\}$）[4-6]。同时令子块 $q1,\cdots,qN$ 被正确识别，即保证混合矩阵的导向矢量可检测。在考虑欠定的情况下，使在时频域容易得到其局部优势，要求源分量不相交，即 $\boldsymbol{s}_{fi,d}\boldsymbol{s}_{fj,d}=0$，$i\neq j$，$i,j\in[1,N]$[7]。

4.2 基于特征向量聚类的混合矩阵估计

4.2.1 特征向量提取

由 4.1 节知，$\boldsymbol{x}_f$ 的第 q 个局部协方差矩阵可以表示为 $\boldsymbol{R}_{f,q}^x \triangleq \mathrm{E}(\boldsymbol{x}_{f,d}\boldsymbol{x}_{f,d}^{\mathrm{H}})$，$d=(q-1)P+1,\cdots,qP$，则其基本数学表达式为

$$\boldsymbol{R}_{f,q}^x = \boldsymbol{H}_f \boldsymbol{R}_{f,q}^s \boldsymbol{H}_f^{\mathrm{H}} \tag{4-4}$$

式中，$\boldsymbol{R}_{f,q}^s \triangleq \mathrm{E}(\boldsymbol{s}_{f,d}\boldsymbol{s}_{f,d}^{\mathrm{H}})$。若每个子块的源信号时频矢量是宽平稳、均值为零且彼此不相关的，则 $\boldsymbol{R}_{f,q}^s$ 的协方差可以写成

$$\boldsymbol{R}_{f,q}^s = \begin{bmatrix} \sigma_{f1,q}^2 & \cdots & 0 \\ \vdots & \ddots & \vdots \\ 0 & \cdots & \sigma_{fN,q}^2 \end{bmatrix} \tag{4-5}$$

式中，$\sigma_{fi,q}^2 \triangleq \mathrm{E}(\boldsymbol{s}_{fi,d}\boldsymbol{s}_{fi,d}^*)$。在实际中，$\boldsymbol{R}_{f,q}^x$ 的局部协方差矩阵如式（4-6）所示；基于特征向量的提取，其扩展的局部协方差矩阵如式（4-7）所示；此外，根据 4.1 节中的基本假设可知，$\boldsymbol{R}_{qi}^x$ 的对应局部协方差近似如式（4-8）所示。

$$\hat{\boldsymbol{R}}_{f,q}^x = \frac{1}{P}\sum_{d=q(P-1)+1}^{qP} \boldsymbol{x}_{f,d}\boldsymbol{x}_{f,d}^{\mathrm{H}} \tag{4-6}$$

$$\boldsymbol{R}_q^x = \sum_{i=1}^{n} \sigma_{i,q}^2 \boldsymbol{h}_i \boldsymbol{h}_i^{\mathrm{H}} \tag{4-7}$$

$$\boldsymbol{R}_{qi}^x \approx \sigma_{i,qi}^2 \boldsymbol{h}_i \boldsymbol{h}_i^{\mathrm{H}} \tag{4-8}$$

由式（4-6）～式（4-8）可知，局部协方差矩阵近似秩为 1 的结构，正是基于此，可以利用其进行特征向量的提取，故可将 $\boldsymbol{R}_q^x$ 的局部协方差矩阵进行特征值分解（Eigen Value Decomposition, EVD）

$$\boldsymbol{R}_q^x = \boldsymbol{U}_q \boldsymbol{\Sigma}_q \boldsymbol{U}_q^{\mathrm{H}} \tag{4-9}$$

对特征向量进行子块化提取，其特征向量矩阵定义如 $\boldsymbol{A} \triangleq [\boldsymbol{a}_1,\cdots,\boldsymbol{a}_Q]$ 所示。其中，a_q 表示提取矢量，即 $\boldsymbol{U}_q$ 中的第一特征向量；同时在不失一般性的情况下，对应于 $\boldsymbol{\Sigma}_q$ 的最大特征值的特征向量 $\boldsymbol{a}_q$ 的第一项为正数。

4.2.2 特征向量聚类

由 4.1 节中局部优势假设可知，仅由单一源分量（即 $a_{q1},\cdots,a_{qN}$）控制的特征向量是混合矩阵估计的关键，故在本节中通过所提出的特征向量聚类的方案来估计导向向量，同时由特征向量 $\boldsymbol{A}$ 计算相似度矩阵，如采用基于文献[8]中 $\boldsymbol{V}$ 的相似性矩阵识别导向矢量，其中，$\boldsymbol{V}=\begin{bmatrix} v_{11} & \cdots & v_{1Q} \\ \vdots & \ddots & \vdots \\ v_{Q1} & \cdots & v_{QQ} \end{bmatrix}$，$v_{qg}=\left\|\boldsymbol{a}_q-(\boldsymbol{a}_q^{\mathrm{H}}\boldsymbol{a}_g)\boldsymbol{a}_g\right\|_{\mathrm{F}}^2$，$q,g=1,\cdots,Q$。同时，在特征向量聚类中还需要考虑这样两个因素，来自较高密度的特征向量的最小距离 δ_q 及局部密度 ρ_q。

（1）最小距离 δ_q

点 q 与任何其他具有较高密度的点之间的最小距离定义为

$$\delta_q=\min_{g:\rho g>\rho_q}(v_{qg}) \tag{4-10}$$

值得注意的是，密度为全局最大值的点，索引为 q^*，其最小距离 δ_{q^*} 可以定义为

$$\delta_{q^*}=\max_{q,g=1,\cdots,Q}(v_{qg}) \tag{4-11}$$

（2）局部密度

通过使用高斯核函数之和来定义局部密度 ρ_q，即

$$\rho_q\triangleq\sum_{g\neq q}\mathrm{e}^{-\frac{v_{qg}^2}{\tau_c^2}} \tag{4-12}$$

式中，τ_c 是为每个数据点定义区域的截止距离。一般来说，参数 τ_c 根据经验选择，以确保局部区域中拥有总点数的 6%～8%[9]。

令 $\gamma_q=\rho_q\delta_q$，并对所有子块执行该公式得出 $\{\gamma_q\}_{q=1}^{Q}$，然后按降序排列。以这种方式，取 N 个最高的特征向量为聚类，其可由 $\boldsymbol{C}\triangleq[c_1,\cdots,c_N]$ 表示。

同时，为了能够稳健地识别聚类，通过引入权重惩罚来抑制聚类期间异常值的影响[10]。在加权特征向量聚类的过程中，首先通过核函数对特征向量进行加权

$$\boldsymbol{b}_{qg}\triangleq\mathrm{e}^{-\frac{w_{qg}^2}{\tau_0^2}}\boldsymbol{a}_q \tag{4-13}$$

式中，$g=1,\cdots,N$，$w_{qg}=\left\|\boldsymbol{a}_q-(\boldsymbol{a}_q^{\mathrm{H}}\boldsymbol{c}_g)\boldsymbol{c}_g\right\|_{\mathrm{F}}^2$，$\tau_0=0.05$ 是预设阈值。然后构造一个加

权协方差矩阵如下

$$\boldsymbol{R}_g^b = \sum_{q=1}^{Q} \boldsymbol{b}_{qg} \boldsymbol{b}_{qg}^{\mathrm{H}} \tag{4-14}$$

其次，仍对 $\boldsymbol{R}_g^b$ 的加权协方差矩阵执行特征值分解

$$\boldsymbol{R}_g^b = \boldsymbol{U}_{qg} \boldsymbol{\Sigma}_{qg} \boldsymbol{U}_{qg}^{\mathrm{H}} \tag{4-15}$$

最后，从式（4-15）中提取最大特征值对应的特征向量作为最新聚类 c_g 。

| 4.3 源信号分离 |

4.3.1 L_p范数最小化模型

通过上述算法的基本描述可以看出，在欠定盲源分离模型中是无法直接通过混合矩阵估计来实现源信号分离的，因此通过基于稀疏度的方法进行源分离。假设每个源信号分量满足复高斯分布[11]，其公式可表示为

$$P\left(\left|s_{i,d}\right|\right) = p\frac{\gamma^{\frac{1}{p}}}{\Gamma\left(\frac{1}{p}\right)}\mathrm{e}^{-\left|s_{i,d}\right|^p} \tag{4-16}$$

式中，$\Gamma(\cdot)$ 为伽马函数；$0 < p \leqslant 1$ 与 $\gamma > 0$ 分别控制概率函数的形状和方差。实现源信号重建的目的是基于式（4-3）的线性混合模型系统找到 s_d 的最稀疏项，则 s_d 的最大后验可能性由式（4-17）给出，其中 $\hat{\boldsymbol{H}}$ 是估计的混合矩阵，即其优化模型相当于式（4-18）。

$$\begin{aligned} &\max \prod_{i=1}^{N} P(\left|s_{i,d}\right|) \\ &\text{s.t. } x_d = \hat{\boldsymbol{H}} s_d \end{aligned} \tag{4-17}$$

$$\begin{aligned} &\min_{s_d} \left\|s_d\right\|_p^p \\ &\text{s.t. } x_d = \hat{\boldsymbol{H}} s_d \end{aligned} \tag{4-18}$$

式中，$\|s_d\|_p^p \triangleq \sum_{i=1}^{N}|s_{i,d}|^p$。同时，为了保证在收敛的前提下进而得到任意$0<p\leqslant 1$的全局解，因此在这里将通过基于拉格朗日乘数法求解式（4-18）的方法来实现。

4.3.2 拉格朗日数乘法

将重构约束问题的拉格朗日乘子$\lambda\in\mathbb{C}^M$引入式（4-18）中，从而将其转换成一个无约束优化问题，则其表述及最优解的推导如式（4-19）和式（4-20）所示。

$$\min_{s_d,\alpha} F(s_d,\lambda)\triangleq\|s_d\|_p^p+\lambda^{\mathrm{H}}(x_d-\hat{\boldsymbol{H}}s_d) \tag{4-19}$$

$$\begin{cases}\dfrac{\partial F(\lambda,s_d)}{\partial s_d}=\dfrac{\partial J(s_d)}{\partial s_d}+\hat{\boldsymbol{H}}^{\mathrm{H}}\lambda\\ \dfrac{\partial F(\lambda,s_d)}{\partial\lambda}=x_d-\hat{\boldsymbol{H}}s_d=0\end{cases}$$

$$\hat{\boldsymbol{H}}^{\mathrm{H}}\lambda=-p\boldsymbol{\varPsi}(s_d)s_d$$

$$\boldsymbol{\varPsi}^{-1}(s_d)\hat{\boldsymbol{H}}^{\mathrm{H}}\lambda=-ps_d$$

$$\hat{\boldsymbol{H}}\boldsymbol{\varPsi}^{-1}(s_d)\hat{\boldsymbol{H}}^{\mathrm{H}}\lambda=-px_d$$

$$\lambda=-p(\hat{\boldsymbol{H}}\boldsymbol{\varPsi}^{-1}(s_d)\hat{\boldsymbol{H}}^{\mathrm{H}})^{-1}x_d$$

$$s_d=\boldsymbol{\varPsi}^{-1}(s_d)\hat{\boldsymbol{H}}^{\mathrm{H}}(\hat{\boldsymbol{H}}\boldsymbol{\varPsi}^{-1}(s_d)\hat{\boldsymbol{H}}^{\mathrm{H}})^{-1}x_d \tag{4-20}$$

式中，$\dfrac{\partial F(\lambda,s_d)}{\partial s_d}=0$，$\boldsymbol{\varPsi}^{-1}(s_d)\triangleq\begin{bmatrix}|s_{1,d}|^{2-p} & \cdots & 0\\ \vdots & \ddots & \vdots\\ 0 & \cdots & |s_{N,d}|^{2-p}\end{bmatrix}$。由式（4-20）可知，$s_d$为隐函数，因此可以通过式（4-21），即$\|\hat{s}_d^{(\mathrm{iter})}\|_p^p-\|\hat{s}_d^{(\mathrm{iter}+1)}\|_p^p$低于预设阈值（如$10^{-2}$）时终止的迭代方案来估计$s_d$的值[12]。

$$\hat{s}_d^{(\mathrm{iter}+1)}=\begin{cases}\boldsymbol{\varPsi}^{-1}(\hat{s}_d^{(\mathrm{iter}+1)})\hat{\boldsymbol{H}}^{\mathrm{H}}(\hat{\boldsymbol{H}}\boldsymbol{\varPsi}^{-1}(\hat{s}_d^{(\mathrm{iter}+1)})\hat{\boldsymbol{H}}^{\mathrm{H}})^{-1}x_d, & \|\hat{s}_d^{(\mathrm{iter}+1)}\|_0\geqslant M\\ \boldsymbol{\varPsi}^{-1}(\hat{s}_d^{(\mathrm{iter}+1)})\hat{\boldsymbol{H}}^{\mathrm{H}}(\hat{\boldsymbol{H}}(\boldsymbol{\varPsi}(\hat{s}_d^{(\mathrm{iter}+1)})+\in I)^{-1}\hat{\boldsymbol{H}}^{\mathrm{H}})^{-1}x_d, & \|\hat{s}_d^{(\mathrm{iter}+1)}\|_0<M\end{cases} \tag{4-21}$$

对于式（4-21），若$0<p\leqslant 1$，$\{\hat{s}_d^{(\mathrm{iter}+1)}\}_{\mathrm{iter}=0}^{+\infty}$为迭代序列，由$\hat{s}_d^{(0)}\neq 0$且$\hat{\boldsymbol{H}}$是列式线性独立的混合矩阵，则序列$\{\hat{s}_d^{(\mathrm{iter}+1)}\}_{\mathrm{iter}=0}^{+\infty}$收敛。

4.4 算法实现

在实现源分离时，首先，要对混合信号进行预处理，在第一步混合矩阵估计阶段中，需要对每个混合信号 x_d 进行白化预处理，即 $\boldsymbol{x}_d^W = \boldsymbol{\Sigma}_x^{-\frac{1}{2}} \boldsymbol{U}_x^{\mathrm{H}} x_d$，其中 $\boldsymbol{U}_x$ 和 $\boldsymbol{\Sigma}_x$ 分别表示 $E(\boldsymbol{x}_d \boldsymbol{x}_d^{\mathrm{H}})$ 的特征向量矩阵和特征值矩阵。其次，在信号的后处理阶段中，所得到的混合矩阵估计需要去白化，即 $\hat{\boldsymbol{H}} = \boldsymbol{U}_x \boldsymbol{\Sigma}_x^{\frac{1}{2}} \tilde{\boldsymbol{H}}$。

根据之前给出的基本框架模型及其描述，本节可以较详细地给出算法仿真的实验流程，如图 4-2 所示。

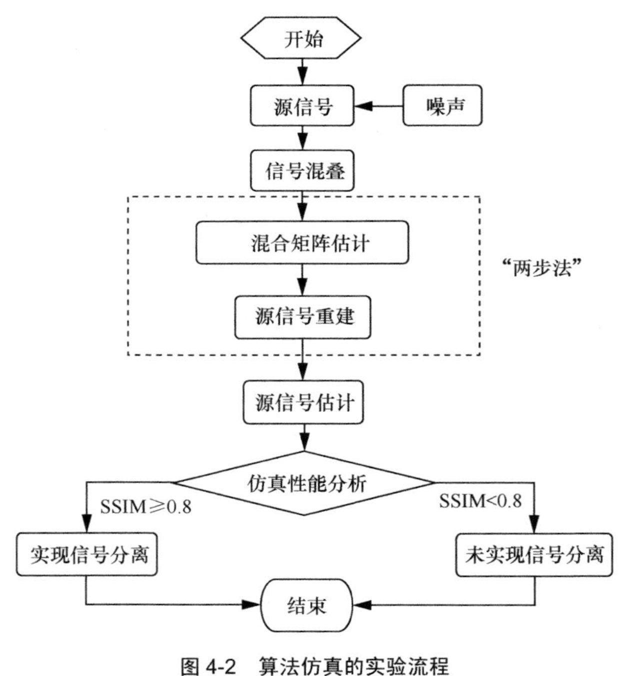

图 4-2　算法仿真的实验流程

4.5 仿真实现与性能分析

首先考虑接收传感器及源信号的场景设置，使其在 5 m×5 m×3 m 的空间中进行

实验，场景模型设置如图 4-3 所示。其中图 4-3(a)与图 4-3(b)的场景模型中两个接收传感器阵元 m_1m_2 之间的距离皆为 0.5 m 。

场景 1：两个信源 s_2 、s_3 与两个阵元 m_1 、m_2 的中点共线，如图 4-3(a)所示，其坐标分别为 $s_1(3,0.75,1.5)$ ，$s_2(2,1,1.5)$ ，$s_3(3,1.75,1.5)$ ，$m_1(1,1,1.5)$ ，$m_2(1,1.5,1.5)$ ，其中单位为 m 。

场景 2：两个阵元 m_1 、m_2 到三个信源 s_1 、s_2 、s_3 之间的距离相等，即 $s_1s_2s_3$ 为等边三角形，m_1m_2 的连线在其中垂线上，如图 4-3(b)所示，其坐标分别为 $s_1(1,1,1.5)$ ，$s_2(1+2\sqrt{3},1,1.5)$ ，$s_3(1+\sqrt{3},4,1.5)$ ，$m_1(1+\sqrt{3},2,1.25)$ ，$m_2(1+\sqrt{3},2,1.75)$ 。

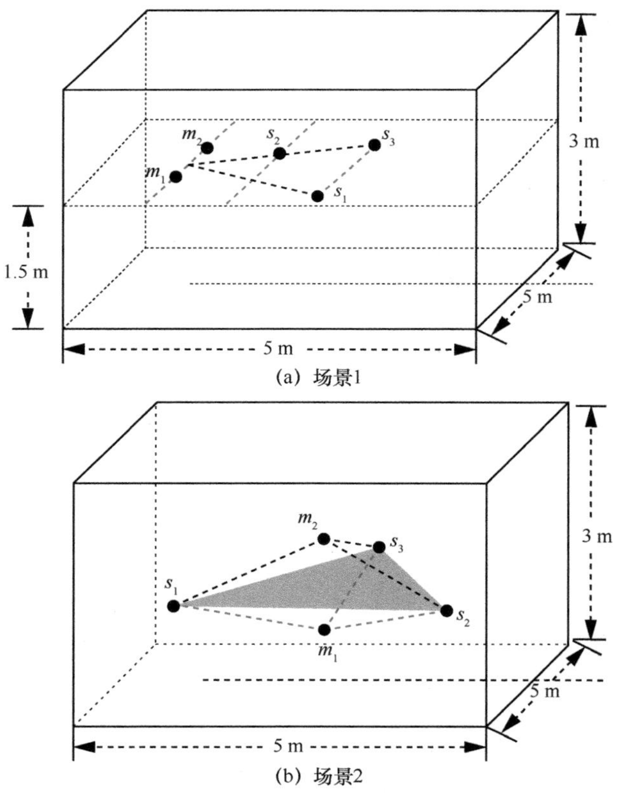

图 4-3　接收传感器阵列及源信号的场景设置

本章将基于对二元接收传感器阵列接收三路源信号的图像（即 $M=2$，$N=3$ ）进行仿真实验，从标准图像中选取“Lena”和“Cameraman”的灰度图像（如图 4-4

所示）以及一路噪声皆为源信号信息。根据上述对两种实验设计场景的描述进行仿真实验，仿真结果如图 4-5 和图 4-6 所示。

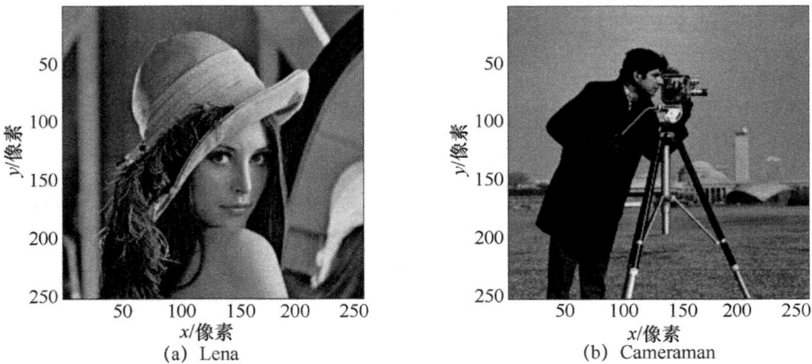

图 4-4 源信号的图像

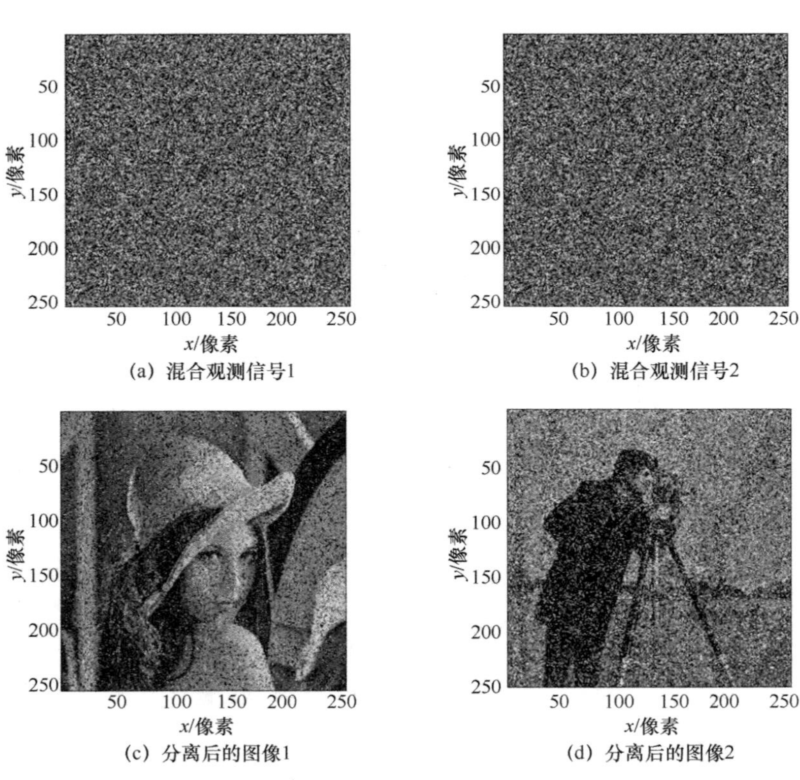

图 4-5 场景 1 中混合观测信号与分离后的图像

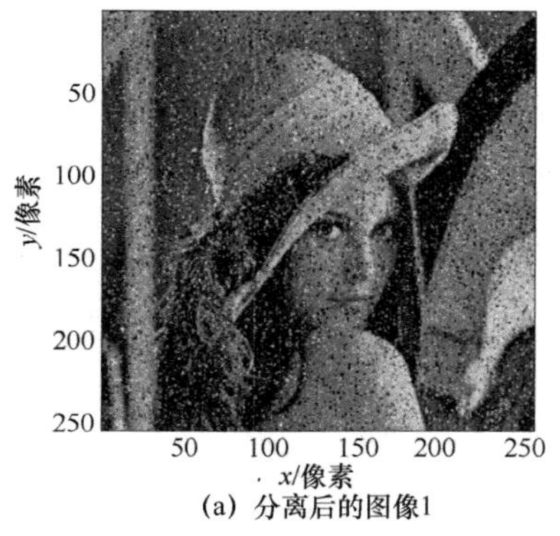

(a) 分离后的图像1

(b) 分离后的图像2

图 4-6　场景 2 中分离后的图像

由图 4-5(c)和图 4-5(d)及图 4-6(a)和图 4-6(b)在同一噪声条件下（SNR=15 dB）分离后的图像可知，虽然图像的分离效果产生了一定影响，但依然可以较清楚地观测到源信号的图像。同时，为了更好地分析盲源分离提取后的效果，针对两种不同的场景模型，通过改变信噪比进行 SSIM 分析，如表 4-1 所示。

表 4-1　不同场景下源估计的 SSIM 分析

场景	SNR/dB	源估计 1	源估计 2
场景 1	25	0.901 6	0.802 3
	20	0.851 9	0.839 1
	15	0.812 4	0.801 6
场景 2	25	0.913 8	0.907 1
	20	0.852 6	0.842 0
	15	0.812 7	0.817 0

由上述仿真实验及 SSIM 值的对比分析可知，其 SSIM 皆大于 0.8，因此可以较好地实现图像信号的盲源分离，同时也可以发现信噪比的改变对分离效果产生了一定的影响。同时，在不同的实验场景中，对比其实验结果，可以发现场景 2 的分离效果较优于场景 1，这是由于场景 1 模型中信源 s_2 与信源 s_3 位于阵元中心的同一方向，造成共线干扰的问题，从而影响了图像的分离效果。

4.6　本章小结

本章研究了一种基于“两步法”在线性卷积混合模型下解决欠定图像信号盲源

分离问题的方法。该方法首先需要利用短时傅里叶变换对其信号进行时频域变换。在第一步混合矩阵估计中，首先通过利用混合信号的局部协方差矩阵提取特征向量，其次由基于密度的聚类方法对特征向量进行聚类以得到聚类结果，进而用加权聚类方法对聚类进行调整以求得混合矩阵估计值，最后使其由混合矩阵估计转换为解决特征向量聚类的问题。在第二步信源重建的过程中，利用图像信号作为信源的稀疏性，从而将源信号的重建转换为基于 L_p 范数（$0<p\leqslant 1$）的稀疏最小化模型，其解决方案通过具有适当初始化的迭代拉格朗日乘数法求解。仿真结果表明，本章研究的“两步法”在时频域中对图像欠定盲源分离提取具有可实现性。

参考文献

[1] VICTORIA G S M, MAXIMILIANO B L, MARTA M, et al. Time-frequency analysis for nonlinear and non-stationary signals using HHT: a mode mixing separation technique[J]. IEEE Latin America Transactions, 2018, 16(4): 1091-1098.

[2] 邵忍平，曹精明，李永龙. 基于EMD小波阈值去噪和时频分析的齿轮故障模式识别与诊断[J]. 振动与冲击, 2012, 31(8): 96-101,106.

[3] YANG Y, NAGARAJAIAH S. Time-frequency blind source separation using independent component analysis for output-only modal identification of highly damped structures[J]. Journal of Structural Engineering, 2013, 139(10): 1780-1793.

[4] CHAN T H, MA W K, CHI C Y, et al. A convex analysis framework for blind separation of non-negative sources[J]. IEEE Transactions Signal Process, 2008, 56(10): 5120-5134.

[5] LIN C H, CHI C Y, CHEN L, et al. Detection of sources in non-negative blind source separation by minimum description length criterion[J]. IEEE Transactions on Neural Networks & Learning Systems, 2018, 29(9): 4022-4037.

[6] MARKOVICH-GOLAN S, GANNOT S. Performance analysis of the covariance subtraction method for relative transfer function estimation and comparison to the covariance whitening method[C]//International Conference on Acoustics, Speech and Signal Processing. Piscataway: IEEE Press, 2015: 544-548.

[7] YILMAZ Ö, RICKARD S. Blind separation of speech mixtures via time-frequency masking[J]. IEEE Transactions on Signal Processing, 2004, 52(7): 1830-1847.

[8] RODRIGUEZ A, LAIO A. Clustering by fast search and find of density peaks[J]. Science, 2014, 344(6191): 1492-1496.

[9] YANG J, GUO Y, YANG Z, et al. Under-determined convolutive blind source separation combining density-based clustering and sparse reconstruction in time-frequency domain[J].

IEEE Transactions on Circuits & Systems I Regular Papers, 2019, 66(8): 3015-3027.

[10] YANG J J, LIU H L. Blind identification of the underdetermined mixing matrix based on K-weighted hyperline clustering[J]. Neurocomputing, 2015, 149: 483-489.

[11] VINCENT E. Complex nonconvex LP norm minimization for underdetermined source separation[C]//International Conference on Independent Component Analysis & Signal Separation. Berlin: Springer, 2007: 430-437.

[12] XIE K, HE Z, CICHOCKI A. Convergence analysis of the FOCUSS algorithm[J]. IEEE Transactions on Neural Networks & Learning Systems, 2015, 3(6): 601-613.

第5章 基于序贯削减技术的图像盲提取算法

为节省接收传感器数量且更符合盲源分离的实际，本章将在欠定状态下，即盲提取过程中接收端的接收传感器数量少于发送端的发送传感器数量，对图像信息盲提取进行研究，并提出一种基于序贯削减技术的图像盲提取算法，由此来实现欠定状态下图像信息的盲提取。

5.1 基于虚拟接收阵元的序贯削减技术

当接收传感器的数量小于发送传感器的数量时，盲源分离模型就会变为一个欠定状态。欠定状态等同于一个欠定的矩阵，无法得到精确的解，并且会有无穷多组的解。为了能够有效地进行盲提取得到图像信息，通过已知的观测信号的信息量，来构建虚拟接收阵元，从而对正定状态进行盲提取得到图像信息。然而这种通过观测信号的相关性构建的虚拟接收阵元并不能很好地提取出源信号的图像信息。由此，可以借助序贯削减的技术来实现源信号信息的依次盲提取。

5.1.1 欠定系统模型

欠定状态下盲提取模型如图 5-1 所示。

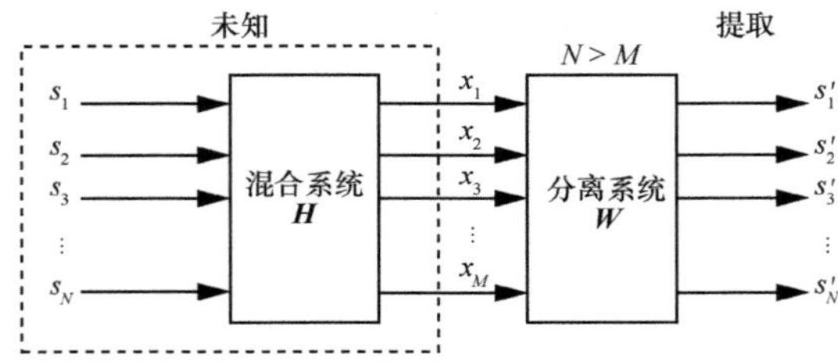

图 5-1 欠定状态下盲提取模型

在数学模型中，设 $\boldsymbol{x}=(x_1,x_2,\cdots,x_m)^{\mathrm{T}}$ 为 m 维零均值随机观测信号向量，它由 n 个未知的零均值独立源信号 $\boldsymbol{s}=(s_1,s_2,\cdots,s_n)^{\mathrm{T}}$ 线性混合而成，这种线性混合模型可表示为

$$\boldsymbol{x}=\boldsymbol{H}\boldsymbol{s}=\sum_{j=1}^{n}h_j s_j,\ j=1,2,\cdots,n \tag{5-1}$$

式中，$\boldsymbol{H}=[h_1,\cdots,h_n]$ 为 $m\times n$ 阶混合矩阵，且 $m<n$，这样可使混合信号的数量小于源信号的数量，得到一个欠定状态的数学模型[1-2]。

5.1.2　经验模态分解原理

经验模态分解（Empirical Mode Decomposition，EMD）是 Hilbert-Huang 变换（HHT）的核心算法[3-5]。EMD 算法可以将分析信号分解为一组性能较好的本征模函数（Intrinsic Mode Function，IMF）。然而本征模函数必须满足以下两个性质[6-7]。

① 信号过零点数目与极值点（极大值或极小值）数目相等或最多相差一个。

② 局部极小值构成的下包络线与局部极大值构成的上包络线的均值为零。

EMD 算法的具体步骤[8]如下。

步骤 1　找出原数据序列 $X(t)$ 的所有极大值点和极小值点（极值点是指一阶导数为零的点）；

步骤 2　用三次样条函数将 $X(t)$ 的所有极大值点和极小值点分别拟合为原序列的上包络线和下包络线，且上包络线和下包络线的均值为 m_1；

步骤 3　用原数据序列 $X(t)$ 减去 m_1 可得到一个减去低频的新序列 h_1，即

$$h_1=X(t)-m_1 \tag{5-2}$$

如果 h_1 还存在正的局部极小值和负的局部极大值，那么就需要对它重复步骤 1~步骤 3。当 h_1 的包络均值为 m_{11}，则用 h_1 减去该包络平均值所代表的低频成分后的数据序列为 h_{11}，即

$$h_{11}=h_1-m_{11} \tag{5-3}$$

重复上述过程，可以得到第一个 IMF 分量 c_1，它表征信号序列中频率最高的成分。

步骤 4　用 $X(t)$ 减去 c_1，得到一个去除高频成分的新序列 r_1；

步骤 5 对 r_1 再进行步骤 1～步骤 3 的分解，得到第二个 IMF 分量 c_2；

步骤 6 重复以上步骤，直至最后一个序列 r_n 不可被分解。

那么原数据序列 $X(t)$ 可以表示为

$$X(t)=\sum_{1}^{n-1} c_j + r_n \tag{5-4}$$

通过 EMD 算法的具体分解步骤可知，第一个本征模函数分量 c_1 是最能表征信号 $X(t)$ 特性的一路信号分量。

5.1.3 顺序提取和削减处理

在第一步提取出部分图像信号后，第二步采用削减技术从混合信号中削减已提取的图像信号。

采用级联神经网络结构，利用两种不同类型的处理单元，它们以级联的方式相互交替连接，一种用来进行盲提取（如图 5-2 所示），另一种用来进行削减（如图 5-3 所示），其中 LAE 表示线性特征提取，LAD 表示最小绝对偏差。

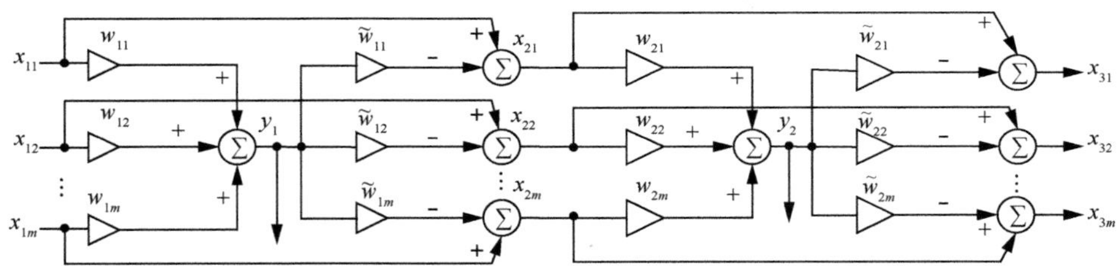

图 5-2 顺序提取源信号

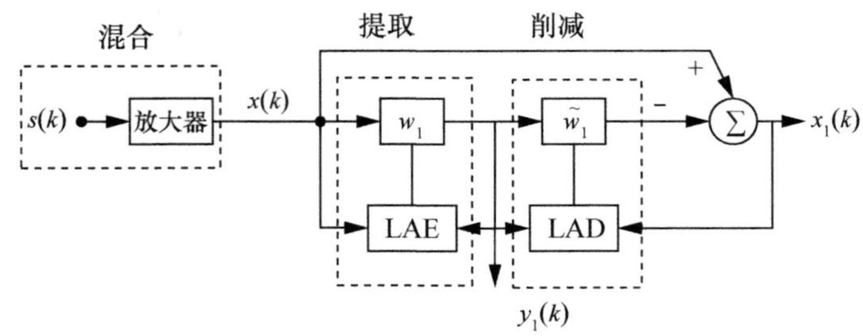

图 5-3 提取和削减的实现

第 j 个提取处理单元从输入中提取源信号，它的输入是等待提取的源信号的线性组合。第 j 个削减处理单元从混合信号中消除（移出）新的已提取的源信号，并且将剩下的混合信号输出给第（ $j+1$ ）个提取处理单元。

成功提取第一个源信号 $y_1(k) \approx s_i(k)(i \in 1,n)$ 后，本节用削减处理从混合信号中消除前面提取的信号。这种处理可以递归使用，直到依次将所有源信号提取出来。因此，有如下的实时线性变换

$$x_{j+1}(k) = x_j(k) - \tilde{w}_j y_j(k) \tag{5-5}$$

式中，$\tilde{w}_j$ 通过最小化代价（能量）函数进行最优估计，即

$$J_j(\tilde{w}_j)=E\{\rho(x_{j+1})\}=\frac{1}{2}E\left\{\sum_{p=1}^{m} x_{j+1,p}^2\right\} \tag{5-6}$$

式中，$E\{\rho(x_{j+1})\}$ 是目标函数，并且 $y_j(k) = w_j^2 x_j(k)$。直观地讲，这样一个目标函数可以看作能量函数，当混合信号中削减了被提取的源信号 y_j 时，这一能量函数应该达到最小值。

5.2　EMD 单分量补足法的图像盲提取

由于接收传感器的数量少于发送传感器的数量，因此盲提取模型呈现欠定状态。本节将考虑发送传感器数量比接收传感器数量大于 1 的情况，通过 EMD 单分量补足法来实现欠定状态的“正定化”，进而得到部分图像信息的盲提取，然后借助序贯削减技术来实现图像信息的全提取。

5.2.1　单分量补足法模型

通过 EMD 单分量补足法来构建虚拟接收阵列模型，如图 5-4 所示。虚拟接收阵列可以通过任意选取一路接收信号，并对其进行 EMD 得到。由 5.1.2 节可知，第一个本征模函数分量具有分解信号最强的表征，那么可以将第一个本征模态函数分量作为第 N 个接收信号，由此组合出一个含有虚拟接收信号的信号向量。

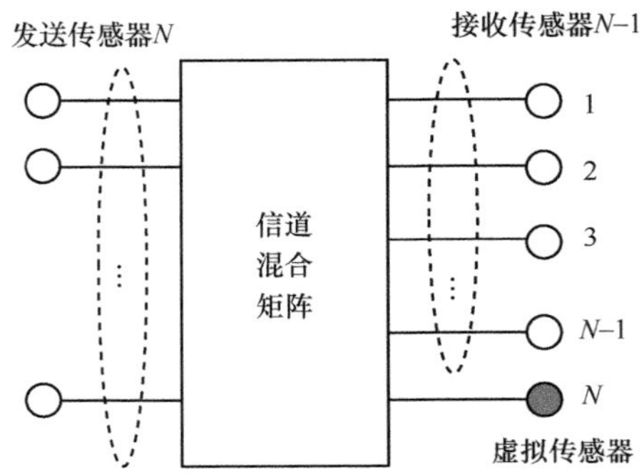

图 5-4　单分量补足法的虚拟接收阵列模型

5.2.2　单分量补足法的仿真实现及性能分析

现假设有一个发送端有 5 个发送传感器而接收端只有 4 个接收传感器的盲提取模型，那么最关键的步骤就是需要借助 4 个接收信号来构建虚拟接收阵列。详细的仿真流程如图 5-5 所示。

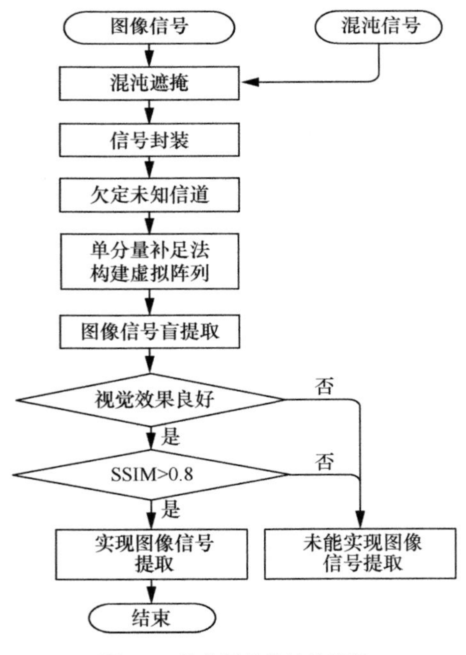

图 5-5　单分量补足法的流程

具体的仿真步骤如下。

步骤 1　选取四幅标准测试图像库中 256像素×256像素 的灰度图像信息，如图 5-6 所示，并分别将它们原本的二维数组数据转换为一维数组数据，在此基础上，对这些一维数组数据进行二进制化得到 0/1 序列备用。再选择 Chen 混沌系统中的 x 分量，将这 5 个信号进行封装后作为一个源信号向量备用。

图 5-6　源信号的图像信息

步骤 2　由于模拟信道的未知性，通过系统随机生成一个 4×5 的混合矩阵 $\boldsymbol{H}$ 与步骤 1 中封装后的源信号向量进行混叠运算，得到了四路观测信号。对这四路观测信号的数据值进行十进制化，并对十进制化后的数据信息进行二维数组化，得到了图 5-7 所示的四路观测信号的图像信息。对这四路观测信号的图像信息进行观测发现，图像信息显得杂乱无序，并且人眼无法辨识这些图像中的信息，说明源信号的图像信息内容已经被 Chen 混沌运动系统的混沌信号进行较好的遮掩，无法用人眼

视觉系统进行辨认。系统随机产生的混合矩阵 $\boldsymbol{H}$ 为

$$\boldsymbol{H}=\begin{bmatrix} 0.5656 & 0.3743 & 0.3272 & 0.1286 & 0.8193 \\ 0.3776 & 0.9792 & 0.5469 & 0.0941 & 0.3863 \\ 0.8102 & 0.0329 & 0.6809 & 0.9903 & 0.6160 \\ 0.7429 & 0.1735 & 0.3444 & 0.3860 & 0.6780 \end{bmatrix} \tag{5-7}$$

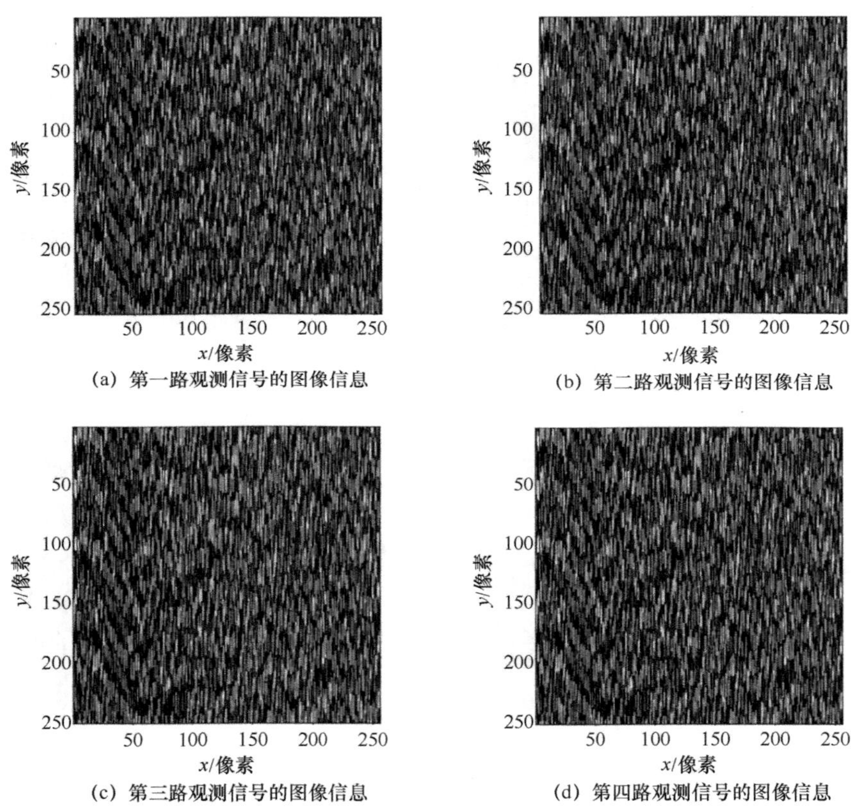

(a) 第一路观测信号的图像信息　(b) 第二路观测信号的图像信息

(c) 第三路观测信号的图像信息　(d) 第四路观测信号的图像信息

图 5-7　单分量补足模型中观测信号的图像信息

步骤 3　选取第一路接收信号，对其进行 EMD 后得到的第一个本征模函数分量具有第一路接收信号最强的表征特性。将此本征模函数作为第五路接收信号，由此构成一个新的接收信号向量。

步骤 4　采用 FastICA 算法对接收信号向量进行处理，得到估计信号，并对估计信号的，数据值进行十进制化，然后对十进制后的数据进行二维数组化，得到五幅盲分离后得到的图像信息，如图 5-8 所示。

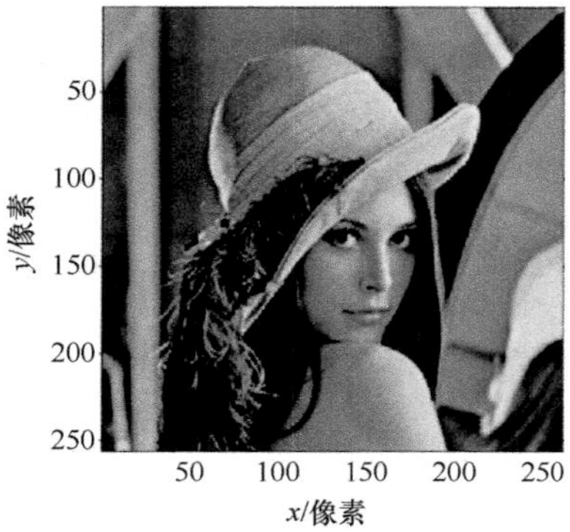

(a) 提取后的图像信息1

(b) 提取后的图像信息2

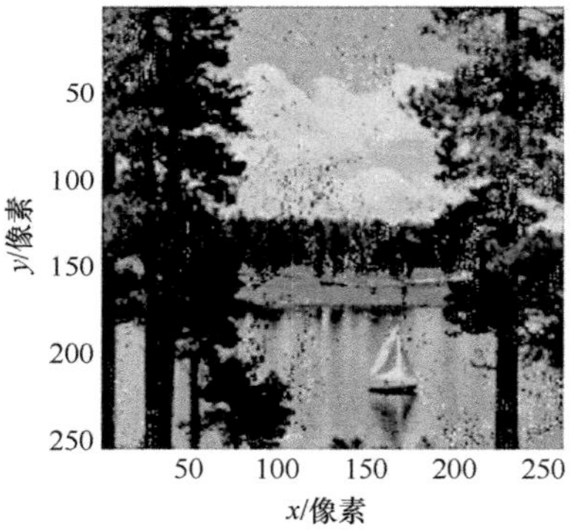

(c) 提取后的图像信息3

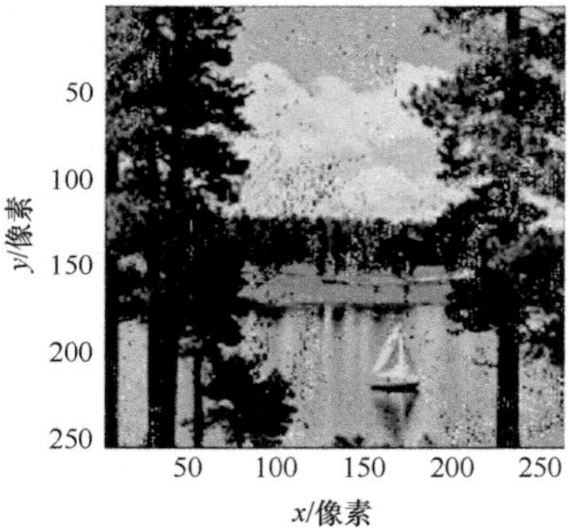

(d) 提取后的图像信息4

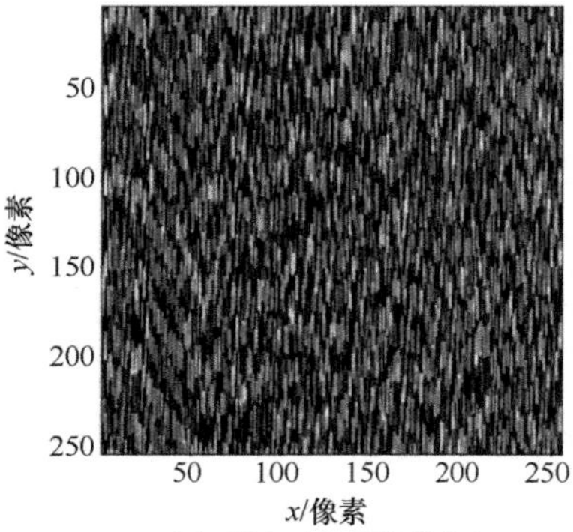

(e) 提取后的图像信息5

图 5-8　单分量补足法第一次提取信号的图像信息

步骤 5　通过借助人眼主观视觉判断可以发现，有四幅图像信息与图 5-6 中的图像信息相似，将它们分别与图 5-7 中相似的图像信息做结构相似性计算可得，图

5-8(a)与图 5-6(a)的 SSIM 为 0.999 8，图 5-8(b)与图 5-6(b)的 SSIM 为 0.972 2，图 5-8(c)与图 5-6(d)的 SSIM 为 0.555 2，图 5-8(d)与图 5-6(d)的 SSIM 为 0.555 2。通过人眼主观的定性分析及 SSIM 的定量分析可以判定，已成功提取的两幅源信号的图像信息分别为图 5-8(a)和图 5-8(b)。通过计算可知，图 5-8(c)和图 5-8(d)为同一幅图像，由此可推得，当有 N 个发送传感器、$N-1$ 个接收传感器时，能提取出 $N-1$ 个不同的图像信息。在此，针对欠定盲源分离系统的分离性能提出一种评价准则——优势度准则。优势度是指全局传输矩阵中每一行每一列的最大值在不同行不同列的个数。优势度的数量值决定了盲提取后可以提取的信号数。本节仿真中的全局传输矩阵为

$$\boldsymbol{G}=\begin{bmatrix} 0.089\,7 & 0.149\,0 & 0.758\,1 & 0.989\,6 & 0.014\,7 \\ 0.097\,0 & 0.963\,2 & 0.559\,1 & 0.084\,4 & 0.000\,4 \\ 0.917\,3 & 0.041\,5 & 0.308\,7 & 0.031\,4 & 0.006\,0 \\ 0.375\,5 & 0.219\,7 & 0.126\,6 & 0.111\,8 & 0.006\,7 \\ 0.009\,1 & 0.001\,5 & 0.037\,1 & 0.009\,6 & 0.999\,9 \end{bmatrix} \tag{5-8}$$

由式（5-8）可知，本节仿真中的优势度为 4，与仿真中提取出四幅不同的图像信息相对应。

步骤 6 依次将图 5-8(a)和图 5-8(b)的数值代入式（5-6）中，可得两个 $\tilde{w}$ 的值，分别为 $\tilde{w}_1=\begin{Bmatrix} 0.565\,5 \\ 0.377\,0 \\ 0.811\,0 \\ 0.742\,8 \end{Bmatrix}$ 和 $\tilde{w}_2=\begin{Bmatrix} 0.374\,5 \\ 0.979\,0 \\ 0.032\,8 \\ 0.173\,3 \end{Bmatrix}$。再由式（5-5），将原混合信号值依次减去已提取图像信息在原混合信号中的占值，进而可以得到一组新的混合信号值，取前三行数值得到一个新的混合信号矩阵，对新的混合信号矩阵进行 FastICA 算法盲源分离，得到了三路估计信号值，对其进行十进制转换、二维化后有图 5-9 所示的图像信息。

通过对图 5-9 与图 5-6 的比较分析可以很清楚地发现，图 5-9(a)是对图 5-6(c)的估计值，而图 5-9(c)是对图 5-6(d)的估计值，它们之间的结构相似性分别为 0.986 0、0.990 0。由此断定，第二次盲提取使图像信息得到很好的提取，进而说明单分量补足法模型借助序贯削减技术可以对图像信息进行提取。

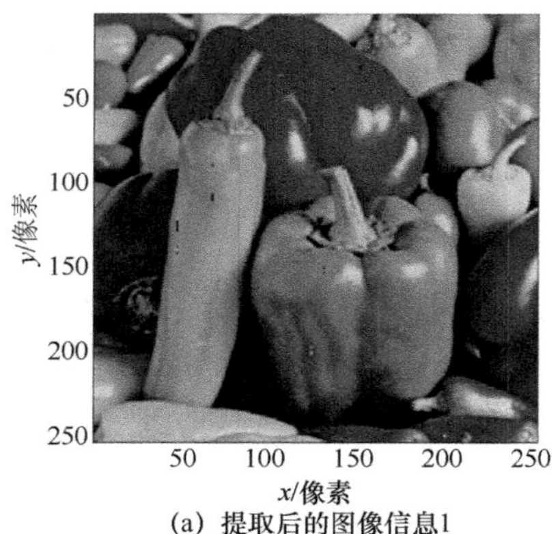

(a) 提取后的图像信息1

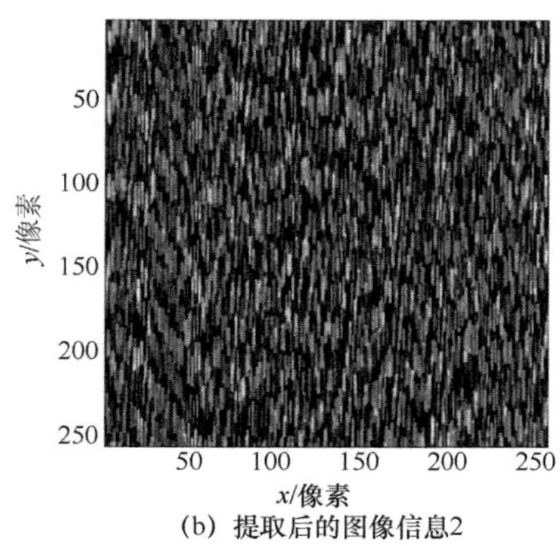

(b) 提取后的图像信息2

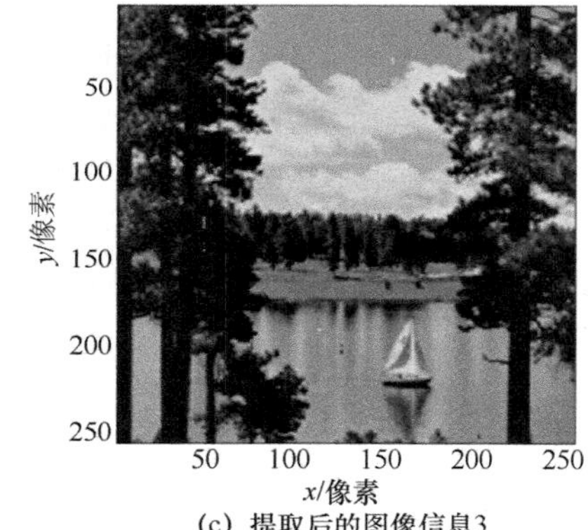

(c) 提取后的图像信息3

图 5-9　单分量补足法第二次提取信号的图像信息

5.3　EMD 多分量补足法的图像盲提取

如果发送传感器的数量与接收传感器的数量相比大于 1 时，那么就需要重新构建一个新的虚拟接收阵列模型，由此来解决多分量缺失的图像信息盲提取问题。

5.3.1　多分量补足法模型

多分量补足法的虚拟接收阵列模型如图 5-10 所示，其中，接收传感器数量比发送传感器数量少两个。本节通过分析图 5-10 所示模型中缺失两个接收传感器的情况，推广至缺失多个接收传感器的模型。图 5-10 所示模型中将补充两路虚拟接收传感器，使欠定盲源分离系统正定化，具体步骤如下。

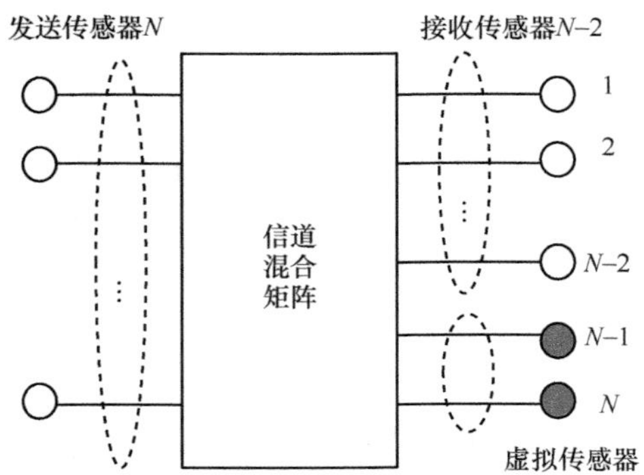

图 5-10　多分量补足法的虚拟接收阵列模型

步骤 1　发送传感器进行图像信息与混沌信号的遮掩以及发送，在接收端利用少于发送传感器两个的接收传感器进行接收，对第一个接收传感器接收的信号进行经验模态分解，用分解得到的固有模态函数的第一个分量补充为接收传感器缺失的第 $N-1$ 个接收信号。

步骤 2　第一个接收传感器接收的信号与第 $N-1$ 个接收信号进行奇偶交叉序列补偿，即将两路并行的内容串联成一路信号，再对串联得到的一路信号进行等长截断，余下的信号作为接收传感器的第 N 个接收信号。由此，组合得到新的一组接收信号。

5.3.2　多分量补足法的仿真实现及性能分析

现假设有一个发送端的传感器数量为 5 而接收端的传感器数量为 3 的盲提取模型，其详细的仿真流程如图 5-11 所示。

具体的仿真步骤如下。

步骤 1　选取四幅标准测试图像库中 256 像素 × 256 像素的灰度图像信息，如图 5-6 所示，将它们分别从二维数组数据转换为一维数组数据，再将一维数据进行二进制化。选择 Chen 混沌系统中的 x 分量，将这 5 个信号进行封装后作为一个源信号向量备用。

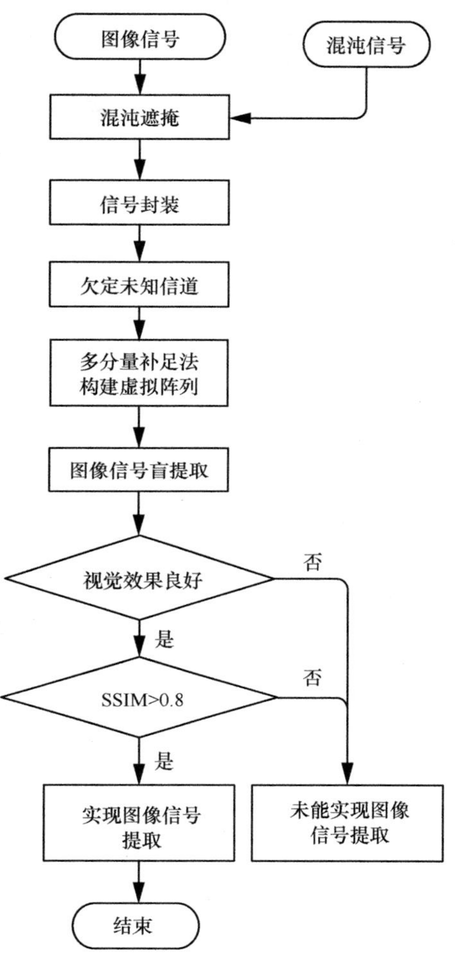

图 5-11　多分量补足法的流程

步骤 2　模拟信道的未知性，系统随机生成一个 3×5 的混合矩阵 $\boldsymbol{H}$ 与封装后的数据进行混叠，得到三路观测信号。对三路观测信号的数据进行十进制化、二维数组化，得到三路观测信号的图像信息，如图 5-12 所示。对三路观测信号的图像信息进行观测，图像信息杂乱无序，说明图像信息的内容被 Chen 混沌运动系统的信号较好地遮掩，已经无法用人眼进行辨认。系统随机产生的混合矩阵 $\boldsymbol{H}$ 为

$$\boldsymbol{H}=\begin{bmatrix} 0.2971 & 0.1637 & 0.5011 & 0.4800 & 0.5358 \\ 0.5160 & 0.2446 & 0.8062 & 0.0803 & 0.9652 \\ 0.8847 & 0.3900 & 0.5785 & 0.6677 & 0.2592 \end{bmatrix} \tag{5-9}$$

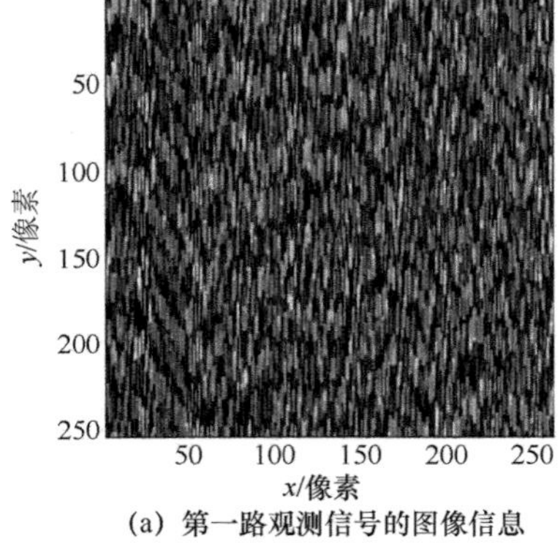

(a) 第一路观测信号的图像信息

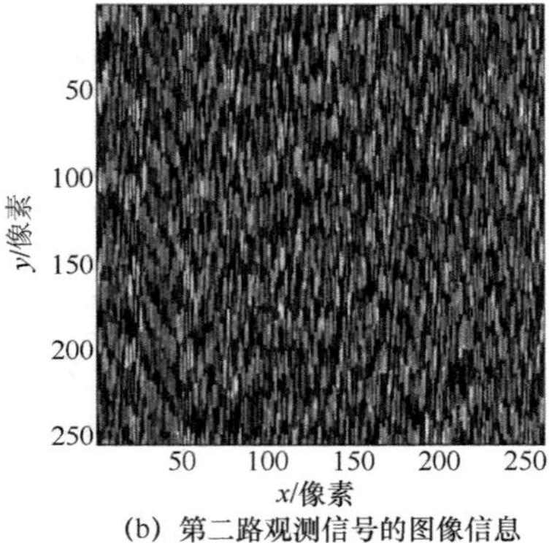

(b) 第二路观测信号的图像信息

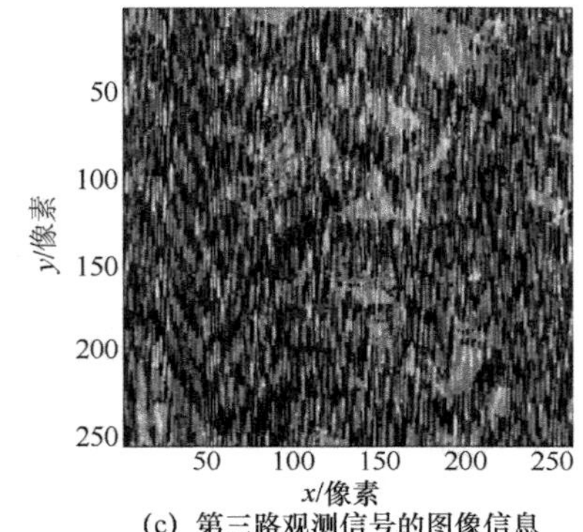

(c) 第三路观测信号的图像信息

图 5-12 多分量补足模型中观测信号的图像信息

步骤 3 选取第一路接收信号，将对其进行 EMD 后得到的第一个本征模函数分量作为第四路接收信号。并将此本征模函数与第一路接收信号进行奇偶交叉序列补偿得到第五路接收信号，由此构成一个新的接收信号向量。

步骤 4 用 FastICA 算法对接收信号向量进行处理，得到估计信号，并对估计信号的值进行十进制化、二维数组化，得到五幅盲分离后的图像信息，如图 5-13 所示。

步骤 5 借助人眼主观视觉判断发现，有四幅图像信息与图 5-6 中的图像信息相似，将其分别与图 5-7 中相似的图像信息做 SSIM 计算可得，图 5-13(a)与图 5-6(a)的 SSIM 为 0.986 9，图 5-13(b)与图 5-6(a)的 SSIM 为 0.986 9，图 5-13(c)与图 5-6(a)的 SSIM 为 0.986 9，图 5-13(d)与图 5-6(d)的 SSIM 为 0.999 0。通过人眼主观视觉的定性分析和 SSIM 的定量分析可以判定，多分量补足法已成功对图 5-6(a)和图 5-6(d)进行估值。通过计算可知，图 5-13(a)、图 5-13(b)与图 5-13(c)为同一幅图像，故仿真实验提取出三幅不同的图像信息。该仿真中的全局传输矩阵为

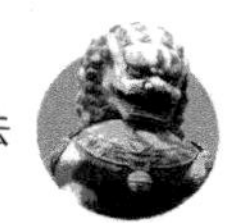

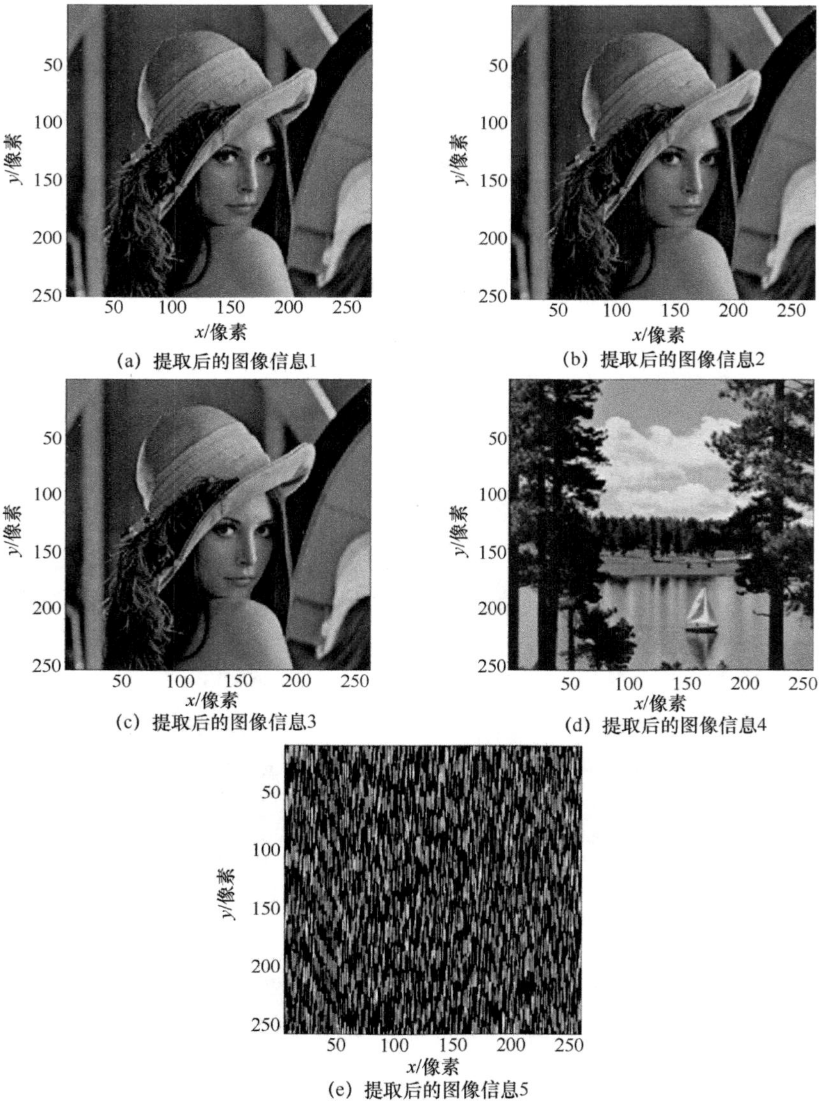
y/像素
x/像素
(a) 提取后的图像信息1
(b) 提取后的图像信息2
(c) 提取后的图像信息3
(d) 提取后的图像信息4
(e) 提取后的图像信息5

图 5-13　多分量补足法第一次提取信号的图像信息

$$
\boldsymbol{G}=\begin{bmatrix}
0.048\,8 & 0.058\,3 & 0.065\,9 & 0.064\,9 & 0.003\,4 \\
0.027\,3 & 0.016\,6 & 0.137\,8 & 0.011\,3 & 0.998\,2 \\
0.054\,5 & 0.106\,5 & 0.264\,4 & 0.994\,3 & 0.013\,7 \\
0.021\,7 & 0.022\,7 & 0.031\,0 & 0.004\,9 & 0.057\,0 \\
0.996\,7 & 0.992\,2 & 0.951\,7 & 0.098\,4 & 0.014\,9
\end{bmatrix} \tag{5-10}
$$

通过对式（5-10）进行观察分析可知，该全局传输矩阵的优势度为 3，这与本节仿真中提取出三幅不同类型的图像信息相对应，同时验证了优势度准则。

步骤 6 依次将图 5-13(a)和图 5-13(d)的数值代入式（5-6）中，可得两个 $\tilde{w}$ 的值，分别为 $\tilde{w}_1=\begin{Bmatrix}0.297\,0\\0.515\,9\\0.884\,7\end{Bmatrix}$ 和 $\tilde{w}_2=\begin{Bmatrix}0.480\,1\\0.080\,3\\0.667\,6\end{Bmatrix}$。再由式（5-5）将原混合信号值依次减去已提取图像信息在原混合信号中的占值，进而可以得到一组新的混合信号值，对新的混合信号矩阵进行 FastICA 算法盲源分离，得到三路估计信号值，对其进行十进制转换、二维数组化后有如图 5-14 所示的图像信息。

通过对图 5-14 与图 5-6 的观测对比发现，图 5-14(a)是对图 5-6(c)的估计，图 5-14(b)是对图 5-6(b)的估计，它们的 SSIM 分别为 0.994 3、0.993 0。这说明多分量补足法的第二次盲提取能有效地将剩余图像信息提取出来。

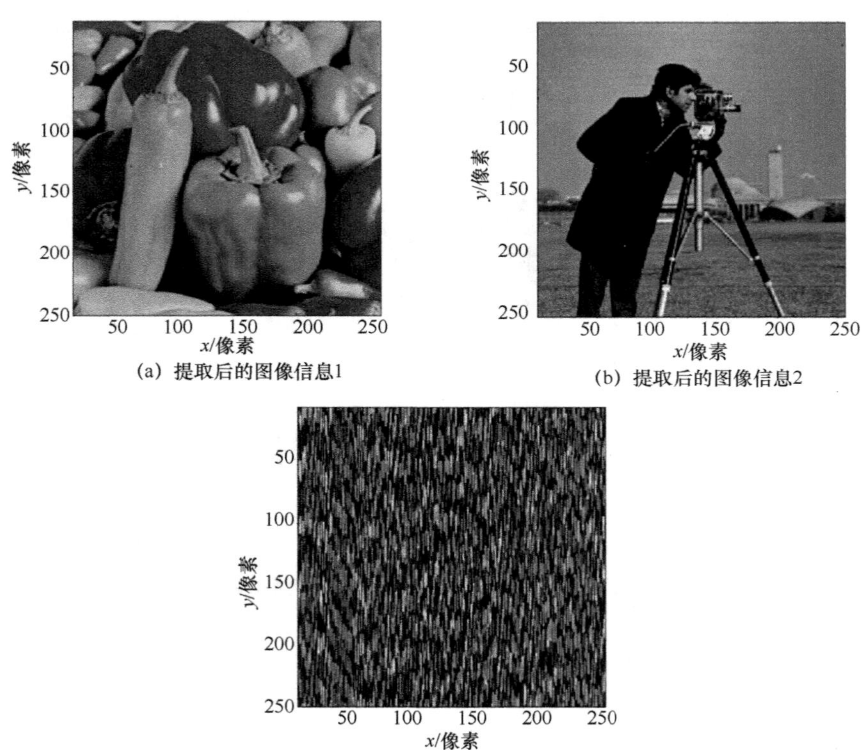

(a) 提取后的图像信息1

(b) 提取后的图像信息2

(c) 提取后的图像信息3

图 5-14 多分量补足法第二次提取信号的图像信息

5.4 本章小结

本章提出一种基于序贯削减技术的图像盲提取算法，主要从分量补足法及序贯削减技术两方面相结合使用。利用 EMD 技术对接收信号的最强表征进行提取，进而在单分量补足法中直接构建虚拟接收信号向量，在多分量补足法中经由奇偶交叉序列补偿法得到虚拟接收信号向量。利用序贯削减技术采用 LAE 和 LAD 相结合的方式，一次提取一次削减，进而实现图像信息的完整提取。第 6 章将在本章提出的基于序贯削减技术的图像盲提取算法中考虑噪声的影响，通过分析信源噪声及接收传感器分布噪声的影响，验证该算法的有效性。

参考文献

[1] BOUAFIF M, LACHIRI Z. Underdetermined blind source separation technique based on speech features extraction[J]. International Journal of Speech Technology, 2016: 1-10.

[2] CHENG X H, LIU C. Research on RFID collision detection algorithm based on the underdetermined blind separation[C]// International Conference on Machinery, Materials and Computing Technology, 2016, 19(4): 1-10.

[3] MANDIC D P, REHMAN N U, WU Z, et al. Empirical mode decomposition-based time-frequency analysis of multivariate signals: the power of adaptive data analysis[J]. IEEE Signal Processing Magazine, 2013, 30(6): 74-86.

[4] 黄大伟. 单通道 ICA 及其在变形分析中的应用[D]. 长沙: 中南大学, 2014.

[5] 姚鑫. 基于 EEMD 的单通道盲源分离研究与应用[D]. 大连: 大连交通大学, 2015.

[6] 寇艳廷, 范涛涛, 刘晨, 等. EMD 过程中数据拟合的算法改进与实现[J]. 微型机与应用, 2013, 32(5): 66-68.

[7] 李贵兵, 金炜东, 蒋鹏, 等. 面向大规模监测数据的高铁故障诊断技术研究[J]. 系统仿真学报, 2014, 26(10): 2458-2464.

[8] 王东洋. 基于运动想象的脑电信号识别算法的研究[D]. 上海: 华东理工大学, 2013.

第6章
噪声对盲提取的影响

高斯白噪声是通信环境中经常遇到的噪声之一。在通信系统的分析中，经常假定系统中的噪声为高斯白噪声，因为这种噪声有具体的数学表达式，适合分析。同时，高斯白噪声也能反映出通信系统中加性噪声的情况，比较真实地反映信道特性[1]。因此，本章在分析过程中所采用的噪声均为高斯白噪声。

6.1 引言

在实际的环境中，观测量往往受到各种不同的噪声影响。由于噪声的存在，使通信系统不能做到准确无误的传输。同理，在盲源分离问题中，噪声对盲分离的实现也存在着很大的影响。这些噪声可能是加性噪声也可能是乘性噪声，可能是在信号源中混入的噪声信号，也可能是在传输过程中信道的加性噪声，或者来源于实际传感器的物理噪声，甚至来源于所用模型的不精确性。本章将对信源噪声、接收传感器分布噪声和信道噪声进行分析比较。其中，针对接收传感器分布噪声提出一种动态接收的传感器噪声模型，有助于理解实际传感器噪声对盲源分离问题的影响。

6.2 信源噪声的影响分析

噪声作为一路源信号混在信源中，是自然界常见的一种情况。将噪声信号作为一路源信号与有用信号进行混合传输，而后再对有用信号进行盲提取。下面，首先对此模型进行构建，继而进行实验仿真验证。

6.2.1　信源噪声模型

考虑高斯源信号作为一路信源的实际情况，本节可以构建图 6-1 所示的信源噪声模型。

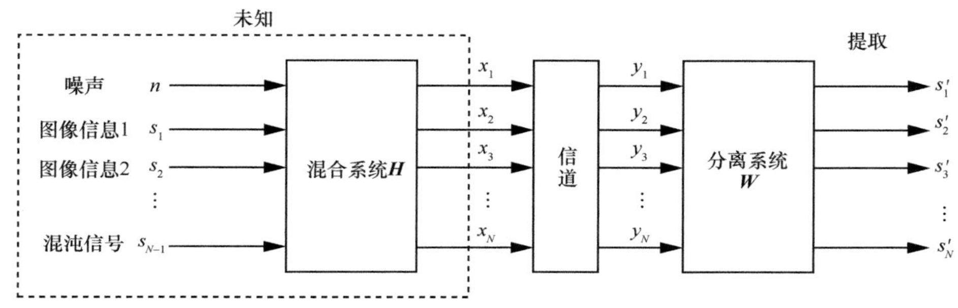

图 6-1　信源噪声模型

观测信号可以表示为

$$\boldsymbol{x} = \boldsymbol{H}\boldsymbol{s} \tag{6-1}$$

式中，$\boldsymbol{s} = (n, s_1, s_2, \cdots, s_{n-1})^{\mathrm{T}}$ 表示将一高斯白噪声信号作为一路信号混入源信号中，组成新的源信号向量，$\boldsymbol{H}$ 为混合矩阵。经过信道和分离矩阵 $\boldsymbol{W}$ 的反变换，尽可能多地分离出源信号 $\boldsymbol{s}$ 。

6.2.2　信源噪声模型的仿真实现及性能分析

采用图 6-1 所示模型来实现混沌遮掩下图像信息的盲分离或盲提取，其算法算法流程如图 6-2 所示，其中混沌遮掩信号选择 Chen 混沌运动系统。

仿真实现过程如下。

步骤 1　选取两幅标准测试图像库中 256像素×256像素 的灰度图像 Lena 和 Cameraman，如图 6-3 所示，将它们分别从二维数组数据转换为一维数组数据，再将一维数据进行二进制化。选择 Chen 混沌运动系统中的 x 分量，并由计算机随机产生一个噪声强度为 0 dBW 的高斯白噪声信号。将这 4 个信号进行封装后作为一个源信号向量备用。

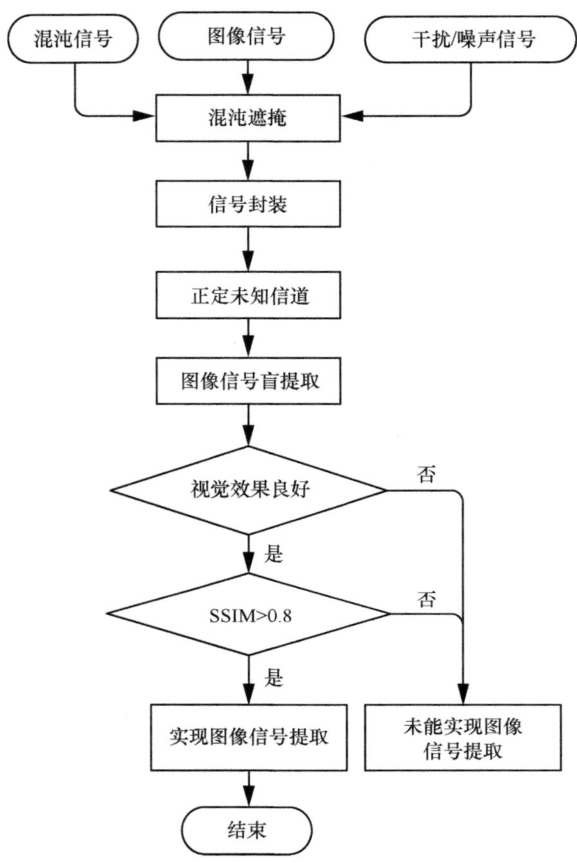

图 6-2　信源噪声模型的流程

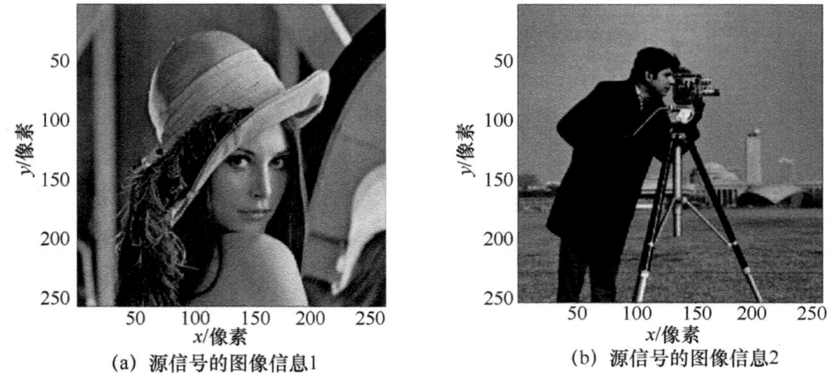

(a) 源信号的图像信息1　(b) 源信号的图像信息2

图 6-3　源信号的图像信息

步骤 2　模拟信道的未知性，系统随机生成一个 4×4 的混合矩阵 $\boldsymbol{H}$ 与封装后的数据进行混叠，得到四路观测信号，对其数据进行十进制化、二维数组化，得到四路观测信号的图像信息，如图 6-4 所示。对四路观测信号的图像信息进行观测可以发现，仅靠人眼无法辨别图像信息，说明图像信息的内容被 Chen 混沌运动系统的信号较好地遮掩，已经无法用人眼进行辨认。随机生成的混合矩阵 $\boldsymbol{H}$ 为

$$\boldsymbol{H}=\begin{bmatrix} 0.3935 & 0.5669 & 0.8033 & 0.5702 \\ 0.0788 & 0.8792 & 0.0240 & 0.4017 \\ 0.2789 & 0.7586 & 0.7554 & 0.9707 \\ 0.4431 & 0.4590 & 0.4078 & 0.1747 \end{bmatrix} \tag{6-2}$$

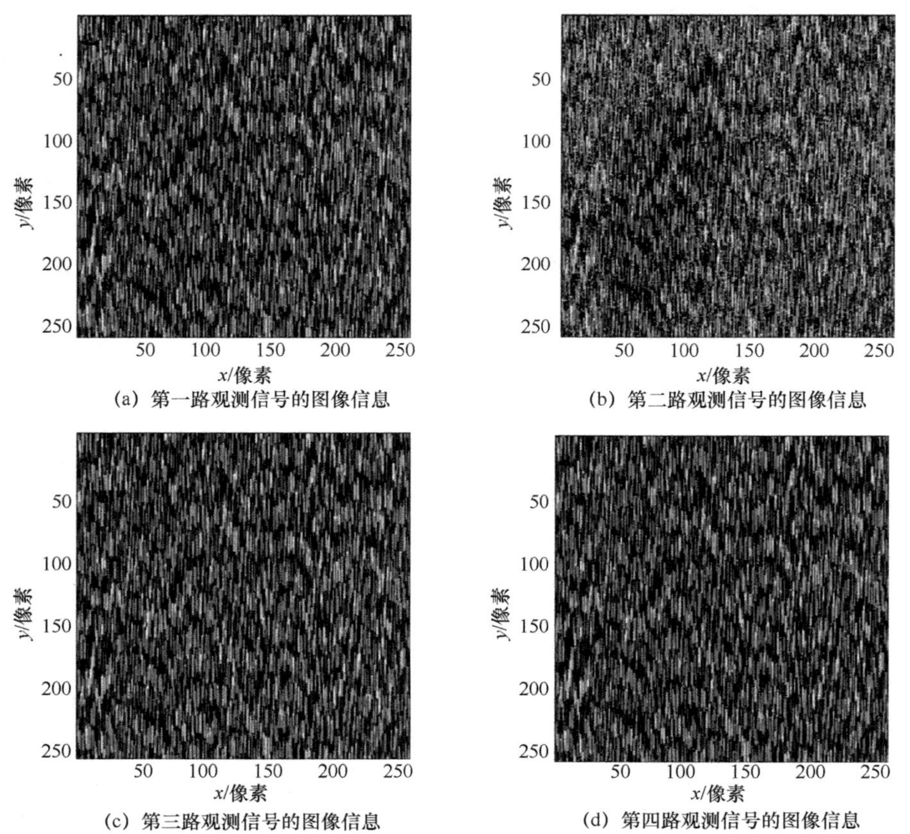

(a) 第一路观测信号的图像信息　(b) 第二路观测信号的图像信息

(c) 第三路观测信号的图像信息　(d) 第四路观测信号的图像信息

图 6-4　信源噪声模型中观测信号的图像信息

步骤 3　对此混叠后的矩阵采用 FastICA 算法进行分离，得到估计信号，并对

估计信号的值进行十进制化、二维数组化，得到两幅盲分离后的图像信息，如图 6-5 所示（由于估计出的信息较多，在此仅展现估计出源信号的图像信息）。

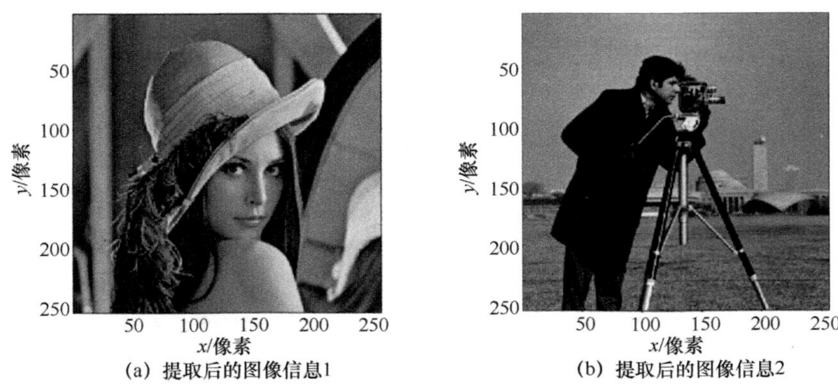

(a) 提取后的图像信息1
(b) 提取后的图像信息2

图 6-5 信源噪声模型中提取信号的图像信息

步骤 4 通过视觉系统对比图 6-5(a)与图 6-3(a)及图 6-5(b)与图 6-3(b)可以比较清楚地发现，盲分离前后的图像信息的相似度高，几乎没有太大的差别，可以简单地用人眼主观视觉就能看出图像信息。通过计算得出，图 6-5(a)与图 6-3(a)的 SSIM 为 1，图 6-5(b)与图 6-3(b)的 SSIM 为 1。综上所述，本节基本可以断定源信号的图像信息得到了很好的分离提取，同时还验证了信源噪声模型中第 5 章所提算法的有效性。

由此可见，由于信源噪声模型是将噪声作为一路源信号加入混沌遮掩及其盲提取过程中，噪声在这相当于是一个独立成分，它对图像信息的干扰较小，因此可以利用 FastICA 算法很容易地将图像信息分离出来。为进一步验证信源噪声影响下图像信息盲提取的有效性，通过不断增加高斯白噪声的噪声强度进行仿真实验，得到一组 SSIM。噪声强度与 SSIM 的关系如表 6-1 所示。

表 6-1 噪声强度与 SSIM 的关系

噪声强度/dBW	图 6-5(a)与图 6-3(a)	图 6-5(b)与图 6-3(b)
0	1	1
5	1	1
10	1	1
15	1	1

通过表 6-1 可以看出，随着信源噪声强度的增大，两幅图像的 SSIM 没有变化。需要再次说明的是，信源噪声对于独立分量分析算法来说只是一个以噪声形式出现的独立分量而已，不会对盲提取模型的算法效果造成影响。

6.3　接收传感器分布噪声的影响分析

6.2 节讨论了信源噪声对混沌遮掩传输后的图像信息进行盲提取模型的影响，本节将针对接收传感器噪声对盲提取模型的影响进行分析。接收传感器上的噪声是接收端天线上的噪声，属于物理噪声范畴。它不仅会影响图像信息的盲提取，还可能会使盲提取出的图像信息恶化甚至失效。

下面，将对接收传感器的数学模型进行分析说明，并对其用数学方程式表达出来。此外，针对常规的接收传感器排列（接收天线阵列）进行改进，对固定节点的接收传感器排列进行优化，提出动态节点的接收传感器排列模型，利用接收传感器噪声对盲提取模型进行改进，使接收传感器噪声对混沌遮掩传输的图像信息盲提取的影响降低。

6.3.1　接收传感器分布噪声模型

同样地，针对接收传感器噪声对盲提取模型的影响进行数学模型描述，其模型如图 6-6 所示。

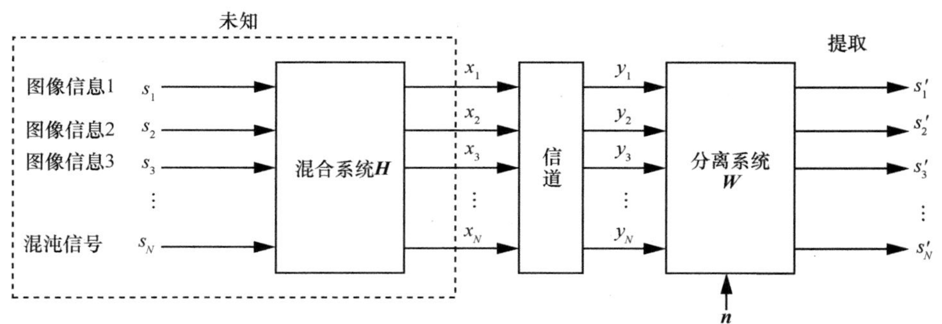

图 6-6　接收传感器分布噪声模型

根据图 6-6，可以将接收传感器噪声对盲提取模型的数学表达式表示为

$$y = x + n = Hs \tag{6-3}$$

式中，$\boldsymbol{n}=[n_1,\cdots,n_N]^{\mathrm{T}}$ 是噪声向量，$\boldsymbol{y}=[y_1,\cdots,y_N]^{\mathrm{T}}$ 是混合信号通过信道后的向量。下一步将对这个已经被接收传感器影响后的观测信号 $\boldsymbol{y}$ 进行盲提取，将 $\boldsymbol{y}$ 与分离矩阵 $\boldsymbol{W}$ 进行变换处理后，得到对源信号 $\boldsymbol{s}$ 图像信息的估计值。

6.3.2 基于动态噪声相关度的接收传感器模型

无线通信系统中，由许多相同的单个天线或传感器按一定规律排列组成天线系统，也称天线阵。如果天线排列在一条直线或一个平面上，则成为直线阵列或平面阵。现有的针对直线阵或平面阵中的单节点接收传感器的噪声测量分析时，都是对该接收传感器进行噪声测量，然后对噪声进行分析，确定影响因素，这种方式只能分析一种位置下的噪声，不具有连续性分析，所以分析效果差。

因此，针对现有接收传感器排列存在的问题，本节提出一种能分析多个位置的单节点动态接收传感器噪声分析模型，如图 6-7 所示。

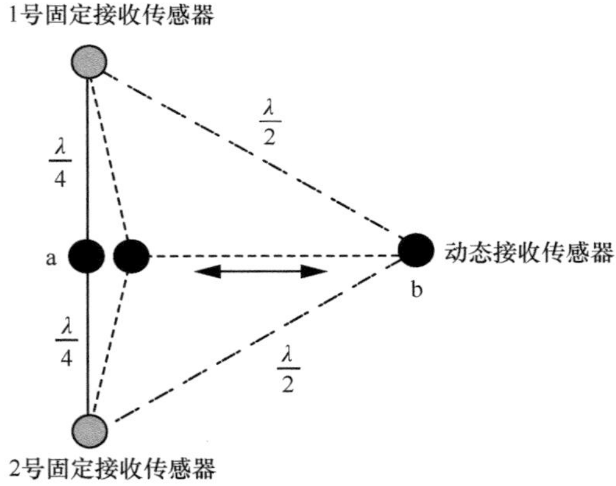

图 6-7 单节点动态接收传感器噪声分析模型

一般来说，无线通信系统中，为了能充分利用空间资源，实现最大的传输效率以及最大的抗干扰传输，会采用多输入多输出（Multiple Input Multiple Output，MIMO）技术。MIMO 技术都会使发送端传感器数量等于接收端传感器数量。图 6-7 中将假设发送端的传感器数量与接收端的传感器数量相等且取值为 3。

在发送端，用 3 个发送传感器进行信号发送，可以把两路图像信息信号和一路混沌信号进行信号封装，经由混合矩阵后得到三路具有混沌特性的信号进行发送。利用 3 个发送传感器对这三路信号进行发送后，经过无线通信信道，可以在接收端用 3 个接收传感器进行接收。如图 6-7 所示，3 个接收传感器包括 1 号固定接收传感器、2 号固定接收传感器和动态接收传感器。1 号固定接收传感器和 2 号固定接收传感器的位置固定，且相距为 $\frac{\lambda}{2}$，λ 表示接收信号的波长；动态接收传感器位于 a 点与 b 点之间或者 a 点，a 点为 1 号固定接收传感器与 2 号固定接收传感器的中间位置，b 点与 1 号固定接收传感器和 2 号固定接收传感器呈等边三角形。根据现有的通信理论，当传感器之间的距离大于或等于 $\frac{\lambda}{2}$ 时，传感器之间将相互独立，即不相关。

单节点动态接收传感器噪声分析模型的分析方法介绍如下。

步骤 1　确定动态接收传感器的位置，进而确定动态接收传感器与 1 号固定接收传感器和 2 号固定接收传感器的噪声相关度。

步骤 2　根据步骤 1 确定的噪声相关度，裁剪出相应噪声，并将裁剪出的噪声添加到经信道传输后得到的观测信号上。

步骤 3　对收到接收传感器噪声影响的观测信号进行盲源分离处理，提取出目标图像信息。

步骤 4　根据噪声相关度、发送端的目标图像信息和盲提取得到的目标图像信息，对噪声进行分析。

6.3.3　动态接收传感器噪声模型的仿真实现及性能分析

6.3.1 节分析了接收传感器噪声对盲提取影响的数学模型，同时，6.3.2 节提出了一种基于单节点的动态接收传感器噪声模型。本节将对该单节点动态接收传感器噪声模型进行模拟仿真实现，从计算机仿真的角度去探究该模型，以此来深入研究接收传感器噪声对盲提取模型的影响。

本节将根据接收传感器噪声分析模型对算法进行仿真，给出该模型下对盲提取影响的仿真流程，并对不同相关度的接收传感器噪声影响进行仿真实现和比较分析。算法的仿真流程如图 6-8 所示。

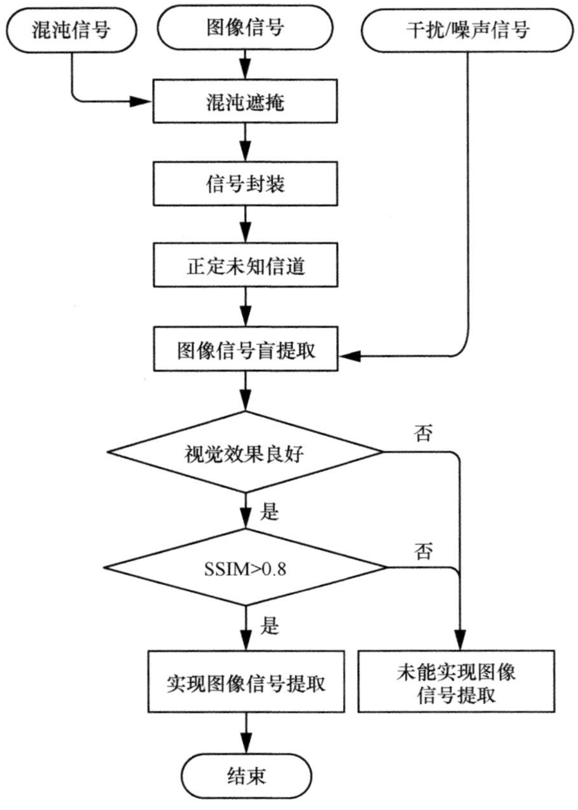

图 6-8　接收传感器分布噪声模型的流程

根据算法的流程，进行如下的仿真过程。

步骤 1　选取两幅标准测试图像库中 256像素×256像素 的灰度图像信息，如图 6-3 所示，将它们分别从二维数组数据转换为一维数组数据，再将一维数据进行二进制化。选择 Chen 混沌系统中的 x 分量，将这 3 个信号进行封装后作为一个源信号向量备用。

步骤 2　模拟信道的未知性，系统随机生成一个 3×3 的混合矩阵 $\boldsymbol{H}$ 与封装后的数据进行混叠，得到三路观测信号。对三路观测信号的数值进行十进制化、二维数组化，得到三路观测信号的图像信息，如图 6-9 所示。对三路观测信号的图像信息进行观测可以发现，仅仅依靠人眼主观视觉系统无法辨别出图像中的信息或内容，说明图像信息的内容被 Chen 混沌运动系统的信号较好地遮掩，已经无法用人眼进行辨认。系统随机产生的混合矩阵 $\boldsymbol{H}$ 为

$$H = \begin{bmatrix} 0.834\,1 & 0.200\,8 & 0.974\,9 \\ 0.091\,1 & 0.232\,9 & 0.809\,0 \\ 0.397\,9 & 0.103\,6 & 0.719\,1 \end{bmatrix} \tag{6-4}$$

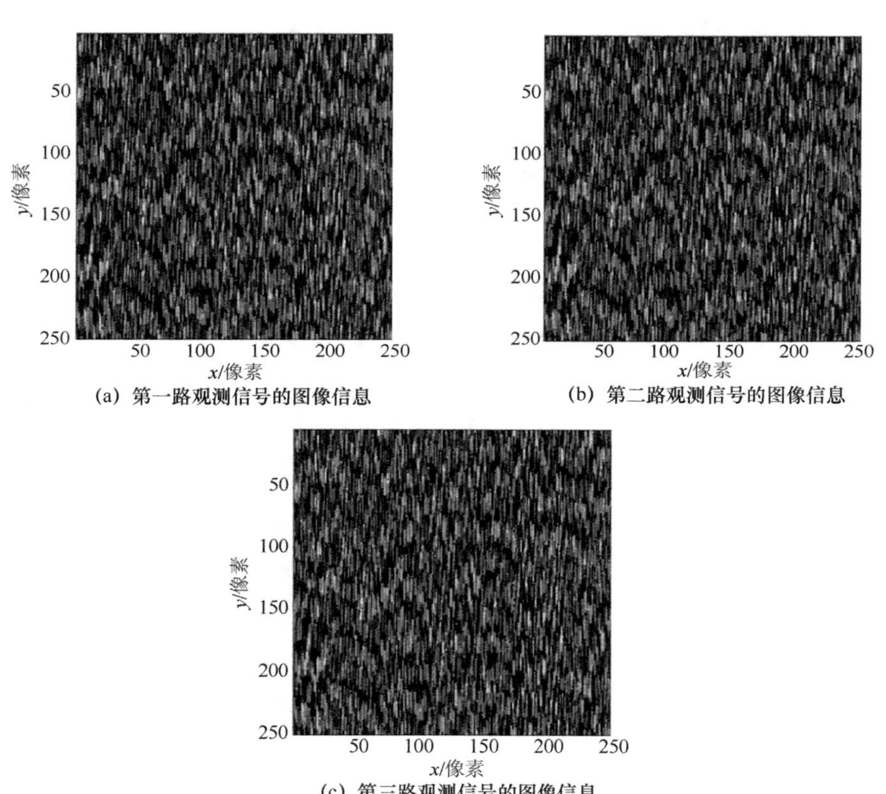

(a) 第一路观测信号的图像信息

(b) 第二路观测信号的图像信息

(c) 第三路观测信号的图像信息

图 6-9　接收传感器分布噪声模型中观测信号的图像信息

步骤 3　由系统随机生成 3 个噪声强度为 0 dBW 的高斯白噪声信号，其中一个高斯白噪声信号与另外两个高斯白噪声的相关度为 50%，且这两个高斯白噪声信号之间不存在相关度。然后将这 3 个噪声叠加到观测信号的数值上，进而得到接收信号向量。

步骤 4　对混叠后的矩阵采用 FastICA 算法进行处理，得到估计信号，并对估计信号的值进行十进制化、二维数组化，得到三幅盲分离后的图像信息，如图 6-10 所示。

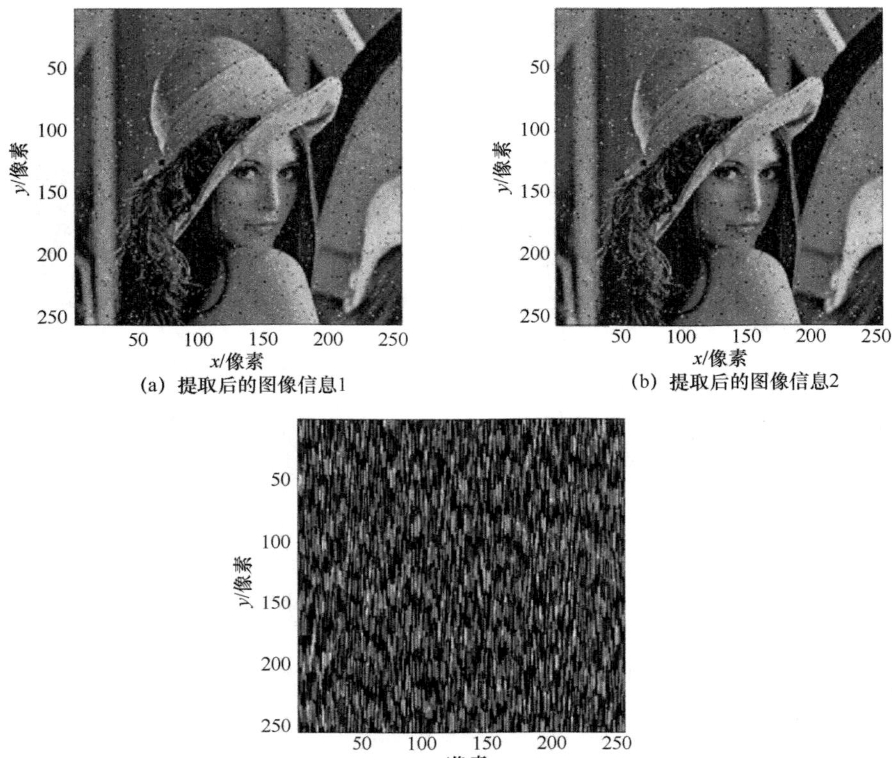

(a) 提取后的图像信息1

(b) 提取后的图像信息2

(c) 提取后的图像信息3

图 6-10　接收传感器分布噪声模型中提取信号的图像信息

步骤 5　通过人眼主观视觉系统，将图 6-10 中的三幅图像分别与图 6-3(a)和图 6-3(b)中的任何一幅图像信息进行一对一的比较发现，图 6-10(a)和图 6-10(b)与图 6-3(a)很相似，可以很清晰地辨认出。通过计算可知，图 6-10(a)和图 6-10(b)与图 6-3(a)的 SSIM 分别是 0.569 3、0.569 3，基本上可以断定图 6-10(a)和图 6-10(b)是对图 6-3(a)盲提取出的图像信息。另外，通过对图 6-10(a)和图 6-10(b)的二维数值进行比较发现，它们是同一幅图像信息，说明在受到接收传感器分布噪声影响下，盲提取只能提取出两个源信号图像信息中的一个目标图像信息。

由于仿真过程中使用的是高斯白噪声，因此可以通过滤波的方式来提高图像信息的 SSIM 值。接下来，利用中值滤波的方法对图 6-10(a)进行滤波，得到如图 6-11 所示的图像信息。

图 6-11　对图 6-10(a)滤波后的图像信息

观察图 6-11 可以发现，滤波后的图像上已经没有图 6-10(a)的那些噪点信息，且图 6-11 与图 6-3(a)的 SSIM 值为 0.822 8，说明图像信息得到了满意的提取。

根据单节点动态接收传感器噪声模型，通过移动动态接收传感器的位置来改变其与 1 号固定接收传感器和 2 号固定接收传感器的噪声相关度。图 6-10 是动态接收传感器处于 a 点处，与 1 号固定接收传感器和 2 号固定接收传感器的噪声相关度分别为 50%时，进行盲提取得到的图像信息。接下来，在将动态接收传感器的位置从 1 号固定接收传感器和 2 号固定接收传感器的中间位置到边长为半波长的等边三角形的顶点的移动过程中，取 10 个点，获得动态接收传感器与 1 号固定接收传感器和 2 号固定接收传感器的噪声相关度分别为 45%、40%、35%、30%、25%、20%、15%、10%、5%和 0。这里只展现对源信号图像信息进行估计的图像信息。

当动态接收传感器与 1 号固定接收传感器和 2 号固定接收传感器的噪声相关度分别为 45%、40%、35%、30%、25%、20%、15%、10%、5%和 0 时，通过使用 FastICA 算法盲提取的图像信息如图 6-12 所示。源信号的图像信息与这些盲提取后的图像信息的 SSIM 分别为 0.510 5、0.486 5、0.449 8、0.381 0、0.346 6、0.265 6、0.182 8、0.160 8、0.100 4 和 0.025 7。

在不同噪声相关度的影响下，盲提取的图像信息也不一样，通过对图 6-12 的所有图像信息进行定性分析及定量分析的对比后，可以很清楚地发现，随着噪声相关度的下降，图像信息的可辨度也在逐渐下降，这符合我们对该模型的最初预想。也就是噪声相关度趋近于 0 时，盲提取的图像信息基本上无法用人眼主观视觉系统进行识别，由此可以判定，在该情况下，提取图像信息是失败的。

(a) 噪声相关度取45%
(b) 噪声相关度取40%
(c) 噪声相关度取35%
(d) 噪声相关度取30%
(e) 噪声相关度取25%
(f) 噪声相关度取20%

图 6-12　不同噪声相关度下盲提取的图像信息

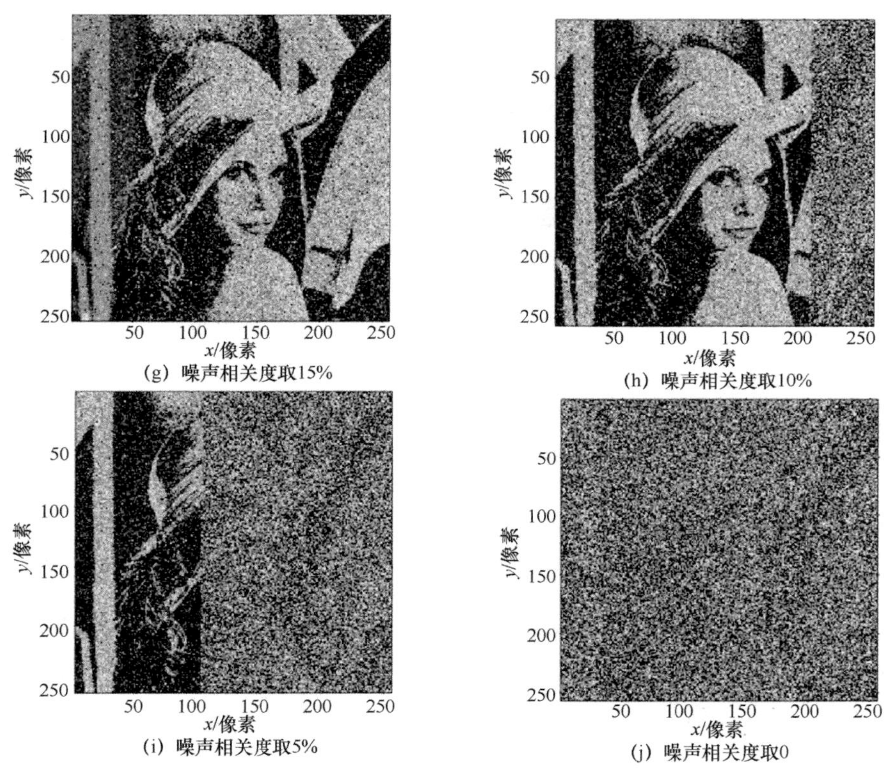

(g) 噪声相关度取15%

(h) 噪声相关度取10%

(i) 噪声相关度取5%

(j) 噪声相关度取0

图 6-12　不同噪声相关度下盲提取的图像信息（续）

根据上述 11 个由动态接收传感器移动使其与 1 号固定接收传感器和 2 号固定接收传感器噪声相关度不同，计算出源信号的图像信息与盲提取的图像信息的 SSIM，并对这些数据值绘制，可得盲源提取前后的 SSIM 随噪声相关度变化的动态曲线如图 6-13 所示。

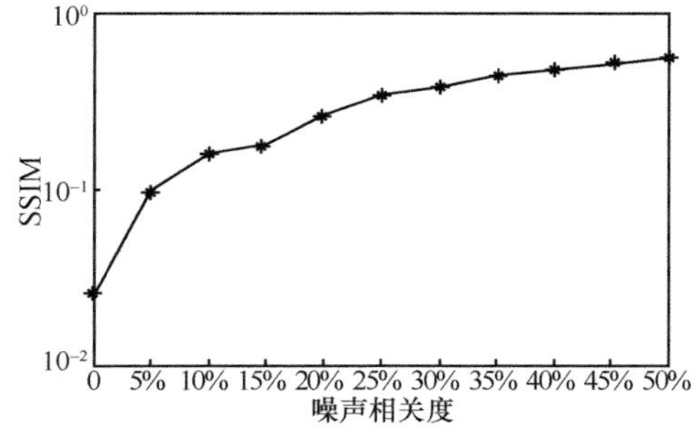

图 6-13　盲源提取前后的 SSIM 随相关度变化的动态曲线

通过对图 6-13 的分析可知，随着动态接收传感器与 1 号固定接收传感器和 2 号固定接收传感器的噪声相关度增加，盲提取的图像信息与源信号的图像信息的 SSIM 越来越大，同时也验证了单节点动态接收传感器噪声模型的性能。

6.4 信道噪声的影响分析

信道是通信信号传输过程中需要使用的传输媒介，实际的通信过程中存在着各种各样的信道噪声干扰以及通信信号的衰弱，这些因素大大影响了通信传输质量，对通信的可靠性指标产生很大的扰乱。本节就信道传输过程中的噪声对混沌遮掩下的图像信息盲提取影响进行分析和考量。

6.4.1 信道噪声模型

本节同样将假定噪声为加性噪声，而且这是一个相当现实的假定，因为加性噪声是因子分析和信号处理中通常研究的标准形式，具有简单的噪声模型表达式。信道噪声的数学模型如图 6-14 所示。

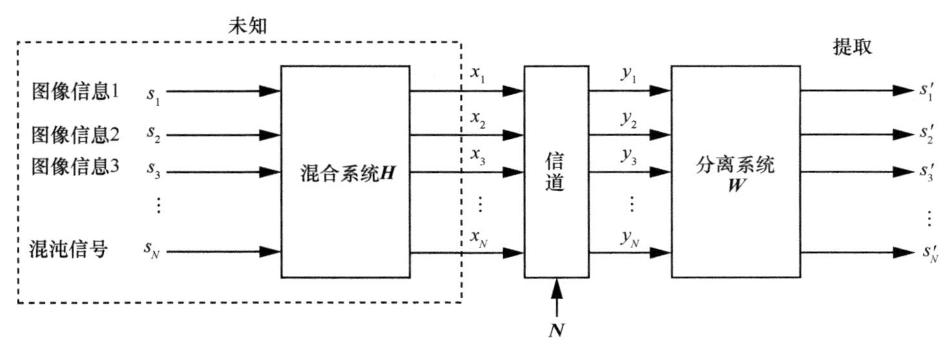

图 6-14 信道噪声的数学模型

信道噪声可表示为

$$\boldsymbol{y}=\boldsymbol{x}+\boldsymbol{n}=\boldsymbol{H}\boldsymbol{s}+\boldsymbol{n} \tag{6-5}$$

其中，$\boldsymbol{n}=[n_1,\cdots,n_N]^{\mathrm{T}}$ 是噪声向量，$\boldsymbol{y}=[y_1,\cdots,y_N]^{\mathrm{T}}$ 是经过信道加噪后得到的观测信号向量。

6.4.2　信道噪声模型的仿真实现及性能分析

通过信道噪声的数学模型可以看到，经由信道噪声后的观测信号由于分离矩阵变换，可以得到源信号的估计量，但是由于信道噪声的影响，会使最后的图像信息估计值不能确切辨识。下面，本节通过仿真来具体分析。根据信道噪声模型，给出具体的仿真流程及仿真过程。仿真流程如图 6-15 所示。

根据算法的流程进行如下的仿真过程。

步骤 1　选取两幅标准测试图像库中 256像素×256像素 的灰度图像信息，如图 6-3 所示，将它们分别从二维数组数据转化为一维数组数据，再将一维数据进行二进制化。选择 Chen 混沌系统中的 x 分量，将这 3 个信号进行封装后作为一个源信号向量备用。

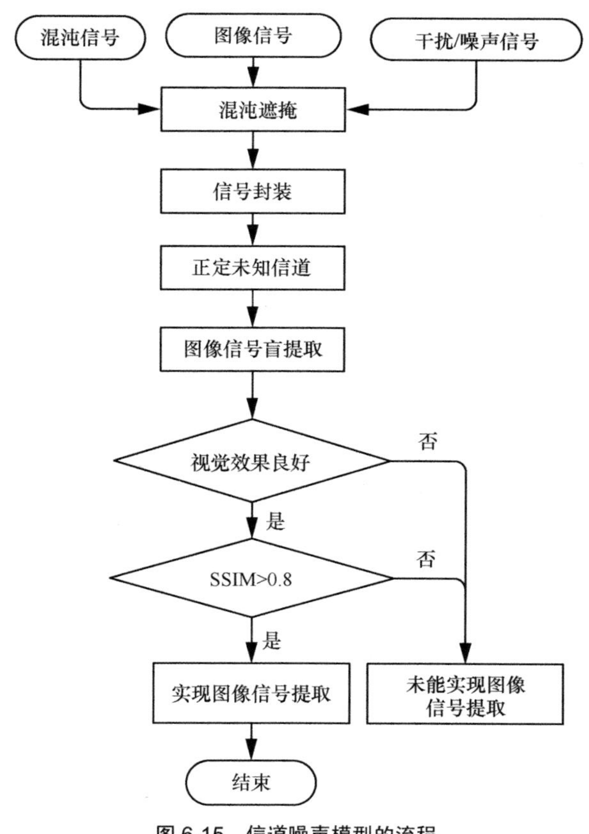

图 6-15　信道噪声模型的流程

步骤 2 模拟信道的未知性，系统随机生成一个3×3 的混合矩阵 $\boldsymbol{H}$ 与封装后的数据进行混叠，得到三路观测信号。由系统随机生成 3 个强度为 0 dBW 的高斯白噪声，然后分别添加到三路观测信号的值上，由此可以得到新的三路观测信号值。对新的三路观测信号的数据进行十进制化、二维数组化，得到三路观测信号图像信息，如图 6-16 所示。对三路观测信号的图像信息进行观测可以发现，仅靠人眼无法辨别图像信息，说明图像信息的内容被 Chen 混沌运动系统的信号较好地遮掩，已经无法用人眼进行辨认。系统随机产生的混合矩阵 $\boldsymbol{H}$ 为

$$\boldsymbol{H}=\begin{bmatrix}0.318\,4 & 0.072\,2 & 0.522\,6\\ 0.697\,7 & 0.103\,5 & 0.216\,9\\ 0.393\,5 & 0.529\,8 & 0.496\,7\end{bmatrix} \tag{6-6}$$

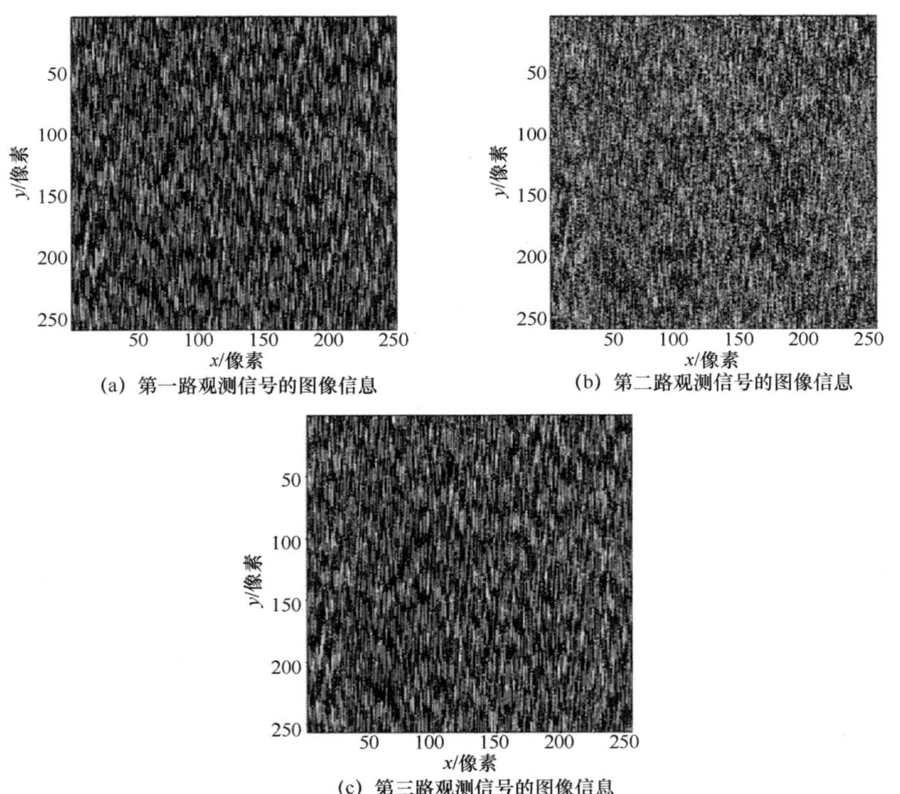

(a) 第一路观测信号的图像信息

(b) 第二路观测信号的图像信息

(c) 第三路观测信号的图像信息

图 6-16 信道噪声模型中观测信号的图像信息

步骤 3　对此混叠后的矩阵使用 FastICA 算法处理，得到估计信号，并对估计信号的值进行十进制化、二维数组化，得到三幅盲分离后的图像信息，如图 6-17 所示。

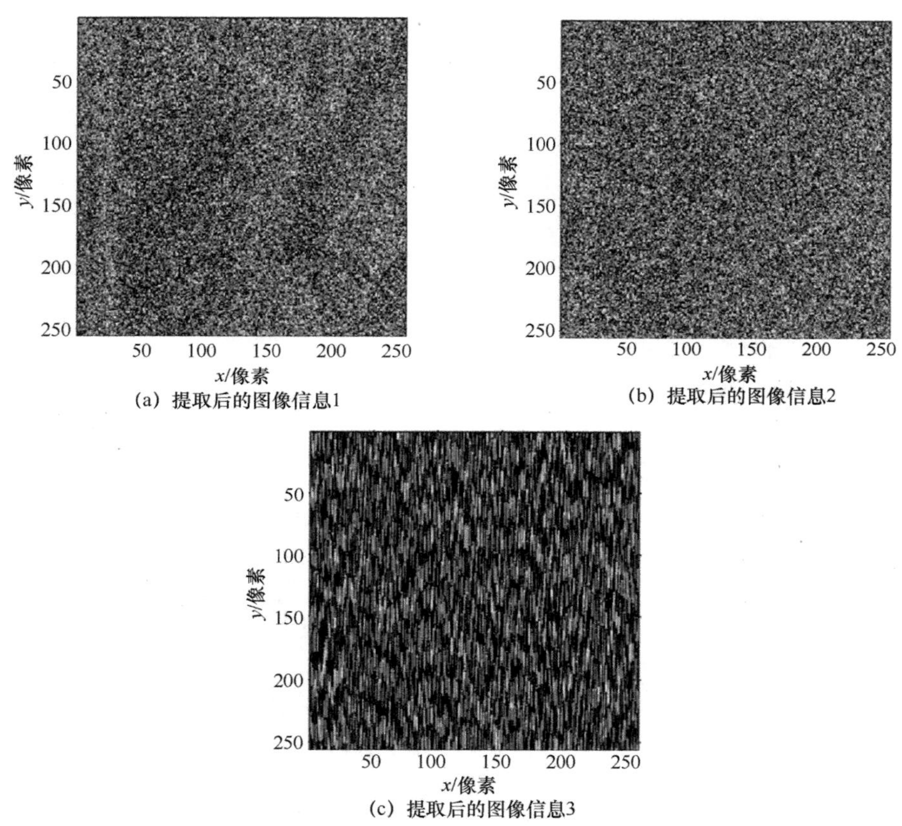

(a) 提取后的图像信息1

(b) 提取后的图像信息2

(c) 提取后的图像信息3

图 6-17　信道噪声模型中提取信号的图像信息

步骤 4　通过人眼主观视觉系统，将图 6-16 中的三幅图像信息分别与图 6-3(a)和图 6-3(b)进行一对一的比较，都无法清晰地辨认出图 6-16 中的哪一幅图是对图 6-3(a)或者图 6-3(b)的估计。此时，图 6-17(a)与图 6-3(a)和图 6-3(b)的 SSIM 分别为 0.019 3、0.016 5，图 6-17(b)与图 6-3(a)和图 6-3(b)的 SSIM 分别为 0.019 3、0.016 5，图 6-17(c)与图 6-3(a)和图 6-3(b)的 SSIM 分别为 0.019 3、0.016 5。这说明在信道加噪的模型下，无法顺利地将被混沌遮掩传输的图像信息盲提取出来。但是，这不能说明该算法是无效的，因为源信号的图像信息（独立成分）不能与噪声完全分离，所以信道加噪使源信号的图像信息（独立成分）的实现不能确切辨别。

图 6-17 所示的图像信息是在信道噪声强度为 0 dBW 时盲提取得到的。此时，信噪比较低，盲提取的信号受噪声影响较大，故无法展现源信号的模样。现通过降低信道噪声的强度，以提高信噪比，重新进行仿真实验，进而更清楚地展现信道噪声对盲提取的影响。设置信道噪声强度为−10 dBW，得到图 6-18 所示的图像信息。

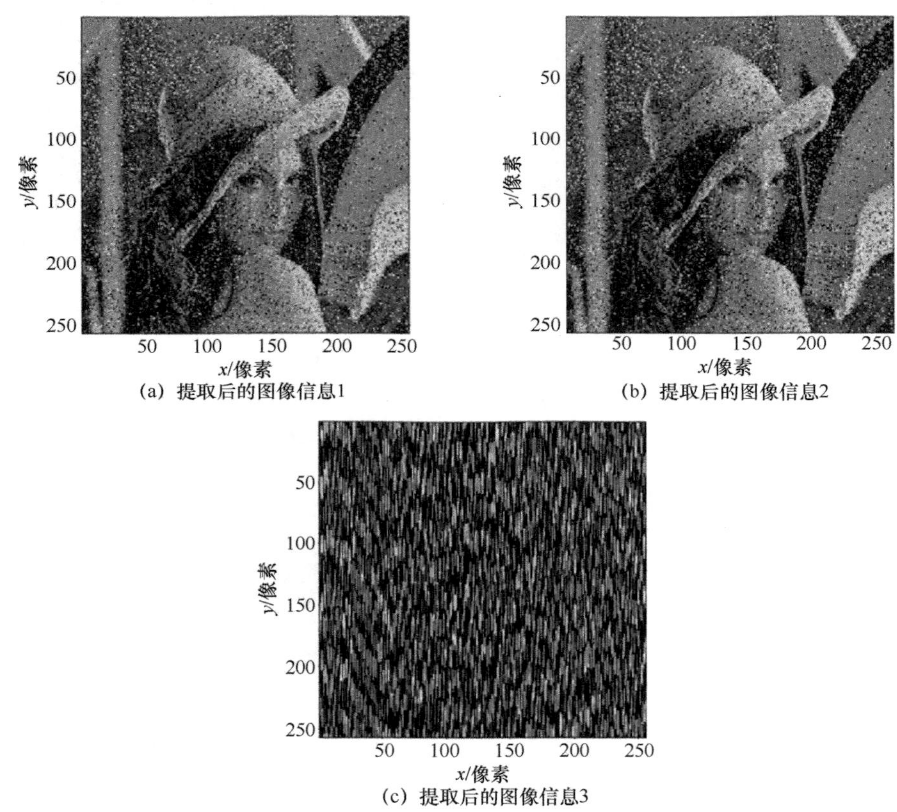

(a) 提取后的图像信息1
(b) 提取后的图像信息2
(c) 提取后的图像信息3

图 6-18　信道噪声强度为−10 dBW 时盲提取信号的图像信息

通过对图 6-18 的观测可知，图 6-18(a)和图 6-18(b)均为图 6-3(a)的盲提取信号，只是图像信息上存在着较多的噪点。而图 6-18(a)和图 6-18(b)与图 6-3(a)的 SSIM 均为 0.228 3，通过对图 6-18(a)和图 6-18(b)的数据对比发现，这两幅图为同一幅图。这就说明，当信道强度较低时，可以通过盲提取辨识出一幅源信号的图像信息。

设置信道噪声强度为−20 dBW，得到图 6-19 所示的盲提取图像信息。

图 6-19　信道噪声强度为−20 dBW 时盲提取信号的图像信息

通过对图 6-19 进行观察可知，图 6-19(a)是对图 6-3(a)盲估计的图像信息，图 6-19(b)是对图 6-3(b)盲估计的图像信息。图 6-19(a)和图 6-3(a)的 SSIM 是 0.853 0，图 6-19(b)和图 6-3(b)的 SSIM 是 0.290 9。由此可知，当信道噪声强度低时，可以通过盲提取辨别出源信号的图像信息，但是不能做到很好的盲提取。为了更直观地体现信道噪声强度对盲提取的影响，给出信道噪声强度与 SSIM 的关系，如表 6-2 所示。由表 6-2 可知，随着信道噪声强度的降低，盲提取得到的图像信息越好。

表 6-2　信道噪声强度与 SSIM 的关系

噪声强度/dBW	提取图像信息与图 6-3(a)的 SSIM
0	0.103 5
−10	0.228 3
−20	0.853 0

总的来说，由于混沌遮掩后的图像信息在信道传输过程中受到噪声的影响，使图像信息受到直接干扰。而噪声强度较大（即信噪比低）时，在盲提取时，噪声与图像信息没有完全分离，使盲提取后的图像信息可以辨别，但不能非常好地估计源信号的图像信息；当噪声强度很小（即信噪比较大）时，图像信息可以很好地被盲提取出来，但是也只能提取出一幅图像信息。

6.5 本章小结

本章根据实际通信信号传输过程中容易出现在信号源、接收传感器和传输信道上的高斯白噪声进行介绍与分析，将其运用于相对应的图像信息混沌遮掩传输及盲提取过程中。信源噪声不会对盲提取造成太大的影响，可以正常实现图像信息的盲提取。在接收传感器噪声的影响下，提出一种基于半波长三阵元稳定拓扑结构的单节点动态接收传感器噪声分析模型，以此来弥补固定位置的接收传感器不能连续分析噪声因素的问题。由于信道噪声对观测信号传输的影响，其噪声影响直接作用于观测信号上，使盲提取估计出来的数值中含有噪声，进而导致独立成分不能确切辨识。本章仿真均采用 Chen 混沌运动系统对一维化且二进制处理后的图像信息数据进行遮掩作用，以此来提高图像信息在传输过程中的安全性。第 7 章将针对发送端“盲”状态，即接收端传感器数量与发送端传感器数量不一致时的混合信号进行盲提取的问题进行分析，并提出相应的解决方法，以此来完善盲提取模型。

参考文献

[1] 张荣建, 吕芝辉. 通信系统中噪声的分析和处理[J]. 有线电视技术, 2013, 20(1): 64-67.

第 7 章 含噪环境中接收天线低元化技术

本章将在之前章节的基础上，考虑含噪环境中接收天线低元化的技术问题。不管是噪声环境还是接收天线低元化，都是实际无线通信系统中所面临的问题。噪声的存在可使无线通信的信号衰减，进而导致无法有效、可靠地传输信号。而接收天线低元化可由软件技术来抵消天线缺失所带来的接收信号分量损耗。将天线低元化与噪声干扰结合在一起，有助于更加实际地解决通信信号传输过程中信息量干扰与缺失问题，还可以降低工程成本。

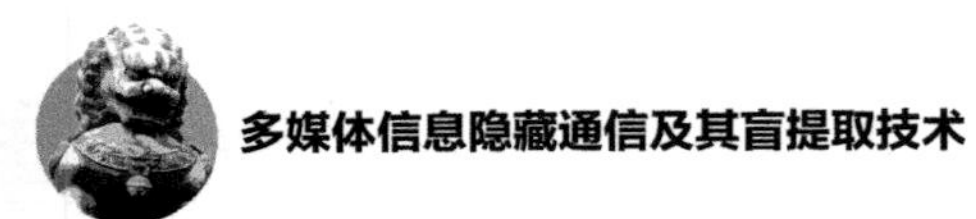

| 7.1 基于信源噪声的低元化提取技术 |

本节考虑信源噪声存在时，接收端如何采用低元化提取技术对图像信息进行盲提取。

7.1.1 信源噪声干扰的低元化提取模型

信源噪声干扰下的低元化提取模型如图 7-1 所示。图中有一路源信号为噪声信号，其余源信号向量经过混合矩阵后，在信道中进行传输，而后在接收端用少于发送端信号数的接收传感器进行接收。

7.1.2 信源噪声背景下的低元化提取技术实现

现假设发送端的传感器数量为 5（其中一路发送传感器发送信息为噪声）、接收端的传感器数量为 3 的盲提取模型。这里将采用 EMD 多分量补足法来构建虚拟接收信号，进而通过经典的 FastICA 算法进行盲源分离或提取。而后，借助序贯削减技术实现图像信息全分离，给出详细的仿真流程，如图 7-2 所示。

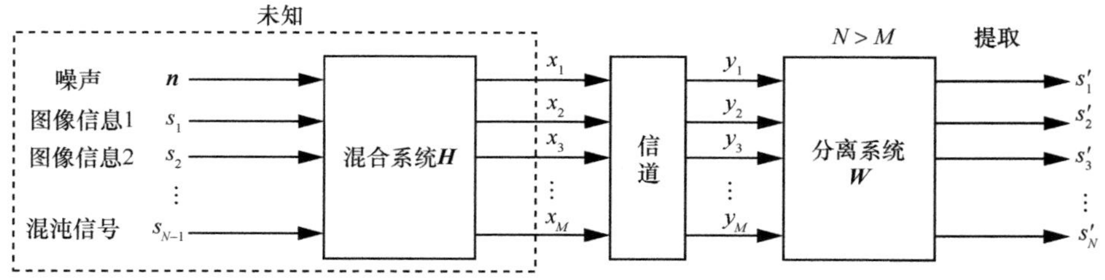

图 7-1　信源噪声干扰下的低元化提取模型

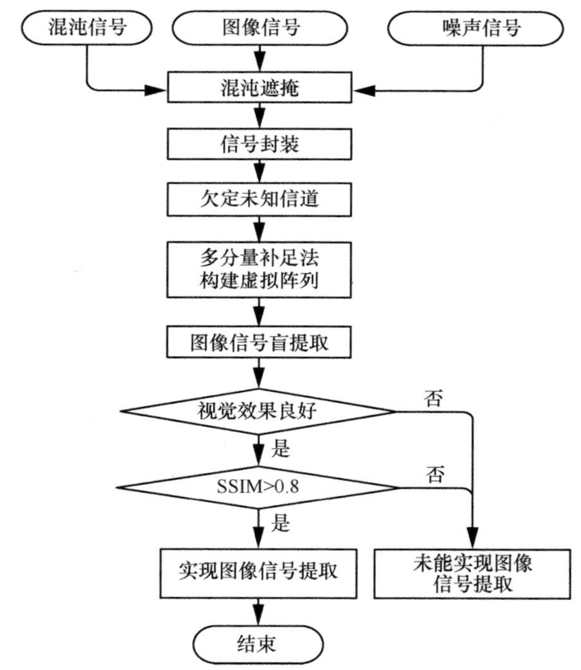

图 7-2　信源噪声干扰下低元化提取的仿真流程

具体的仿真步骤如下。

步骤 1　选取三幅标准测试图像库中 256 像素×256 像素的灰度图像信息，如图 5-6 所示，将它们分别从二维数组数据转换为一维数组数据，再将一维数据进行二进制化。由计算机随机产生一个噪声强度为 0 dBW 的高斯白噪声信号，并选择 Chen 混沌系统中的 x 分量，将这 5 个信号进行封装后作为一个源信号向量备用。

步骤 2　模拟信道的未知性，系统随机生成一个 3×5 混合矩阵 $\boldsymbol{H}$ 与封装后的数据进行混叠，得到三路观测信号。对这三路观测信号的数据进行十进制化，并进行二维数组化，得到三路观测信号的图像信息，如图 7-3 所示。对观测信号的三路图像信息进行观测发现，图像信息杂乱无序，人眼无法辨识图像中的信息，说明图像信息的内容被 Chen 混沌运动系统的信号较好遮掩，已经无法用人眼进行辨认。系统随机产生的混合矩阵 $\boldsymbol{H}$ 为

$$\boldsymbol{H}=\begin{bmatrix} 0.1689 & 0.3997 & 0.2882 & 0.3164 & 0.2565 \\ 0.9672 & 0.8821 & 0.3436 & 0.5087 & 0.3862 \\ 0.9951 & 0.7397 & 0.5846 & 0.7583 & 0.5499 \end{bmatrix} \tag{7-1}$$

步骤 3 选取第一路接收信号，将这一路接收信号进行 EMD 后得到的第一个本征模函数分量作为虚拟的第四路接收信号。并将此本征模函数与第一路接收信号进行奇偶交叉序列补偿得到第五路接收信号，由此构成一个新的接收信号向量。

步骤 4 通过 FastICA 算法对图像信息进行提取，得到 5 个估计信号，并对这些估计信号的值进行十进制化、二维数组化，得到五幅盲分离后得到的图像信息，如图 7-4 所示。

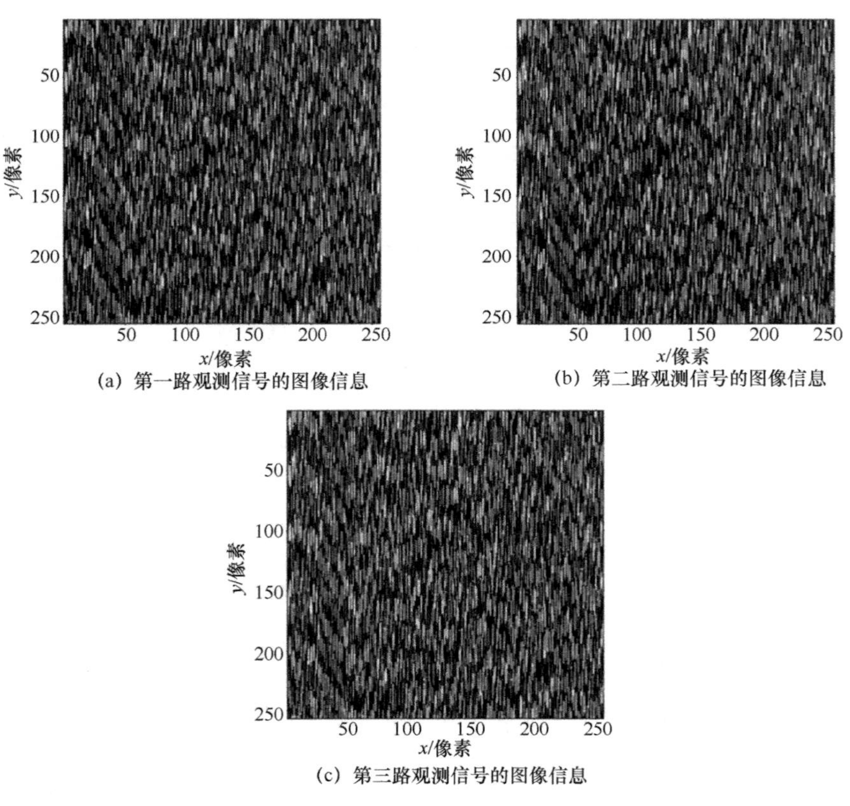

(a) 第一路观测信号的图像信息

(b) 第二路观测信号的图像信息

(c) 第三路观测信号的图像信息

图 7-3 观测信号的图像信息

步骤 5　通过人眼主观视觉的定性分析及结构相似性的定量分析进行评价。

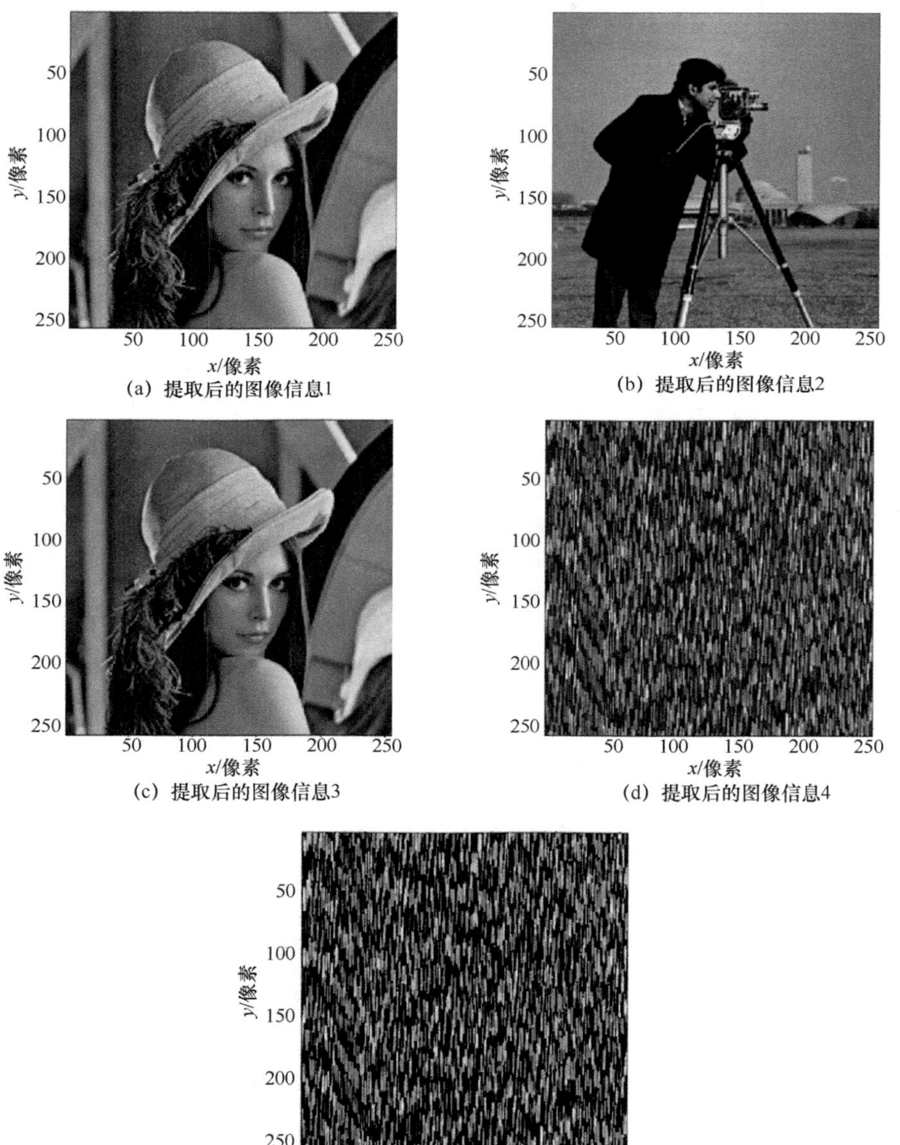

(a) 提取后的图像信息1

(b) 提取后的图像信息2

(c) 提取后的图像信息3

(d) 提取后的图像信息4

(e) 提取后的图像信息5

图 7-4　信源噪声影响下低元化第一次提取信号的图像信息

步骤 6 依次将对图 7-4(a)和图 7-4(b)的数值代入式(5-6)中，可得 $\tilde{w}_1=\begin{Bmatrix}0.1689\\0.9671\\0.9951\end{Bmatrix}$ 和 $\tilde{w}_2=\begin{Bmatrix}0.3997\\0.8821\\0.7396\end{Bmatrix}$。再由式（5-5），将原混合信号值依次减去已提取图像信息在原混合信号中的占值，进而可以得到一组新的混合信号值，对新的混合信号矩阵进行 FastICA 算法盲源分离，得到了三路估计信号值，对其进行十进制转换、二维数组化后有图 7-5 所示的图像信息。

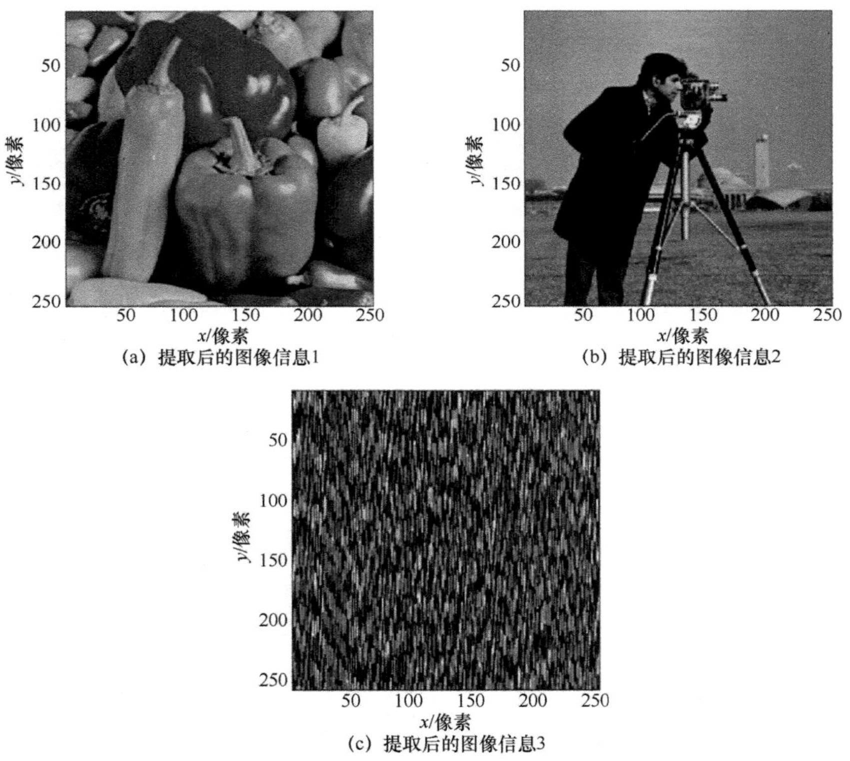

(a) 提取后的图像信息1

(b) 提取后的图像信息2

(c) 提取后的图像信息3

图 7-5 信源噪声影响下低元化第二次提取信号的图像信息

通过对图 7-5 与图 5-6 的观测对比发现，图 7-5(a)是对图 5-6(c)的估计，它们之间的 SSIM 为 0.995 3。需要说明的是，信源噪声影响下低元化第二次提取已经有效地将剩余图像信息提取出来。

7.2　基于接收传感器分布噪声的低元化提取技术

在信道的接收端，接收信号难免会受到接收传感器上的噪声影响，使信号不能被准确接收。加上低元化的接收传感器，致使在接收端接收到的信号分量小于实际的发送信号量，有可能导致信号无法很好地提取。鉴于以上原因，将考虑适当降低噪声强度以完成提取辨识的过程。

7.2.1　接收传感器分布噪声干扰的低元化提取模型

接收传感器分布噪声干扰与接收传感器低元化共同作用下的提取模型如图 7-6 所示。在图 7-6 中，接收传感器的位置上叠加噪声影响，且接收传感器数量少于发送传感器的数量。

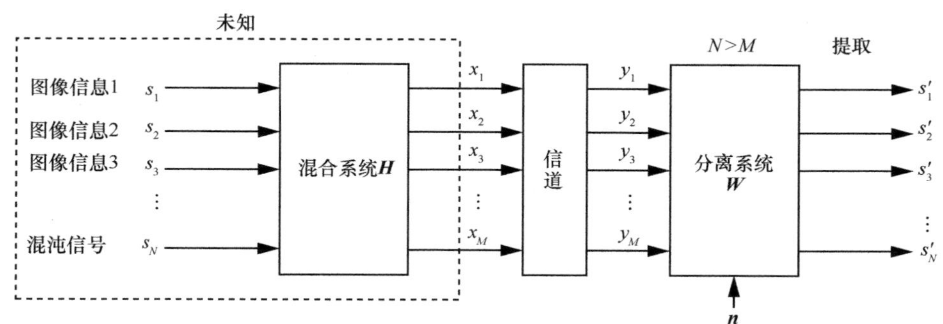

图 7-6　接收传感器分布噪声干扰下的低元化提取模型

7.2.2　接收传感器分布噪声背景下的低元化提取技术实现

现假设发送传感器数量为 5，接收端传感器数量为 3，由此建立盲提取模型。这里首先将采用 EMD 法来构建虚拟接收信号，然后经过经典的 FastICA 算法进行盲源分离或提取，最后通过序贯削减技术实现尽可能多的图像信息提取。详细的仿真流程如图 7-7 所示。

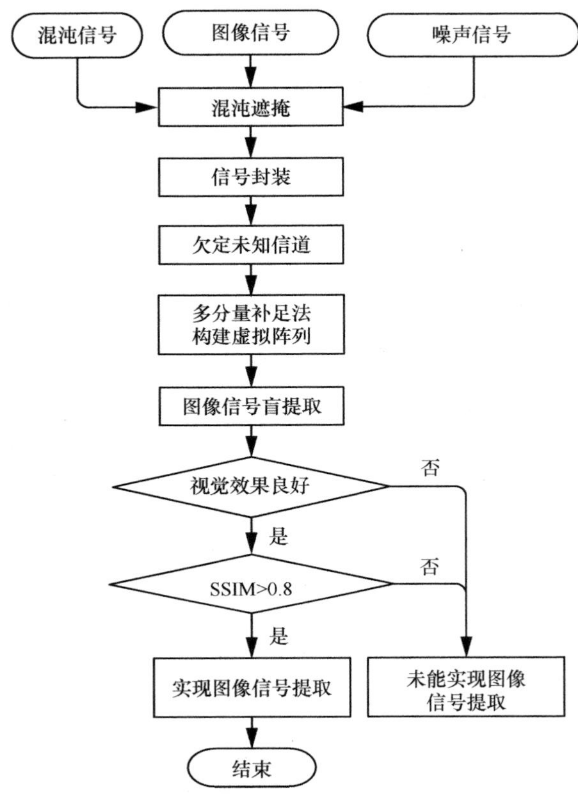

图 7-7　接收传感器分布噪声干扰下低元化提取的流程

具体的仿真步骤如下。

步骤 1　选取四幅标准测试图像库中 256像素×256像素 的灰度图像信息，如图 5-6 所示，将它们分别从二维数组数据转为一维数组数据，再将一维数据进行二进制化。选择 Chen 混沌系统中的 x 分量，将这 5 个信号进行封装后作为一个源信号向量备用。

步骤 2　模拟信道的未知性，系统随机生成一个 3×5 混合矩阵 $\boldsymbol{H}$ 与封装后的数据进行混叠，得到三路观测信号。对这三路观测信号的数据进行十进制化，并进行二维数组化，得到三路观测信号的图像信息，如图 7-8 所示。对观测信号的三路图像信息进行观测发现，图像信息杂乱无序，人眼无法辨识图像中的信息，说明图像信息的内容被 Chen 混沌运动系统的信号较好遮掩，已经无法用人眼进行辨认。系统随机产生的混合矩阵 $\boldsymbol{H}$ 为

$$
\boldsymbol{H}=\begin{bmatrix} 0.6001 & 0.4496 & 0.8141 & 0.3440 & 0.3944 \\ 0.9018 & 0.3343 & 0.3048 & 0.4199 & 0.4433 \\ 0.1616 & 0.8063 & 0.5225 & 0.2644 & 0.5612 \end{bmatrix} \tag{7-2}
$$

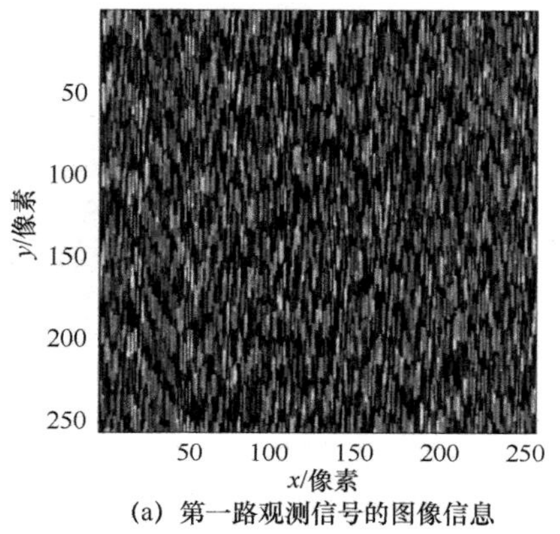

(a) 第一路观测信号的图像信息

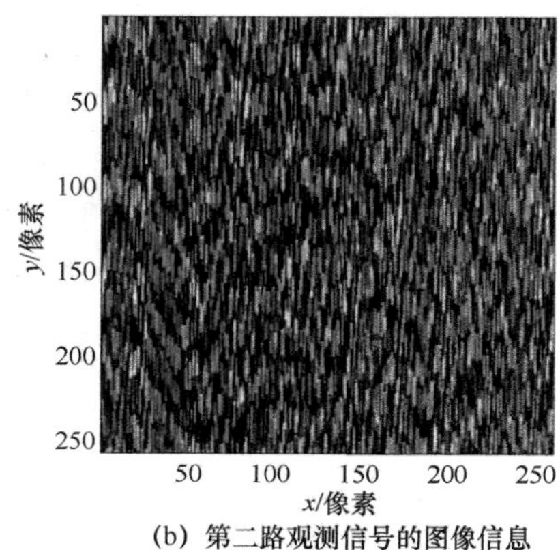

(b) 第二路观测信号的图像信息

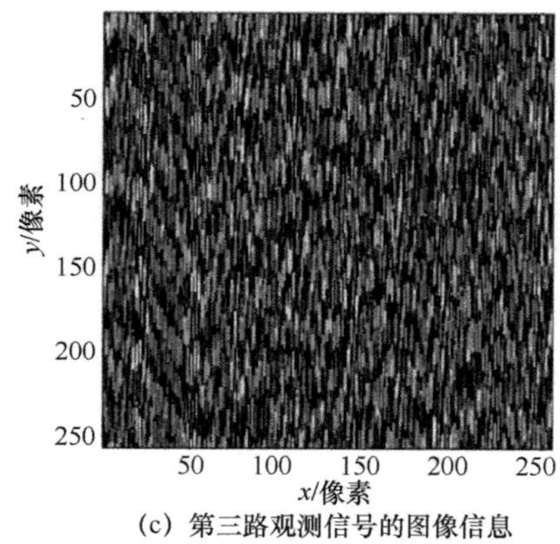

(c) 第三路观测信号的图像信息

图 7-8　观测信号的图像信息

步骤 3　系统随机生成 3 个噪声强度为−20 dBW 的高斯白噪声信号，其中一个高斯白噪声信号与另外两个高斯白噪声的相关度为 50%，这两个高斯白噪声信号之间不存在相关度。将这 3 个噪声叠加到观测信号的数值上，由此得到接收信号。

步骤 4　选取第一路接收信号，对其进行 EMD 后得到的第一个本征模函数分量，作为第四路接收信号。并将此本征模函数与第一路接收信号进行奇偶交叉序列补偿，得到第五路接收信号，由此构成一个新的接收信号向量。

步骤 5　利用 FastICA 算法进行处理，得到估计信号，并对估计信号的值进行十进制化、二维数组化，得到五幅盲分离后的图像信息，如图 7-9 所示。

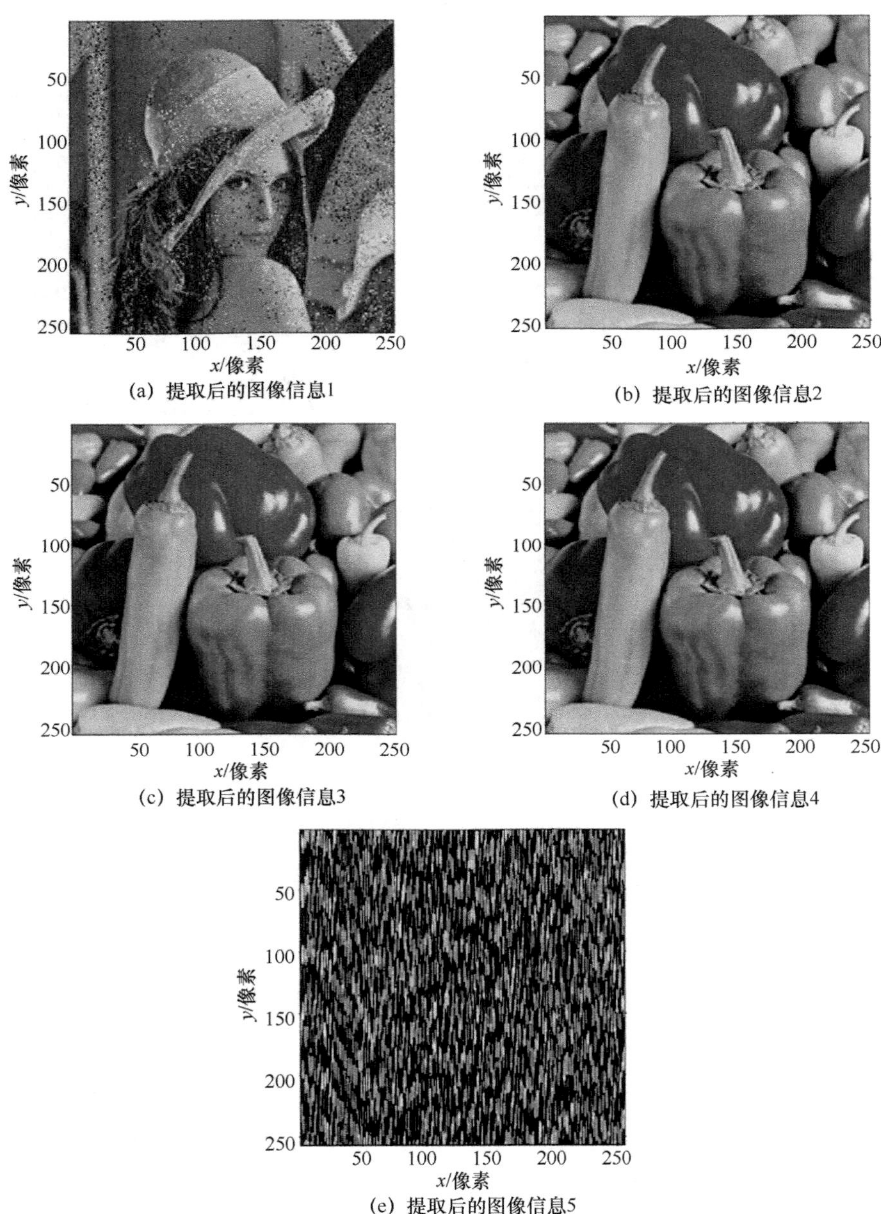

(a) 提取后的图像信息1

(b) 提取后的图像信息2

(c) 提取后的图像信息3

(d) 提取后的图像信息4

(e) 提取后的图像信息5

图 7-9 接收传感器噪声影响下低元化第一次提取信号的图像信息

步骤 6　借助人眼主观视觉判断发现，图 7-9 中有四幅图像信息与图 5-6 中的图像信息相似，将其分别相似的图像信息做结构相似性计算可得，图 7-9(a)与图 5-6(a)的 SSIM 为 0.462 1，图 7-9(b)与图 5-6(c)的 SSIM 为 0.990 3，图 7-9(c)与图 5-6(c)的 SSIM 为 0.990 3，图 7-9(d)与图 5-6(c)的 SSIM 为 0.990 3。初步可以断定，已对图 5-6(c)进行盲提取，且计算可知图 7-9(b)、图 7-9(c)和图 7-9(d)为同一图像信息。对图 7-9(a)进行中值滤波，可得到如图 7-10 所示的图像信息。对图 7-10 与图 5-6(a) SSIM 进行计算，为 0.818 7，那么也可判定本次成功实现对图 5-6(a)的盲提取。

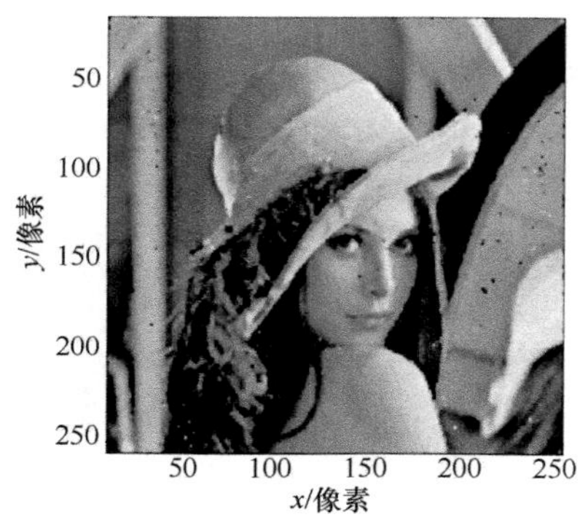

图 7-10　对图 7-9(a)滤波后的图像信息

步骤 7　依次将对图 7-9(b)和图 7-10 的数值代入式(5-6)中，可得 $\tilde{w}_1=\begin{Bmatrix}0.814\,2\\0.304\,5\\0.522\,2\end{Bmatrix}$ 和 $\tilde{w}_2=\begin{Bmatrix}0.599\,7\\0.912\,1\\0.160\,2\end{Bmatrix}$。将其代入式（5-5），将已提取图像信息从原混合信号值中依次减去其在原混合信号中的占值，可以得到一组新的混合信号值。对新的混合信号矩阵进行 FastICA 算法盲源分离，得到了三路估计信号值，对其进行十进制转换、二维数组化后有如图 7-11 所示的图像信息。

通过图 7-11 与图 5-6 的比较可知，图 7-11(b)和图 7-11(c)都是对图 5-6(b)的估计，且它们之间的 SSIM 分别为 0.070 2 和 0.144 1。对图 7-11(c)进行中值滤波，得到图 7-12 所示的图像信息，而图 7-12 与图 6-6(b)的 SSIM 为 0.415 4。虽然没有完成图像信息的提取，但是已经能较清楚地辨认出图像信息。

（a）提取后的图像信息1

（b）提取后的图像信息2

（c）提取后的图像信息3

图 7-11　接收传感器噪声影响下低元化第二次提取信号的图像信息

图 7-12　对图 7-11(c)滤波后的图像信息

综上所述，本节仿真能够盲提取部分图像信息，且能分辨出部分图像信息。

7.3　本章小结

本章基于信源噪声及接收传感器噪声，通过多分量补足法进行低元化提取，再采用序贯削减技术，进而实现图像信息的盲分离或盲提取。基于信源噪声的低元化提取过程中，因为噪声可以作为源信号，在进行混合和盲提取的过程中保持着相对的独立性，不会对图像信息造成太大的干扰，所以在多分量补足法和序贯削减技术的作用下，能够做到图像信息的全部盲分离。相比之下，在基于接收传感器噪声的低元化提取过程中，由于噪声与图像信息的叠加，致使盲提取及序贯削减过程中误差不断累积，最终实现图像信息的部分盲提取及部分可分辨。

第 8 章 信源噪声与 VMD 分量补足算法

在通信系统的信道中，高斯白噪声最为普遍，而且其分布能够由均值和方差所确定。因此，本章的信道噪声主要是高斯噪声。与此同时，图像最容易受到椒盐噪声的影响，因此在信源处的噪声主要是高斯白噪声和椒盐噪声两种情况。本章重点为信源噪声，并针对接收传感器阵列数量不足这一限制条件，对信号盲源分离所面临的挑战提出解决方案。

8.1 引言

在实际的通信环境中，盲源分离过程除了会面临各种各样的干扰之外，还会有复杂的噪声环境。噪声类型和噪声强度的不同，也会给信息的传输带来不同程度的影响。

在通信系统的信道中，高斯白噪声最为普遍，而且其分布能够由均值和方差所确定。与此同时，图像最容易受到椒盐噪声的影响，因此在信源处的噪声主要是高斯白噪声和椒盐噪声。

基于上述背景条件，本章研究了一种基于分量补足法补足虚拟阵元实现混叠图像信号欠定盲源分离的算法，同时针对其在噪声影响下进行具体仿真实验分析。该算法是将复杂的图像混叠信号通过变分模态分解（Variational Mode Decomposition，VMD）算法进行最优化分解，然后根据分量补足法补足虚拟阵元，进而构建新的虚拟阵列，即将分解得到的模态函数作为接收传感器阵列补充虚拟阵元，从而变为多维虚拟通道信号，使其由欠定变为解决正定的盲源分离问题。最后利用 FastICA 算法实现源信号图像的盲源分离[1]。本章将重点分析信号在信源噪声下的影响，同时对比其他算法（如 EMD 算法等）[2]进行仿真实验分析，证明本章算法的可行性与优越性。最后对本章内容进行总结。

8.2　信号模型与设计

结合之前章节对信号欠定盲源分离的描述，同时考虑信源噪声模型，本章是将噪声作为一路源信号信息，给出图像信号欠定盲源分离的基本数学模型，如图 8-1 所示。

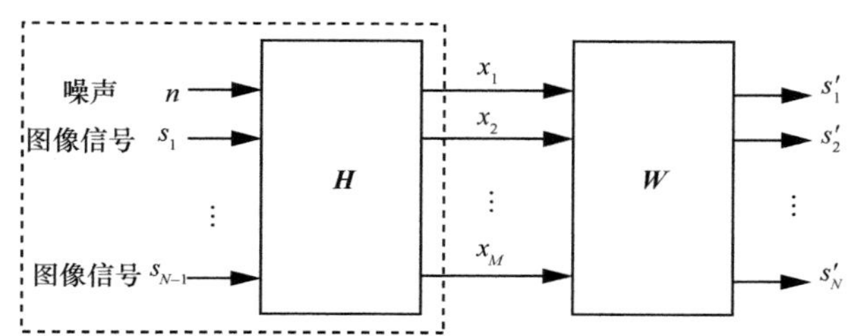

图 8-1　基本信号的数学模型

对盲源分离问题进行建模，给出线性瞬时混合情形下的盲分离问题的数学表达式为

$$\boldsymbol{x}(t)=\boldsymbol{H}\boldsymbol{s}(t) \tag{8-1}$$

设 $n(t)$ 为噪声，在这里，若噪声为信源处噪声，则可以看作一路源信号信息参与盲源分离过程。式（8-1）中，$\boldsymbol{s}(t)=(n(t),s_1(t),s_2(t),\cdots,s_{N-1}(t))^{\mathrm{T}}$ 为 N 路源信号的矢量，$\boldsymbol{x}(t)=[x_1(t),\cdots,x_M(t)]$ 为 M 路混叠观测号的矢量，$\boldsymbol{H}$ 为线性混合矩阵。经过分离矩阵 $\boldsymbol{W}$，求得源信号 $\boldsymbol{s}(t)$ 的估计 $\boldsymbol{s}'(t)$ 为

$$\boldsymbol{s}'(t)=\boldsymbol{W}\boldsymbol{x}(t) \tag{8-2}$$

8.3　变分模态分解算法

由于欠定盲源分离是在接收传感器阵列数量小于源信号数量（$M<N$）的情况下实现的，因此本章利用变分模态分解算法从混叠信号中提取的模态作为补充接收传感器阵列的虚拟阵元，进而通过“分量补足法”使其变为解决正定盲源分离的问题。由于在经验模态分解算法中模态混叠现象时有发生[3]，因此选择变分模态分解算法进行模态提取，同时对提取的模态数量 k 值进行优化，通过仿真实验及其对比实验，从而得到最佳图像的盲源分离。

8.3.1 VMD 算法介绍

VMD 算法是将复杂的混叠信号分解为 k 个模态分量的过程[4]。它是基于拉格朗日乘子 λ 与二次惩罚因子 α 的优势，并将其引入约束问题模型，求其约束变分模型最优解，进而实现混叠信号的自适应分解。它利用希尔伯特（Hilbert）变换、维纳滤波、混合频率及外差法解调等算法，将一个复杂的混叠信号移入变分模型中，最后分解为一定数量特定稀疏性的模态分量 u_k [u_k 也被称为本征模态函数（Intrinsic Mode Function, IMF）]。

8.3.2 VMD 变分问题的构造与求解

（1）每个分量 u_k 利用希尔伯特变换求得其解析信号，进而求得其单边频谱，则第 k 个模态的解析信号表达式为

$$u_k^A(t)=u_k(t)+\mathrm{j}H(u_k(t))=\mathrm{Hilbert}(u_k(t))=\left(\delta(t)+\frac{\mathrm{j}}{\pi t}\right)u_k(t) \tag{8-3}$$

（2）对于每个 u_k 的解析信号，通过与复指数相乘实现频带搬移，如果复指数的频率选定为中心频率 ω_k（事实上大多数是中心频率的估计 $\omega_k^{'}$），则实现各模态频带向基带的搬移，其表达式为

$$F\{u_k^A(t)\mathrm{e}^{-\mathrm{j}\omega_k t}\}=\hat{u}_k^A(t)\delta(\omega+\omega_k)=\hat{u}_k^A(\omega+\omega_k) \tag{8-4}$$

（3）针对每个模态的解调信号进行估计，即梯度的 L_2 范数，则有

$$\sum\nolimits_k\left\|\partial_t\left[\left(\delta(t)+\frac{\mathrm{j}}{\pi t}\right)u_k(t)\right]\mathrm{e}^{-\mathrm{j}\omega_k t}\right\|_2^2 \tag{8-5}$$

（4）VMD 的主要任务是使分解出的 IMF 的频带尽可能地紧凑，即聚集到其中心频率，对频带搬移就是聚集到零频附近，因此式（8-5）可进一步得到约束最小化问题的数学形式的表达式，即

$$\begin{aligned}&\min_{\{u_k\}\{\omega_k\}}\left\{\sum\nolimits_k\left\|\partial_t\left[\left(\delta(t)+\frac{\mathrm{j}}{\pi t}\right)u_k(t)\right]\mathrm{e}^{-\mathrm{j}\omega_k t}\right\|_2^2\right\}\\&\text{s.t. }\sum_k u_k=x(t)\end{aligned} \tag{8-6}$$

式中，$\{u_k\}:=\{u_1,\cdots,u_K\}$ 和 $\{\omega_k\}:=\{\omega_1,\cdots,\omega_K\}$ 分别为所有模态函数的分量和中心频率集。

（5）重构约束，将拉格朗日乘子 λ 与二次惩罚因子 α 引入该约束问题模型，使其带约束的最优化问题的求解转化为不带约束的最优化问题的鞍点。其中 α 在有限权重系数情况下有良好的收敛性，λ 可以实现很好的约束性，因此得到如式（8-7）所示的非约束—扩展的拉格朗日函数。

$$L(\{u_k\},\{\omega_k\},\lambda):=\alpha\sum\nolimits_k\left\|\partial_t\left[\left(\delta(t)+\frac{\mathrm{j}}{\pi t}\right)u_k(t)\right]\mathrm{e}^{-\mathrm{j}\omega_k t}\right\|_2^2+\left\|x(t)-\sum_k u_k(t)\right\|_2^2+\left\langle\lambda(t),x(t)-\sum_k u_k(t)\right\rangle \tag{8-7}$$

8.3.3 VMD 算法实现步骤

步骤 1　初始化 $\{\hat{u}_k^1\}$，$\{\omega_k^1\}$，$\hat{\lambda}^1$，$n\leftarrow 0$。

步骤 2　$n\leftarrow n+1$。

步骤 3　$k=1:K$，$\omega>0$。

更新 $\hat{u}_k^{n+1}(\omega)$、ω_k^{n+1} 和 $\hat{\lambda}^{n+1}$

$$\hat{u}_k^{n+1}(\omega)\leftarrow\frac{\hat{f}(\omega)-\sum_{i\neq k}\hat{u}_i(\omega)+\dfrac{\hat{\lambda}(\omega)}{2}}{1+2\alpha(\omega-\omega_k)^2} \tag{8-8}$$

$$\omega_k^{n+1}\leftarrow\frac{\int_0^\infty\omega\left|\hat{u}_k^{n+1}(\omega)\right|^2\mathrm{d}\omega}{\int_0^\infty\left|\hat{u}_k^{n+1}(\omega)\right|^2\mathrm{d}\omega} \tag{8-9}$$

$$\hat{\lambda}^{n+1}\leftarrow\hat{\lambda}^n(\omega)+\tau(\hat{f}(\omega)-\sum\nolimits_k\hat{u}_k^{n+1}(\omega)) \tag{8-10}$$

步骤 4　满足约束迭代条件，给定任意正数 $\varepsilon>0$，直至收敛，输出 k 个模态分量，否则，返回到步骤 2 和步骤 3。

$$\sum\nolimits_k\frac{\left\|\hat{u}_k^{n+1}-\hat{u}_k^n\right\|_2^2}{\left\|\hat{u}_k^n\right\|_2^2}<\varepsilon \tag{8-11}$$

| 8.4　图像信号 VMD 分量补足分离算法的实现 |

VMD 算法是利用变分模态分解得到一系列离散数量的模态分量 u_k，进而通过分量补足法将图像信号的欠定盲源分离模型补为正定，最后利用 FastICA 重构出源信号的图像。VMD 算法实现流程如图 8-2 所示。

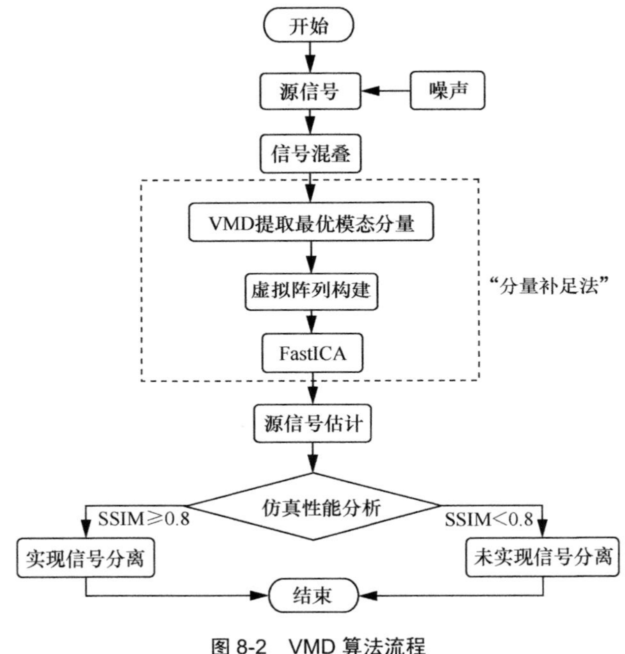

图 8-2　VMD 算法流程

VMD 算法具体步骤如下。

步骤 1　选取标准的实验图像以及一定强度的高斯白噪声作为源信号信息，将系统随机生成 $M \times N$ 的混合矩阵（N 与源信号数量相等）与源信号信息线性混叠成 M 路观测信号 $x(t)$。

步骤 2　在 M 路混合观测信号中选取一路混合图像观测信号 $x_j(t)$（$j \in [1, M]$），对其进行 VMD，进而得到 k 个模态函数分量 u_k，其步骤如下。

① 设置 VMD 相关参数 α、τ、ε，初始化模态数 k。

② 由式（8-8）～式（8-10）求解 $\hat{u}_k(\omega)$、$\hat{\omega}_k(\omega)$、$\hat{\lambda}(\omega)$。

③ 判断是否满足式(8-11),若不成立,则转至步骤②;反之,观测 $u_k (k = 1,\cdots, K)$ 的中心频率及其演变。

④ 最快 k 值寻优实现最佳图像信号的盲源分离：通过分析图像信号自身特征，运用迭代法与主观判断法相结合选择 k 值。首先通过迭代排除欠分解或过分解 k 值，判别每个模态分量 u_k 的中心频率之间的距离，若距离相近则模态个数 $k = k-1$ ，停止分解，转至下一步骤；反之，令 $k = k+1$ ，转至步骤②。再通过主观判断及针对相近 k 值分离后的图像进行 SSIM、PSNR 等仿真性能分析，最后选择 k 值。

⑤ 从 k 个模态分量中取 $N-M$ 个模态分量作为 M 路观测信号的补充矢量，由此构成 N 路新的观测信号向量。

步骤 3　通过分量补足法将 M 路观测信号和 $N-M$ 个模态分量 u_k 构成多维虚拟阵列，即由欠定（ $M < N$ ）转变为正定（ $M = N$ ）模型。

步骤 4　采用 FastICA 算法对更新后的 N 路新的观测信号向量进行处理，最后得到源图像信号的估计，即得到分离后的 N 幅图像。

步骤 5　分析噪声对盲源分离的影响。

8.5　仿真实验与性能分析

本节将对图像信号的盲源分离进行具体仿真实验分析。

8.5.1　仿真设计

本节将针对 VMD 分量补足法对图像信号进行盲源分离及其性能的仿真验证，同时对文献[5]所提 EMD-BSS 算法实现图像信号盲源分离的仿真实验进行性能对比分析。

仿真步骤设计如下。

步骤 1　从标准图像库中分别选取 Lena 和 Girl 的灰度图像作为源信号的图像，如图 8-3 所示。然后通过计算机将其由二维数组的图像转换为一维数组数据并使其二进制化。同时由计算机系统随机产生一路一定噪声强度的高斯白噪声作为源信号。最后，将上述三路信号进行封装，作为一个备用的源信号向量。

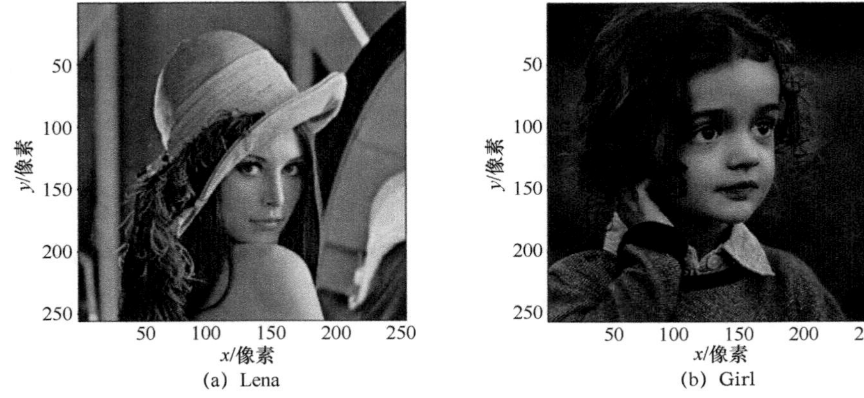

(a) Lena (b) Girl

图 8-3 源信号的图像

步骤 2 对未知信道进行模拟：由 MATLAB（rand 函数）使系统随机生成一个 2×3 的混合矩阵 $\boldsymbol{H}$，然后将封装后的数据与 $\boldsymbol{H}$ 进行线性混叠进而得到两路观测信号，将其数据进行十进制化、二维数组化进而得到两路观测信号的图像，最后分析观测信号的图像与源信号是否有所出入。

步骤 3 初始化 VMD 相关参数：$\alpha=2\,000$，$\tau=0$，$\varepsilon=1\times10^{-7}$，并初始化模态数 $k=2$（$k\geqslant2$）。根据 VMD 原理选定其中一路观测信号的图像，并将其分解为 k 个模态分量 u_k。根据分量补足法，使其由病态的欠定模型补为正定模型。

步骤 4 对最新的混叠后的矩阵利用 FastICA 算法得到源估计，进而对源估计的信号值进行十进制化、二维数组化，最后得到源信号图像的估计。

步骤 5 数据分析：对实验结果进行定量和定性分析。

8.5.2 噪声对仿真性能的影响分析

图像作为承载传输信息的一种形式，在传输过程中会受到各种干扰，椒盐噪声是其中一种常见的噪声，对噪声的处理也影响了图像传输的质量。在信源噪声模型下，考虑在源信号的图像中加入椒盐噪声，选取图 8-3 中 Lena 和 Girl 的灰度图像并在不同噪声密度下进行仿真实验，并在分离后采用中值滤波处理，如图 8-4 所示。

由图 8-4 在不同噪声强度下及对应滤波后的仿真实验结果，同时对滤波后的图像进行结构相似性分析，得到一组 SSIM 值，如表 8-1 所示。

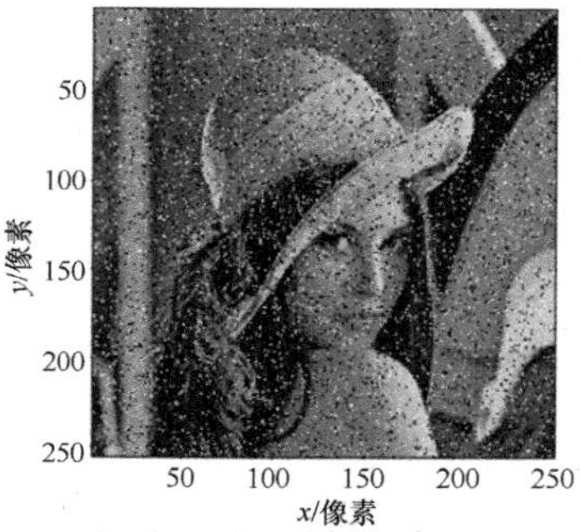

(a) 加10%椒盐噪声的分离图像Lena

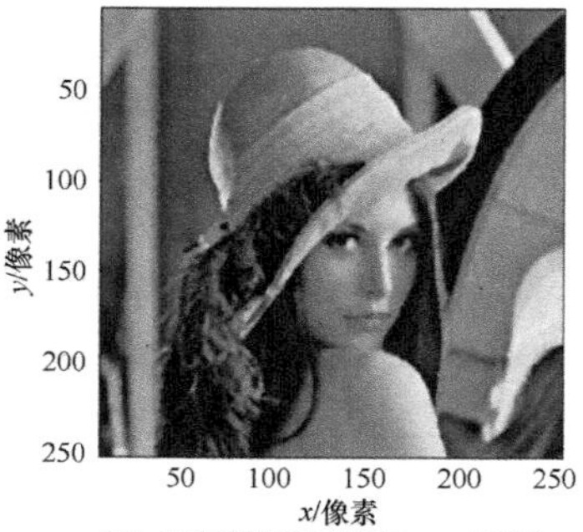

(b) 中值滤波后的图像Lena（10%）

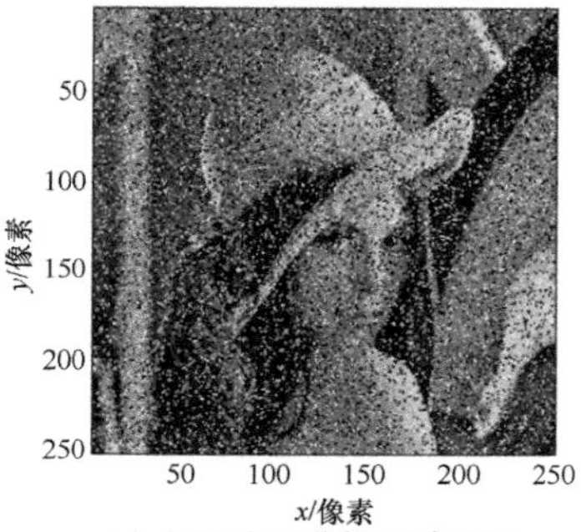

(c) 加20%椒盐噪声的分离图像Lena

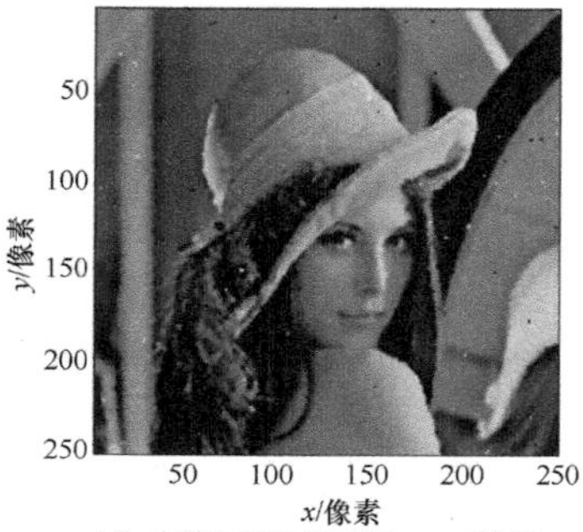

(d) 中值滤波后的图像Lena（20%）

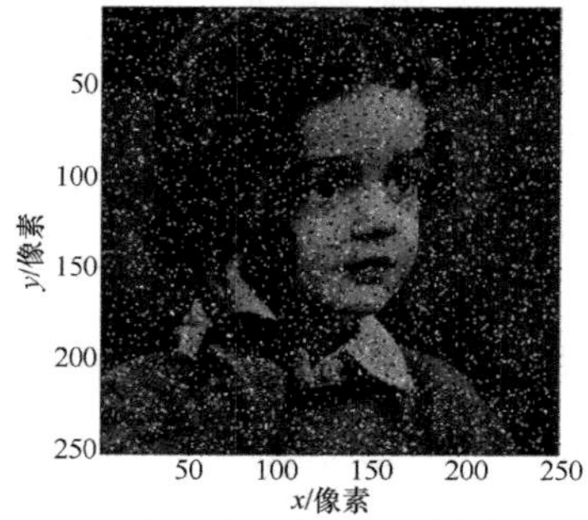

(e) 加10%椒盐噪声的分离图像Girl

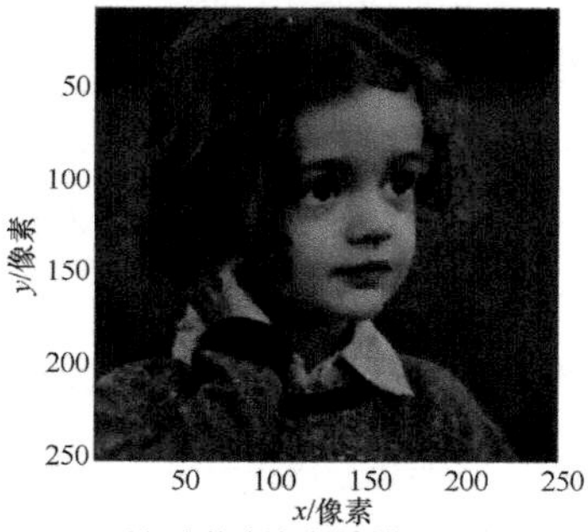

(f) 中值滤波后的图像Girl（10%）

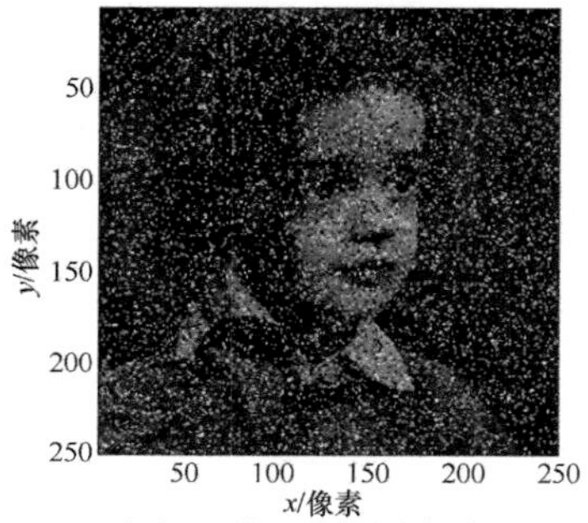

(g) 加20%椒盐噪声的分离图像Girl

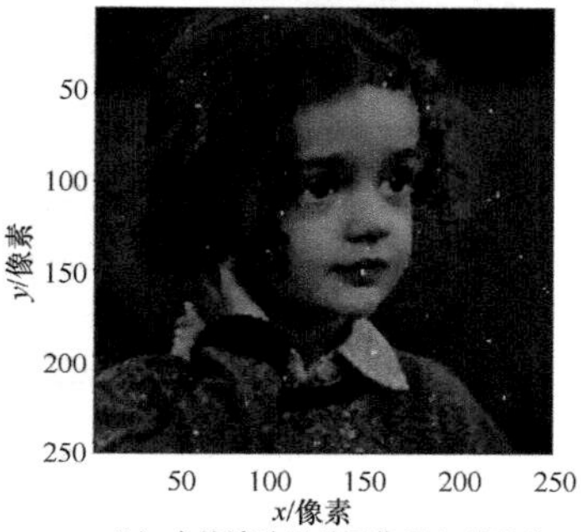

(h) 中值滤波后的图像Girl（20%）

图 8-4　滤波前后的图像对比

表 8-1　不同噪声强度下滤波后图像 SSIM 值

噪声强度	Lena	Girl
5%	0.935 6	0.898 3
10%	0.932 4	0.888 2
15%	0.927 4	0.883 0
20%	0.913 8	0.875 4

通过表 8-1 可知，随着噪声强度的增加，黑白噪点分布更加密集。同时可以发现，在较高密度的椒盐噪声下，通过中值滤波后仍然能够得到较高的 SSIM 以及清晰的源信号。由于本章是研究在盲源分离中噪声的影响效果，在这里选用高斯白噪声同样具有研究价值，因此在接下来的仿真实验中将选用高斯白噪声为研究对象。

选取图 8-3 中 Lena 和 Girl 的灰度图像及一路高斯白噪声为三路源信号信息进行信号混叠，在二元接收阵列传感器（ $M=2$ ）的情况下，通过不断改变噪声强度进行仿真分析，并给出了一组仿真实验结果，如图 8-5 所示。

图 8-5 是一组在信噪比为 25 dB 时，由 VMD 算法得到的混合观测信号与分离提取后信号的图像源估计。由主观视觉发现，分离后的图像非常清晰，即源信号估计实现了很好的分离效果。为进一步验证信源噪声影响下图像盲源分离的有效性，不断增加噪声强度，进行仿真实验，得到一组在不同 k 值下的 SSIM。同时，在上述噪声模型下，同样利用 EMD 算法对图像信号进行盲源分离，得到一组仿真实验结果，如图 8-6 所示。

对两种算法做 SSIM 值的对比分析，其噪声强度与 SSIM 的关系如表 8-2 所示。

表 8-2　信源噪声模型下 VMD-BSS 与 EMD-BSS 的噪声强度与 SSIM 的关系

算法		SNR/dB	源估计 1	源估计 2
VMD	$k=2$	25	0.986 9	0.984 3
		30	0.987 0	0.984 3
	$k=3$	25	0.986 7	0.984 1
		30	0.987 0	0.984 2
	$k=4$	25	0.986 9	0.984 2
		30	0.986 9	0.984 3
EMD		25	0.986 1	0.957 4
		30	0.986 5	0.967 6

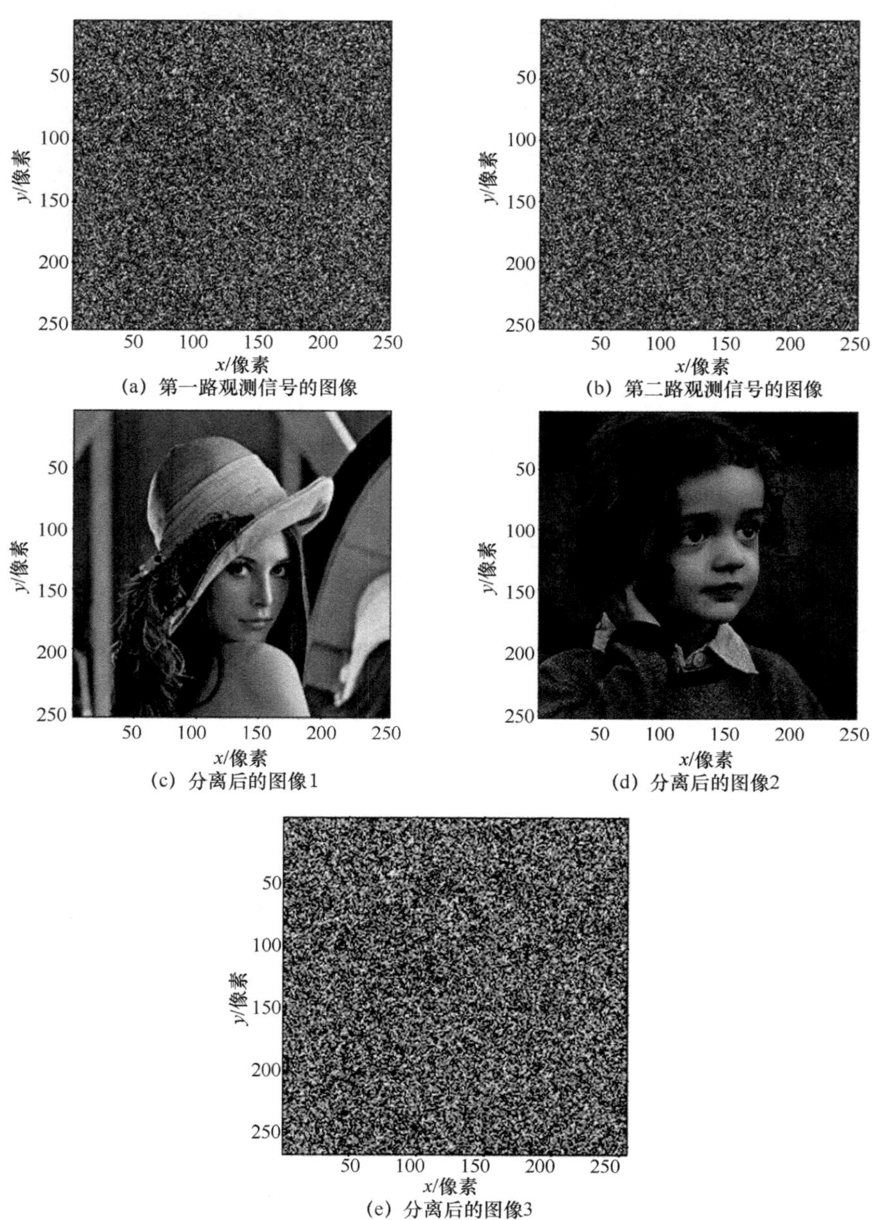

图 8-5 观测信号图像与分离后图像（k=2，SNR=25 dB）

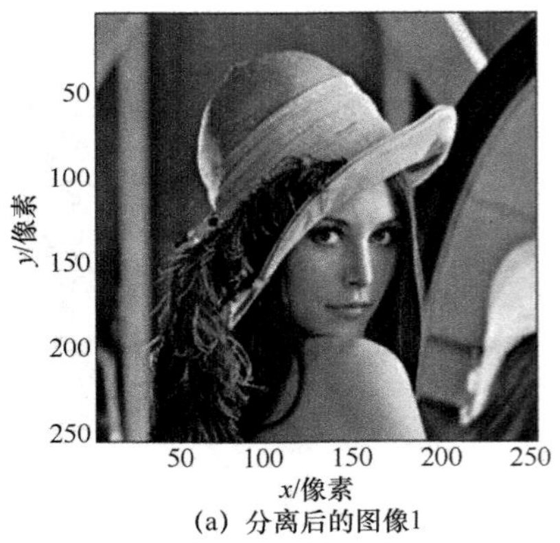

(a) 分离后的图像1

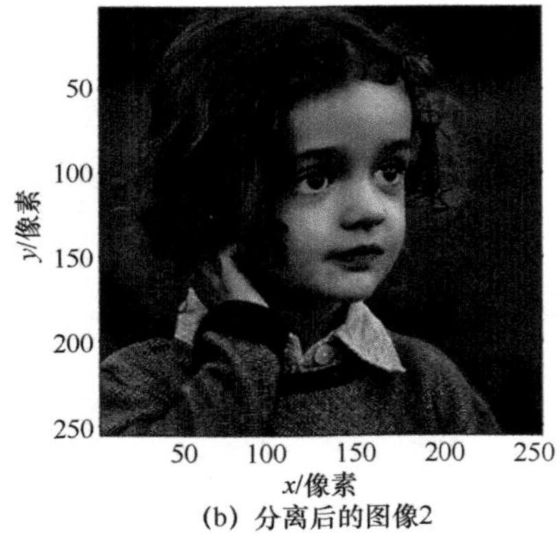

(b) 分离后的图像2

图 8-6 分离后的图像（SNR=25 dB）

通过主观视觉判断以及表 8-2 中分离后图像 SSIM 值的分析可知，在信源噪声模型下，k 值的选取并未影响分离后图像的效果。同时由 VMD 与 EMD 算法下分离后图像的 SSIM 值进行对比分析可知，图像盲源分离 SSIM 值远大于 0.8 而接近 1，都实现了很好的分离提取，噪声的改变同样未对盲源分离的效果产生过多影响，信源处噪声在参与盲源分离的过程中相当于一个独立分量，它对图像的影响较小，所以可以很容易地通过 VMD 分量补足法的欠定盲源分离算法有效地将图像分离出来。

同时，为了更好地验证 VMD 与 EMD 算法的优越性，加入不同噪声强度的高斯白噪声对其 PSNR 值进行对比分析，如图 8-7 所示。

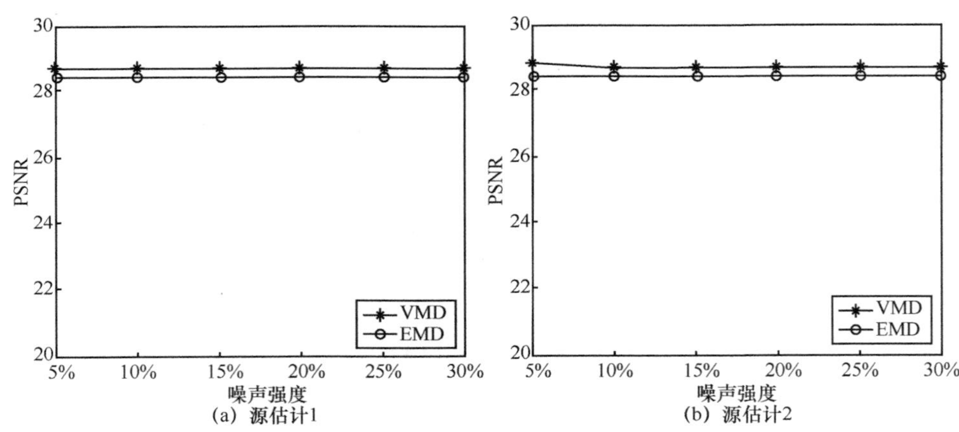

图 8-7 VMD 与 EMD 算法的 PSNR 值对比

在相同的信源噪声模型中，通过 VMD 与 EMD 算法的对比仿真验证，由主观视觉及 SSIM 值对比分析可知，两种算法都可以很好地实现盲源分离。另外，由表 8-2 中源估计 2 的 SSIM 值及图 8-7 中 PSNR 值的对比信息可以发现，VMD 算法是优于 EMD 算法的，同时由于 EMD 算法在模态提取过程中对模态数量无相对定量要求，使分解模态数量过多，算法在执行过程中消耗的时间较长，时间复杂度较大。VMD 算法可以通过设置分解模态个数 k 值，减少了不必要的时间消耗。

8.6 本章小结

本章研究了基于信源噪声条件下的图像信号欠定盲源分离问题，提出了一种基于 VMD 分量补足法实现混叠图像信号盲源分离的算法，同时对比 EMD 算法进行仿真实验分析，进而证明了本章算法的优越性。该算法是利用变分模态分解原理实现对混叠图像信号的自适应分解，并获取 k 个固有模态分量作为欠定接收传感器虚拟阵列的补充阵元，使其由欠定转为正定模型，最后通过 FastICA 算法得到源信号图像的估计。在本章仿真实验中，随着噪声条件的改变，盲源分离的效果并未受到影响，所以可以得到这样一个结论：信源处的噪声在参与盲源分离的过程中相当于是一个独立分量，它对图像的影响较小，所以可以较容易地通过 VMD 分量补足法的欠定盲源分离算法有效地将图像分离出来。计算仿真结果表明，在欠定模型中 VMD 算法可以很好地在相对信噪比下实现图像信号的盲源分离，从而验证了其可行性，同时也为后续章节在不同噪声模型等较复杂的场景应用中提供了解决思路。

参考文献

[1] HE X, HE F, ZHU T. Large-scale super-Gaussian sources separation using fast-ICA with rational nonlinearities[J]. International Journal of Adaptive Control & Signal Processing, 2017, 3(31): 379-397.

[2] QI Y Y, YU M. Anti-jamming method for frequency hopping communication based on single channel BSS and EMD[J]. Computer Science, 2016, 43(1): 149-153.

[3] 戴婷, 张榆锋, 章克信, 等. 经验模态分解及其模态混叠消除的研究进展[J]. 电子技术应用, 2019, 45(3): 7-12.

[4] WANG Y X, MARKERT R, XIANG J W, et al. Research on variational mode decomposition and its application in detecting rub-impact fault of the rotor system[J]. Mechanical Systems & Signal Processing, 2015(60-61): 243-251.

[5] 陈新武. 图像的混沌遮掩及其盲提取技术研究[D]. 哈尔滨: 黑龙江大学, 2018.

第9章 混沌遮掩图像分离及噪声影响分析

当今社会信息安全作为信息传输过程中的重中之重，具有非常重要的应用研究价值[1]，信息的保密传输性更是为信息安全保驾护航。本章提出了一种在混沌遮掩下基于信号保密传输的图像欠定盲源分离问题的解决方法[2]，分析了噪声环境对盲源分离性能的影响，此外，在仿真分析过程中也针对单通道这一特殊情况做出了具体仿真实验分析[3]。将混沌信号的特点与信息安全相结合，从而为解决在信息保密传输过程中由于存在接收传感器阵元数量不足而带来的一系列问题提供了更好的方案。

9.1 欠定混沌遮掩系统设计与实现

9.1.1 系统模型与设计

所谓混沌遮掩系统，是指利用混沌信号的不可预测性、随机性等自身独有的特征属性[4]，并将其作为遮掩载体，从而参与信号的欠定盲源分离过程，进而达到图像信号的保密传输，以此实现信息安全的目的。结合第 3 章对信号欠定盲源分离的算法描述，将混沌信号作为其中一路源信号信息与图像信号同样作为源信号信息共同参与盲源分离过程，并考虑单通道（即阵元 $M=1$ 时）这种极端情况下的欠定盲源分离，分析在信号传输过程中作为常见噪声干扰模型的信道噪声对盲源分离产生的影响图。像信号欠定盲源分离的基本数学模型如图 9-1 所示。

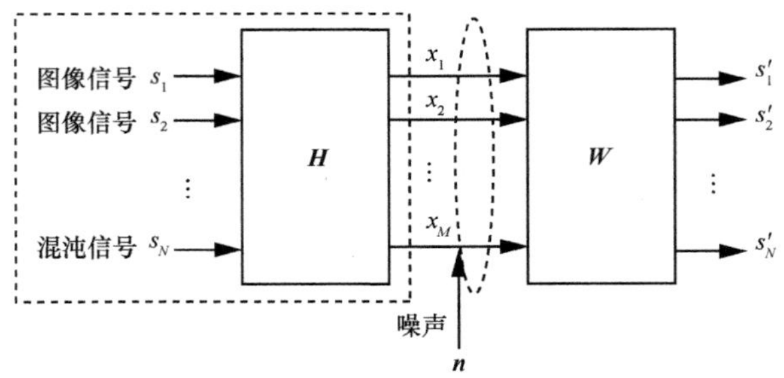

图 9-1 基本信号的数学模型

对上述的盲源分离问题进行系统建模，给出线性瞬时混合情形下盲分离问题的数学表达式为

$$\boldsymbol{x}(t)=\boldsymbol{H}\boldsymbol{s}(t) \tag{9-1}$$

式中，$\boldsymbol{s}(t)=[s_1(t),\cdots,s_N(t)]$ 为 N 路源信号的矢量，$\boldsymbol{x}(t)=[x_1(t),\cdots,x_M(t)]$ 为 M 路混叠观测号的矢量，$\boldsymbol{H}$ 为线性混合矩阵。经由分离矩阵 $\boldsymbol{W}$，最后求得其源信号 $\boldsymbol{s}(t)$ 的估计 $\boldsymbol{s}'(t)$ 为

$$\boldsymbol{s}'(t)=\boldsymbol{W}\boldsymbol{x}(t) \tag{9-2}$$

设 $\boldsymbol{n}(t)$ 为噪声，在图像信号传输过程中加入噪声信号 $\boldsymbol{n}(t)$，即信道噪声，则原系统建模变为

$$\boldsymbol{x}(t)=\boldsymbol{H}\boldsymbol{s}(t)+\boldsymbol{n}(t) \tag{9-3}$$

式中，$\boldsymbol{n}(t)=[n_1(t),\cdots,n_M(t)]^{\mathrm{T}}$ 为加性环境的噪声矢量。

9.1.2　算法实现步骤

根据 9.1.1 节中给出的系统模型及其描述，给出较详细的算法仿真流程及仿真过程。仿真流程如图 9-2 所示。

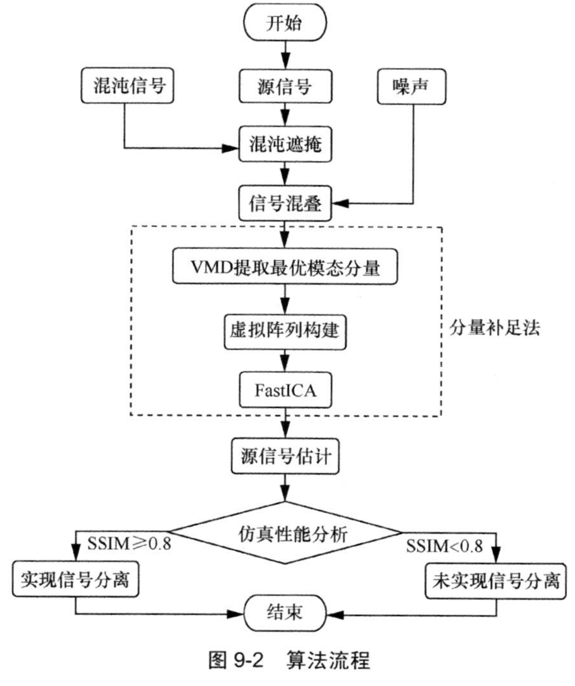

图 9-2　算法流程

具体算法实现步骤如下。

步骤 1 首先，选取标准测试图像信号以及作为遮掩信号的 Chen 混沌信号中的一路分量（如 x 分量）为源信号信息，进而将系统随机生成 $M \times N$ 混合矩阵与源信号信息进行线性混叠，并加入一定噪声强度的信道噪声构成 M 路混合观测信号 $\boldsymbol{x}(t)$。

步骤 2 在 M 路混合观测信号中选取一路混合图像观测信号 $x_j(t)$（$j \in [1, M]$）（若为单通道盲源分离，则 $M = 1$），然后对其进行 VMD 后得到 k 个模态函数分量 u_k，具体步骤如下。

① 基于 VMD 相关参数的设置 α、τ、ε，初始化模态数 k。

② 由式（8-8）~式（8-10）求解 $\hat{u}_k(\omega)$、$\hat{\omega}_k(\omega)$、$\hat{\lambda}(\omega)$。

③ 判断是否满足式(8-11)，若不满足，则转至步骤②；反之，观测 $u_k(k = 1, \cdots, K)$ 的中心频率及其演变。

④ 最快 k 值寻优实现最佳图像信号的盲源分离：通过分析图像信号自身特征，运用迭代法与主观判断法相结合选择 k 值。首先通过迭代排除欠分解或过分解 k 值，判别每个模态分量 u_k 的中心频率之间的距离，若距离相近则模态个数 $k = k - 1$，停止分解，转至下一步骤；反之，令 $k = k + 1$，转至步骤②。再通过主观判断及针对相近 k 值分离后的图像进行 SSIM、PSNR 等仿真性能分析，最后选择 k 值。

⑤ 从 k 个模态分量中取 $N - M$ 个模态分量作为 M 路观测信号的补充矢量，由此构成 N 路新的观测信号向量。

步骤 3 通过分量补足法将 M 路观测信号和 $N - M$ 个模态分量 u_k 构成多维虚拟阵列，即欠定状态（$M < N$）转变为正定状态（$M = N$）。

步骤 4 采用 FastICA 算法对更新后的 N 路新的观测信号向量进行处理，最后得到源图像信号的估计，即得到分离后的 N 幅图像。

步骤 5 分析信道噪声干扰下对盲源分离的影响。

9.2 仿真实现与性能分析

9.2.1 仿真设计

根据 9.1 节对欠定混沌遮掩系统的设计描述，在后续小节中将依次分析混沌遮

掩下信道噪声及在单通道条件下噪声对图像信号欠定盲源分离的影响。其中，所提供的标准源信号的图像如图 9-3 所示。

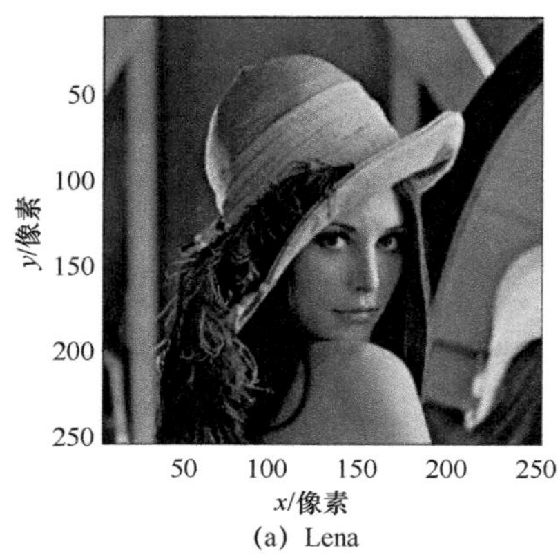

(a) Lena

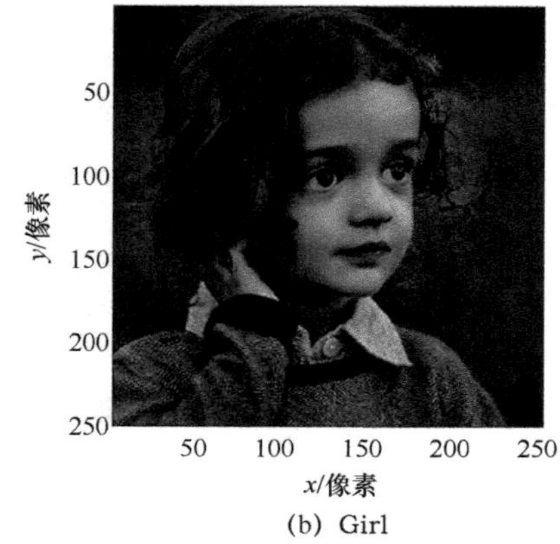

(b) Girl

(c) Cameraman

图 9-3　源信号的图像

仿真步骤设计如下。

步骤 1　在图 9-3 所示提供的标准 256像素×256像素 的灰度图像中，选取其中任意两幅使其作为源信号的图像。然后，通过计算机将其由二维数组的图像转换为一维数组数据并使其二进制化。同时选择 Chen 混沌信号的 x 分量作为源信号信息。最后，将上述信号进行封装后作为一个源信号向量备用。

步骤 2　对未知信道的模拟：由 MATLAB(rand 函数)使系统随机生成一个 2×3（即 $M\times N$ ）的混合矩阵 $\boldsymbol{H}$（若为单通道，则 $M=1$ ），然后令封装后的数据与矩阵 $\boldsymbol{H}$ 进行线性混叠，并加入一定噪声强度的信道噪声，构成 M 路混合信号，将其数据进行十进制化、二维数组化进而得到 M 路观测信号的图像，最后分析观测信号的图像与源信号是否有所出入。

步骤 3 初始化 VMD 相关参数：$\alpha = 2\,000$，$\tau = 0$，$\varepsilon = 1\times10^{-7}$，初始化模态数 $k = 2$（$k \geqslant 2$）。根据 VMD 原理选定 M 路中其中一路观测信号的图像，并将其分解为 k 个模态分量 u_k，由分量补足法使其由病态的欠定模型补为正定。

步骤 4 对最新的混叠后的矩阵利用 FastICA 算法得到源估计，进而对源估计的信号值进行十进制化、二维数组化，最后得到源信号图像的估计。

步骤 5 数据分析：对整体实验结果进行定量和定性分析。

9.2.2 信道噪声对仿真性能的影响分析

选取图 9-3 中 Lena 和 Girl 的灰度图像，将其作为源信号的图像，同时选取 Chen 混沌为遮掩信号作为第三路源信号信息，将三路源信号进行线性混叠。在二元接收传感器（$M = 2$）阵列的条件下，通过改变噪声条件，对混沌遮掩下图像信号的盲源分离进行仿真性能分析。

选取一路混叠的图像观测信号，并对其进行变分模态分解，得到不同 k 值下各模态的中心频率，如表 9-1 所示，其中加入的信噪比为 20 dB。

表 9-1 各模态中心频率 ω

不同 k 值	ω_1/(rad·s^{-1})	ω_2/(rad·s^{-1})	ω_3/(rad·s^{-1})	ω_4/(rad·s^{-1})
$k = 2$	0.023 5	369.670 9	—	—
$k = 3$	0.035 5	2 220.307 4	4828.336 8	—
$k = 4$	0.033 7	345.863 6	523.240 9	5832.571 7

从表 9-1 可看出，当 $k = 4$ 时出现 ω 相近的模态，即过分解现象，其源估计如图 9-4 所示，这时已无法直接进行主观肉眼识别，其 SSIM 值分别为 0.531 7、0.531 7、0.538 3（即 SSIM<0.8），盲源分离失败。

在二元阵列接收传感器模型下，需要通过 VMD 分量补足法并利用一路模态分量使其补为正定模型，同时为实现最优源估计目的及保证信号信息不丢失的情况发生，将分别选择 $k = 2$、$k = 3$ 进行实验，其源估计 SSIM 值如表 9-2 所示。

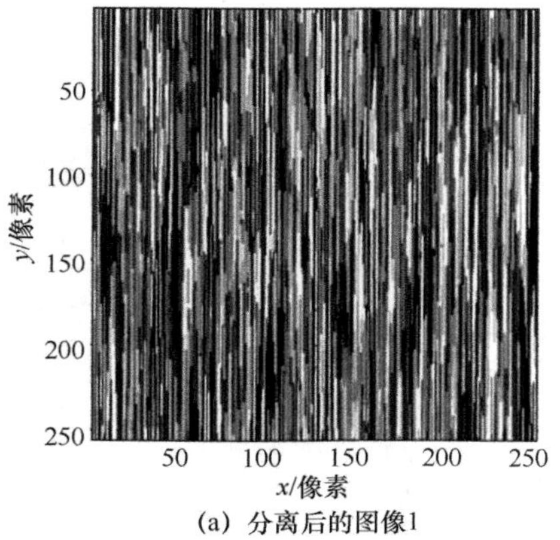

(a) 分离后的图像1

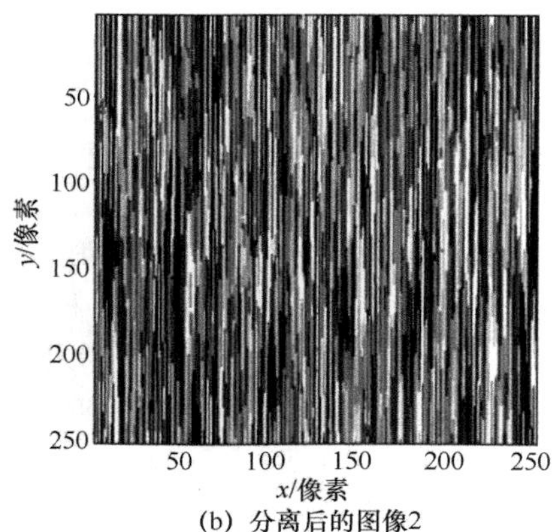

(b) 分离后的图像2

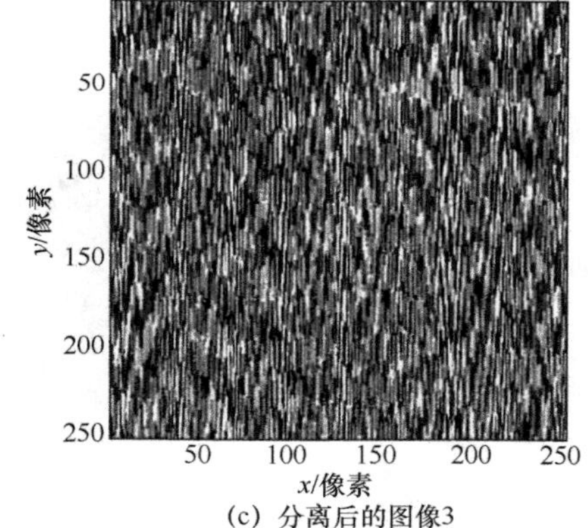

(c) 分离后的图像3

图 9-4　分离后的图像（k=4）

表 9-2　VMD 算法下源估计的 SSIM 值

不同 k 值	SNR/dB	源估计 1	源估计 2
$k=2$	0	0.987 0	0.984 3
	10	0.862 0	0.807 7
	15	0.962 7	0.847 1
	20	0.987 0	0.963 1
$k=3$	0	0.987 0	0.983 1
	10	0.801 0	0.765 8
	15	0.896 1	0.839 7
	20	0.960 7	0.966 5

由表 9-2 可知，相同 SNR 条件下 $k=2$ 时的 SSIM 值明显优于 $k=3$ 时的 SSIM 值，分离后的图像也清晰于 $k=3$ 时的图像，即 $k=2$ 为最优图像信号欠定盲源分离的 k 值，因此选择 $k=2$ 进行一组仿真实验，如图 9-5～图 9-8 所示。相同 SNR 条件

下的对比图像如图 9-6 和图 9-9 所示。

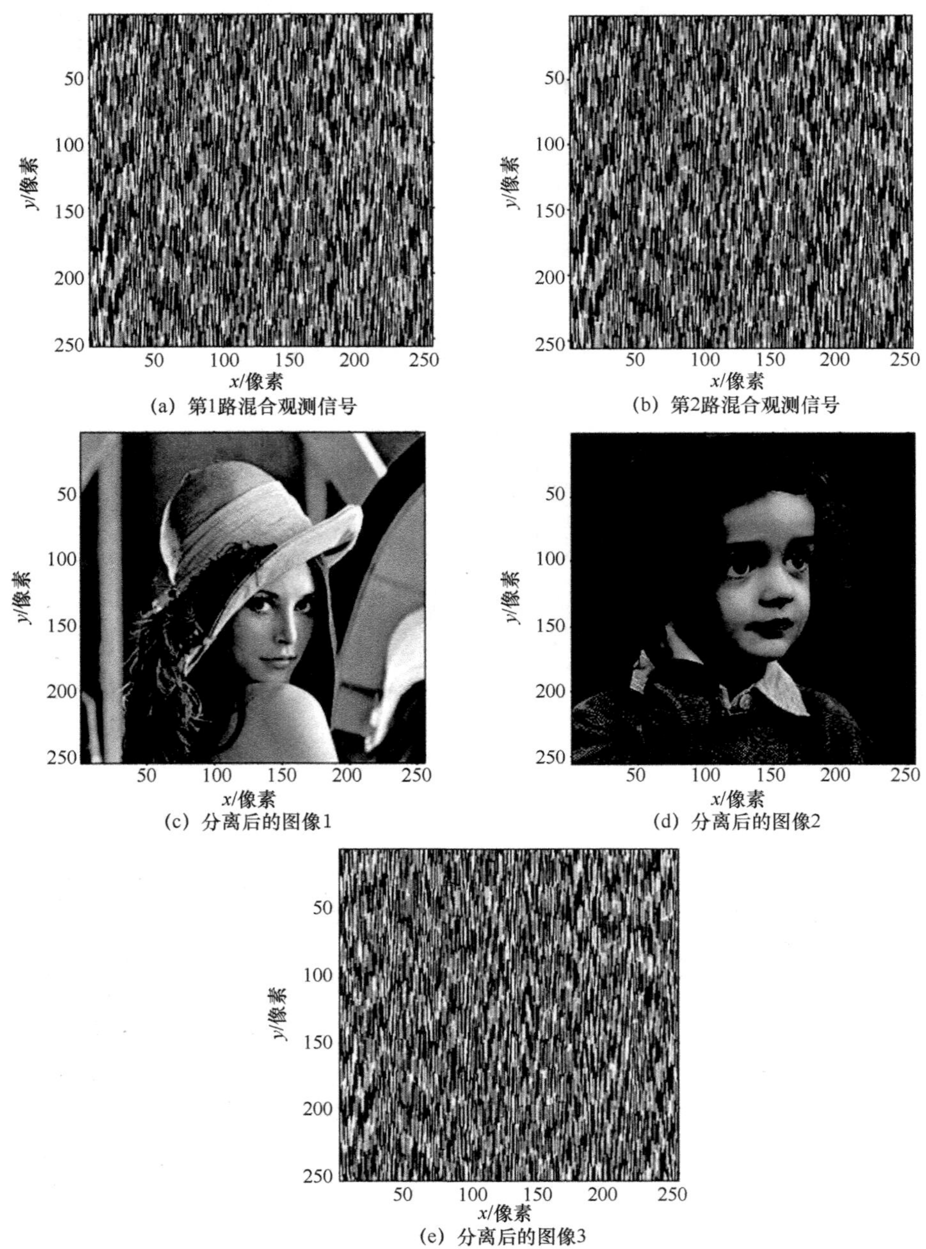

图 9-5 观测信号图像与分离后图像（k=2，SNR=0）

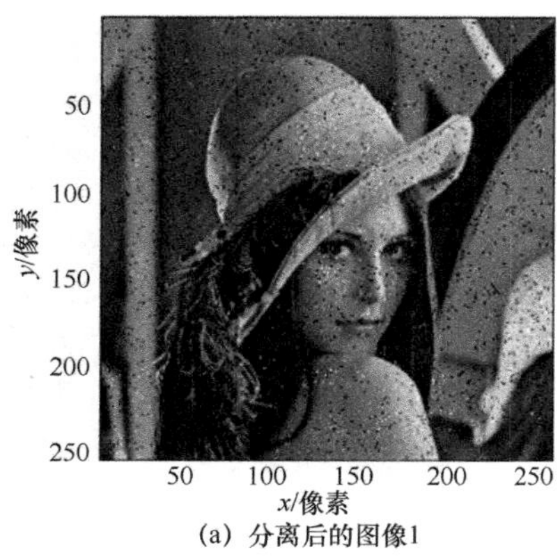

（a）分离后的图像1

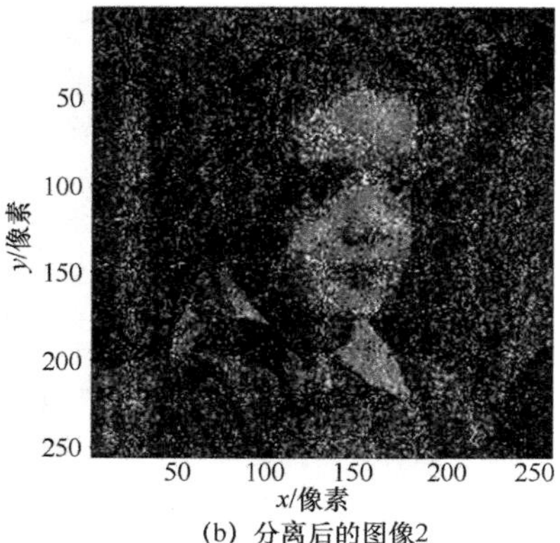

（b）分离后的图像2

图 9-6　分离后图像（k=2，SNR=10 dB）

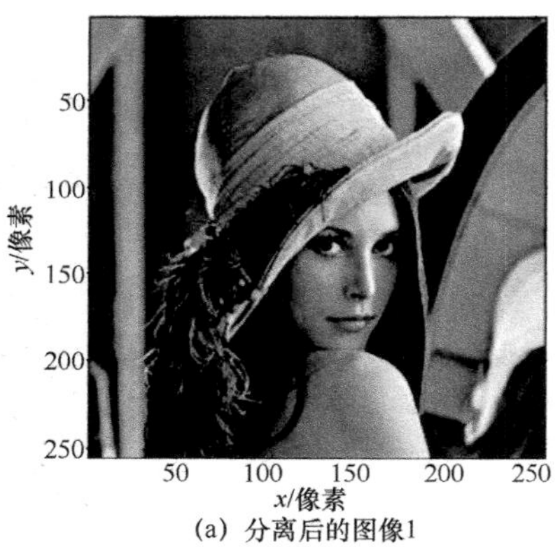

（a）分离后的图像1

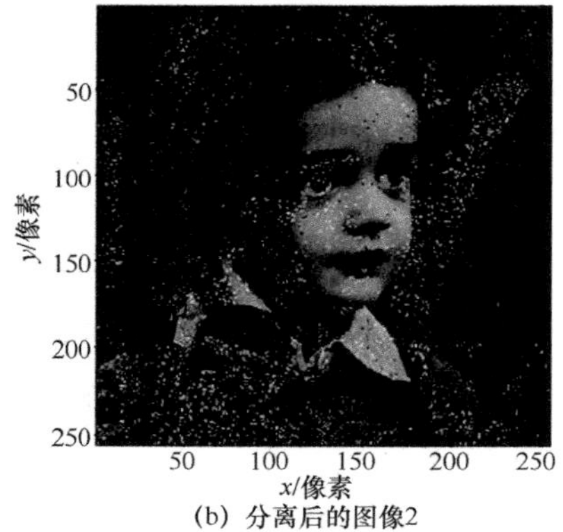

（b）分离后的图像2

图 9-7　分离后图像（k=2，SNR=15 dB）

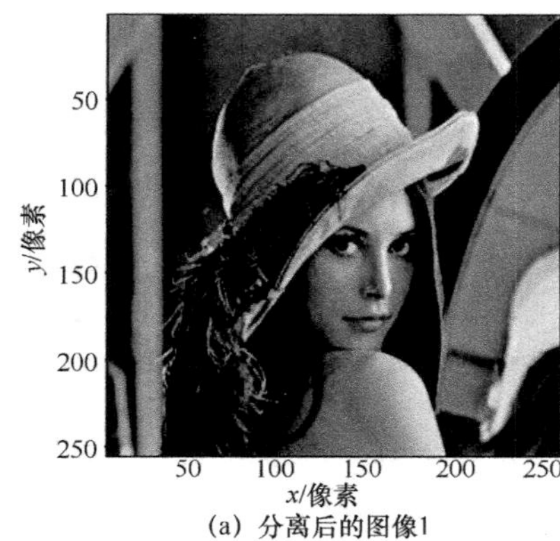

（a）分离后的图像1

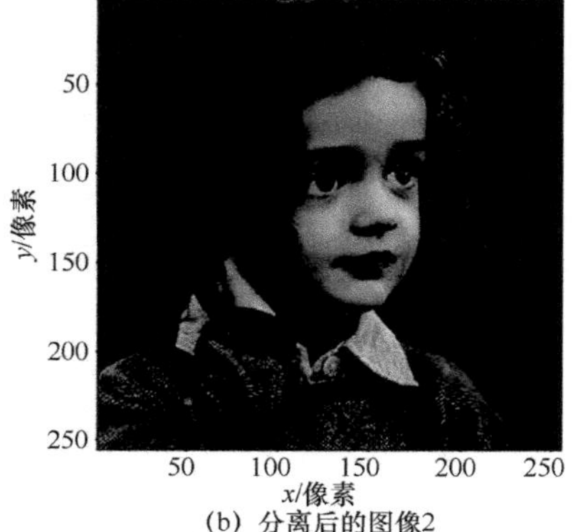

（b）分离后的图像2

图 9-8　分离后图像（k=2，SNR=20 dB）

(a) 分离后的图像1

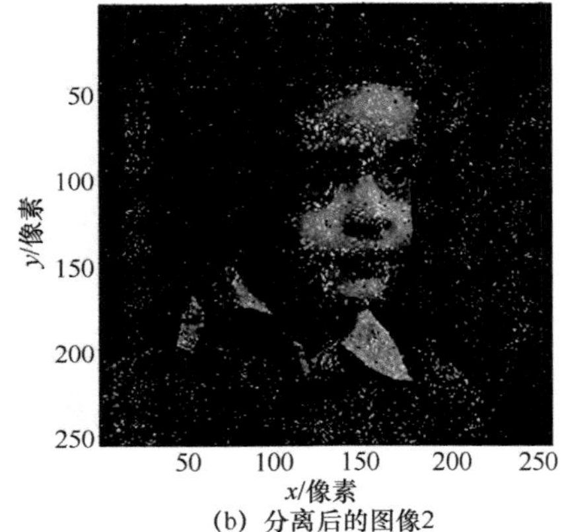

(b) 分离后的图像2

图 9-9　分离后图像（k=3，SNR=10 dB）

由图 9-5(a)和图 9-5(b)中混合观测信号可知，通过主观视觉感知已经无法用肉眼识别，因此混沌信号在盲源分离过程中起到了很好的遮掩效果，进而确保了信息传输的安全性。

通过上述的仿真实验，由主观视觉及其 SSIM 值可以清楚地知道，利用 VMD 算法可以有效地在混沌信号遮掩传输下，通过不断增加信道噪声强度实现混合图像信号的欠定盲源分离，同时也可以发现噪声的改变对图像的分离提取效果产生了一定的影响。

在同样的混沌遮掩系统模型及信道噪声模型下进行仿真对比实验，利用 EMD 算法对图像信号进行盲源分离得到一组 SSIM 值，其仿真实验结果如表 9-3 所示。

表 9-3　EMD 算法下源估计的 SSIM 值

SNR/dB	源估计 1	源估计 2
0	0.987 0	0.967 6
10	0.561 8	0.558 5
15	0.607 5	0.578 7
20	0.929 9	0.841 8

由表 9-2 及表 9-3 可知，在无噪情况下，EMD 与 VMD 算法都可以得到较好的源信号图像的估计。随着噪声强度的进一步增大，利用 EMD 算法得到两组（SNR=10 dB 和 SNR=20 dB）仿真实验结果，分离提取后的图像如图 9-10 和图 9-11 所示。

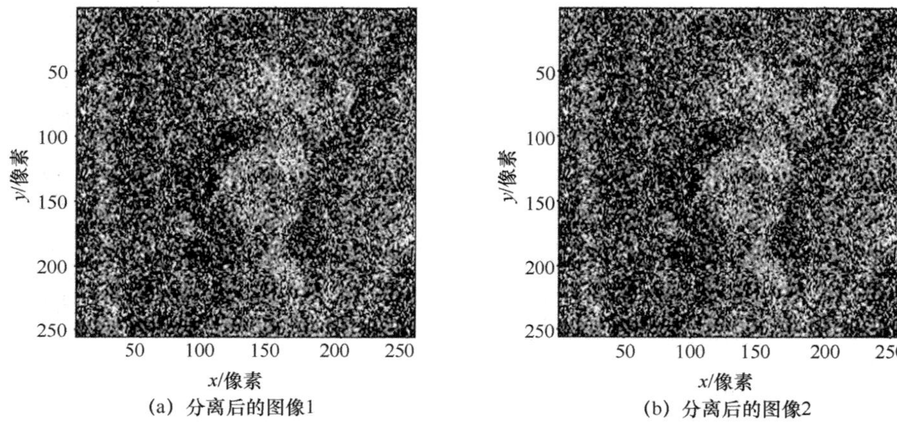

(a) 分离后的图像1　　(b) 分离后的图像2

图 9-10　分离后的图像（SNR=10 dB）

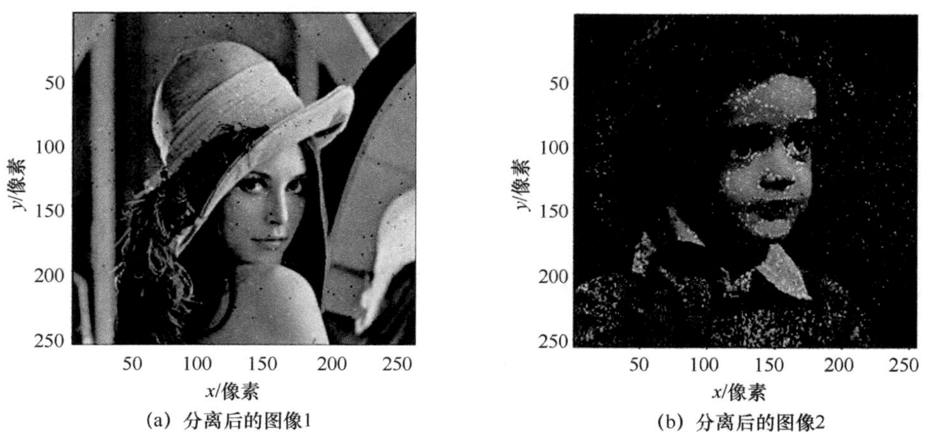

(a) 分离后的图像1　　(b) 分离后的图像2

图 9-11　分离后的图像（SNR=20 dB）

由图 9-10 可知，当 SNR=10 dB 时，已经无法由视觉系统进行主观识别，此外其 SSIM<0.8，即盲源分离失败。分析表 9-2 及表 9-3 图像信号的源估计，也可以发现 VMD 算法明显优于 EMD 算法。同时，为了更好地验证本章算法的优越性，加入不同强度的高斯白噪声对其 PSNR 值进行对比分析，如图 9-12 所示。

在信道噪声模型下对两种算法进行仿真和对比实验，通过主观视觉的定性分析及其对源估计评价指标（SSIM 值和 PSNR 值）的定量分析可知，在相同噪声强度下，VMD 算法明显优于 EMD 算法。相比之下，在算法仿真运行所消耗的时间上，VMD 算法同样具有优势。因此，利用 VMD 算法可以有效地在混沌信号遮掩，以及不断增加信道噪声强度的环境下，实现混叠图像信号的盲源分离。但随着噪声强度的不断增加，严重影响了分离的效果，从而增加了盲源分离的难度。因此，通过分析源估计与源信号之间的 SSIM 值和 PSNR 值，可以得出在相对的噪声强度下仍然能够分离提取出优质的源图像。

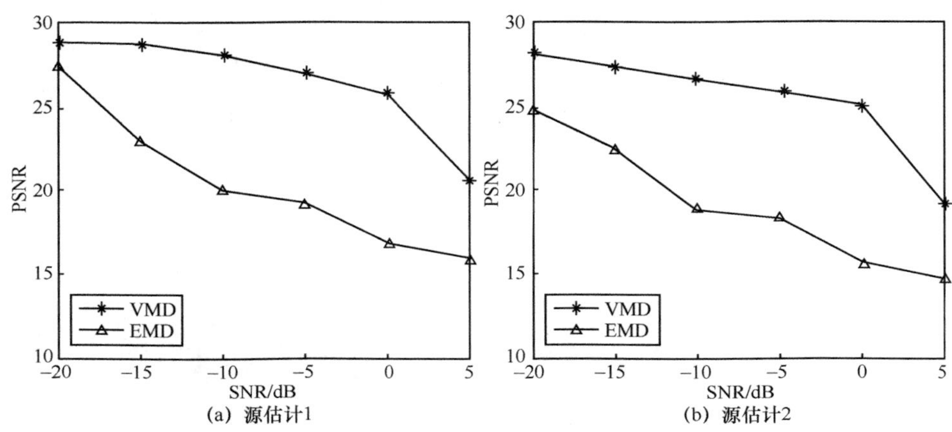

图 9-12　VMD 与 EMD 算法的 PSNR 值对比

9.2.3　单通道噪声对仿真性能的影响分析

由于存在资源短缺，即接收阵元数量不足的情况，可以通过相关算法在减少阵元数量时依然能够实现源信号的分离，单通道盲源分离问题正是由此而生。本节将针对单通道盲源分离进行分析。

选取图 9-3 中 Lena 和 Cameraman 的灰度图像，将其作为源信号的图像，并选取 Chen 混沌为遮掩信号作为第三路源信号信息，将三路源信号进行线性混叠。在一元接收传感器（$M=1$）阵列条件下，通过改变噪声强度，对混沌遮掩下图像盲源分离进行仿真性能分析。将两路源信号图像与一路 Chen 混沌信号线性混叠为一路混合信号，进而对该路混合图像信号进行 VMD。当 SNR=15 dB 时，对应频谱及中心频率 ω 的演变如图 9-13～图 9-15 所示。

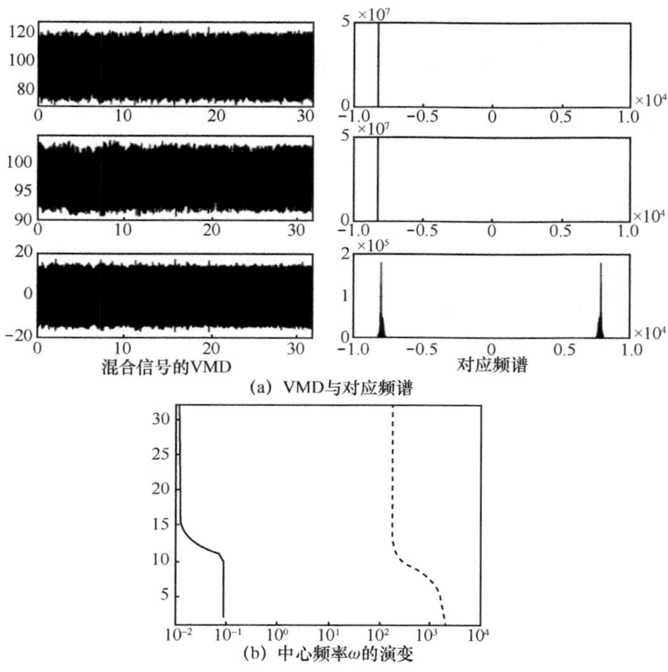

图 9-13　VMD 频谱与中心频率（k=2）

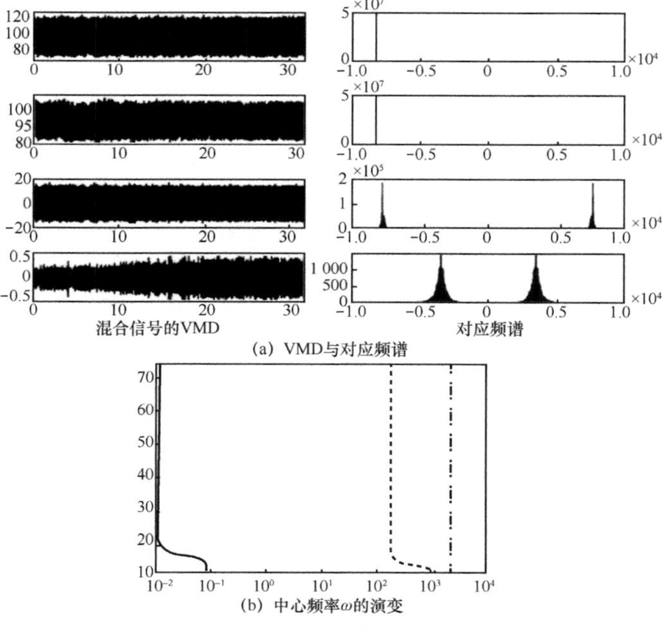

图 9-14　VMD 频谱与中心频率（k=3）

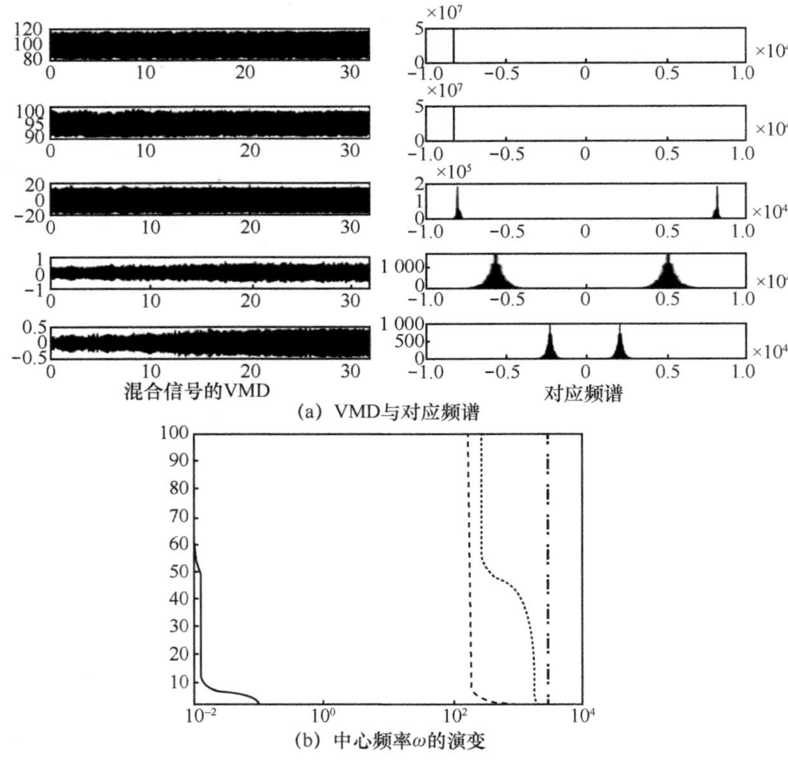

图 9-15 VMD 频谱与中心频率（k=4）

对观测信号进行 VMD，得到一组各模态的中心频率，如表 9-4 所示，其中 SNR=15 dB。

表 9-4 各模态中心频率 ω

不同 k 值	ω_1	ω_2	ω_3	ω_4
$k=2$	0.011 8	184.844 5	—	—
$k=3$	0.011 7	184.825 1	2 320.234 1	—
$k=4$	0.009 2	180.715 3	226.138 2	2 849.655 7

由表 9-4 以及图 9-13～图 9-15 可看出，当 $k=4$ 时出现了中心频率相近的模态，即过分解现象，故这里选择对 $k=2$ 、$k=3$ 时的图像进行盲源分离仿真实验，其实验结果如图 9-16 和图 9-17 所示。

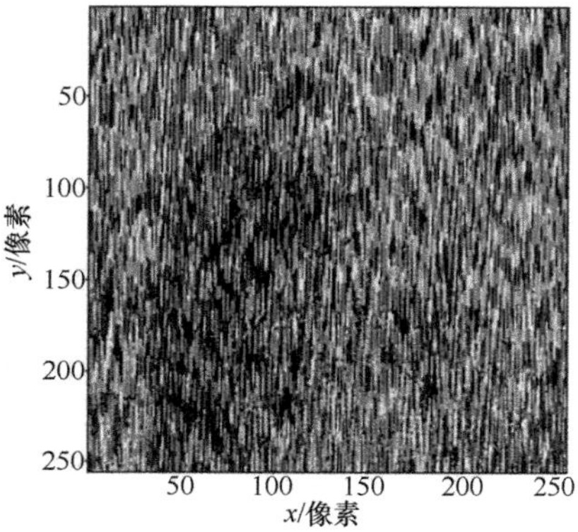

(a) 观测信号的图像

(b) 分离后的图像1

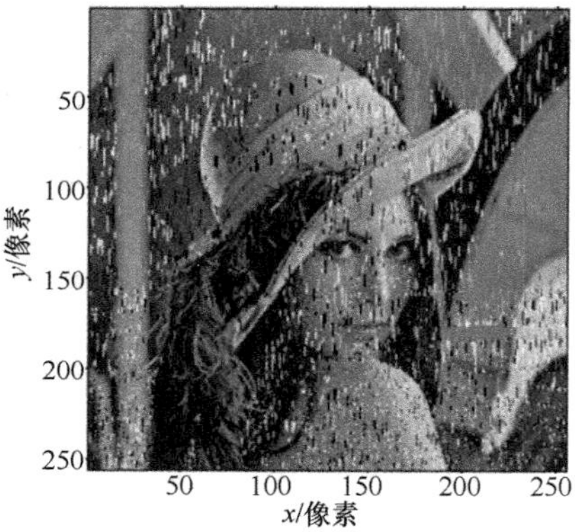

(c) 分离后的图像2

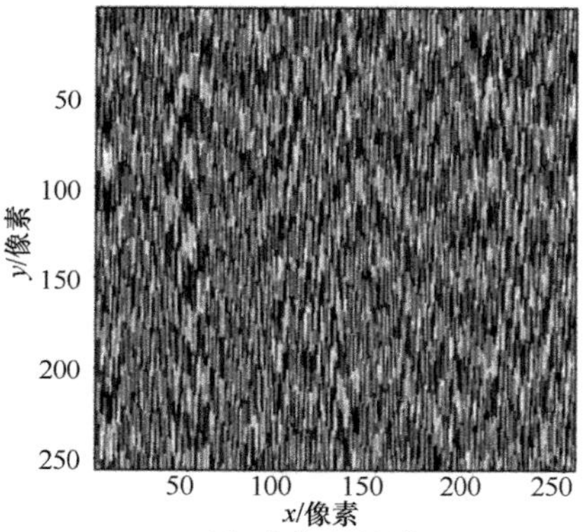

(d) 分离后的图像3

图 9-16　观测信号图像与分离后图像（k=2，SNR=0）

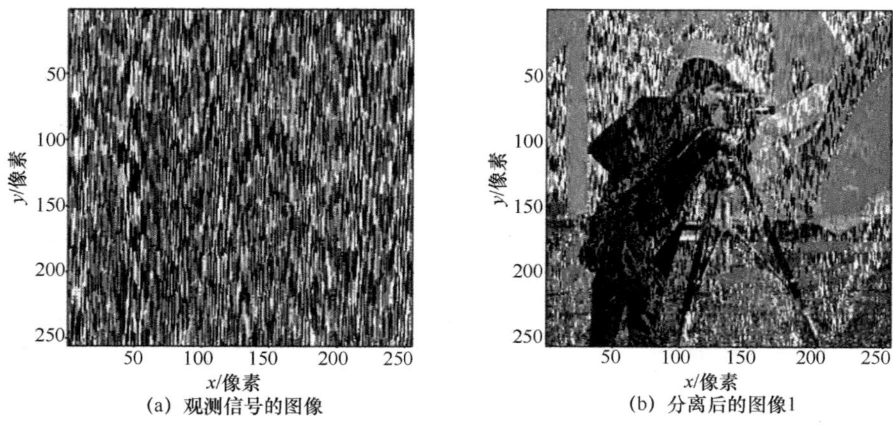

(a) 观测信号的图像

(b) 分离后的图像1

图 9-17　观测信号图像与分离后的图像（k=3，SNR=0）

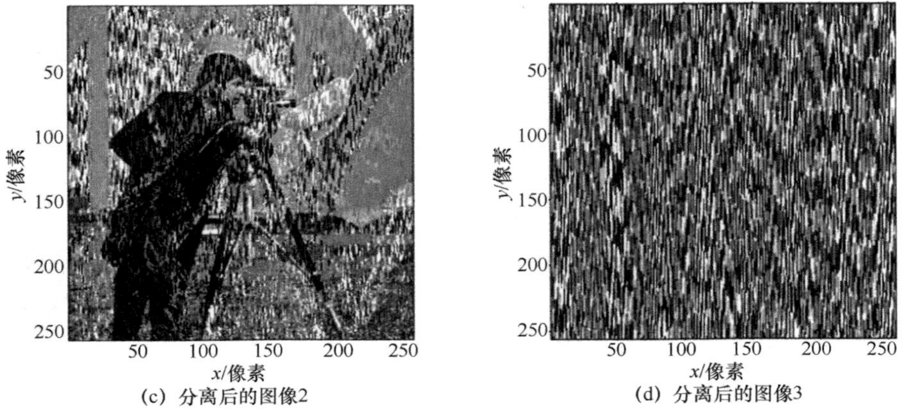

(c) 分离后的图像2　　(d) 分离后的图像3

图 9-17　观测信号图像与分离后的图像（k=3，SNR=0）（续）

由图 9-16 和图 9-17 分离后的图像并通过视觉观测可知，在无噪情况下，$k=2$ 比 $k=3$ 的图像分离提取后的效果好。当 $k=2$ 时，分离后图像的 SSIM 值分别为 0.913 7 和 0.828 7；当 $k=3$ 时，分离后图像的 SSIM 值分别为 0.801 8 和 0.801 9。因此，$k=2$ 为最佳模态 k 值，这里选取 $k=2$ 进行仿真分析，从而验证加入高斯白噪声后的图像盲源分离效果。当 $k=2$ 时，几组不同噪声强度下的仿真实验结果如图 9-18 和图 9-19 所示。

由图 9-18 和图 9-19 并通过主观视觉可知，利用 VMD 算法可以有效地使混沌遮掩下的混合图像信号实现盲源分离，加入相对的高斯白噪声也可以分离提取到源信号的图像。

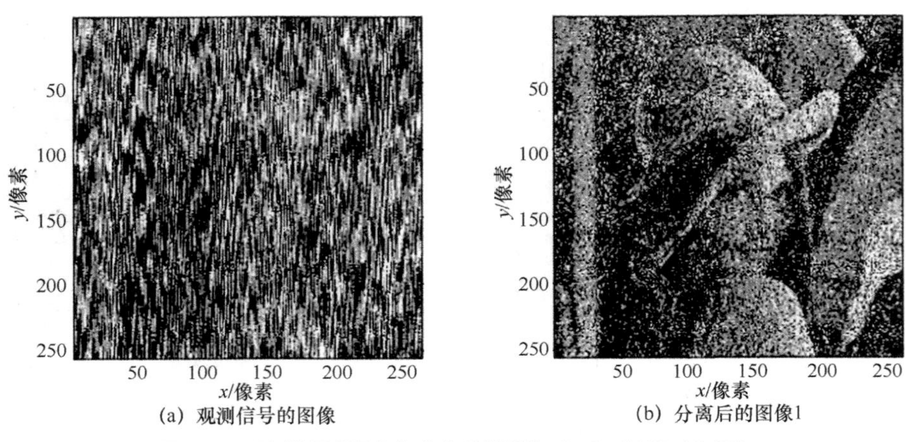

(a) 观测信号的图像　　(b) 分离后的图像1

图 9-18　观测信号的图像与分离后的图像（k=2，SNR=15 dB）

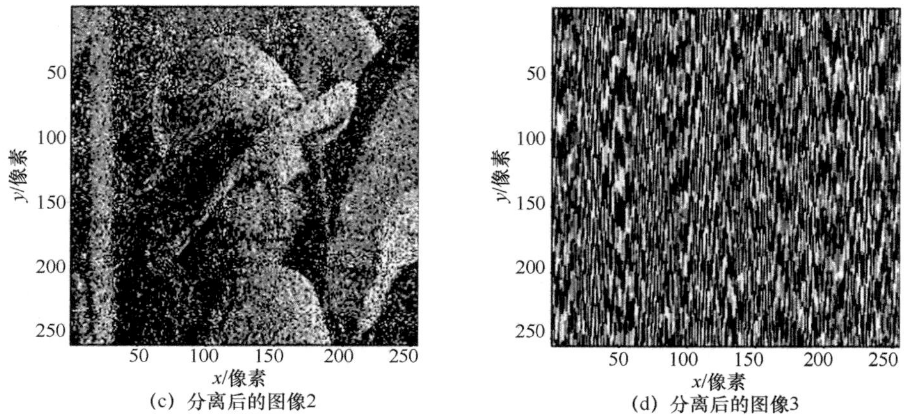

(c) 分离后的图像2　　(d) 分离后的图像3

图 9-18　观测信号的图像与分离后的图像（k=2，SNR=15 dB）（续）

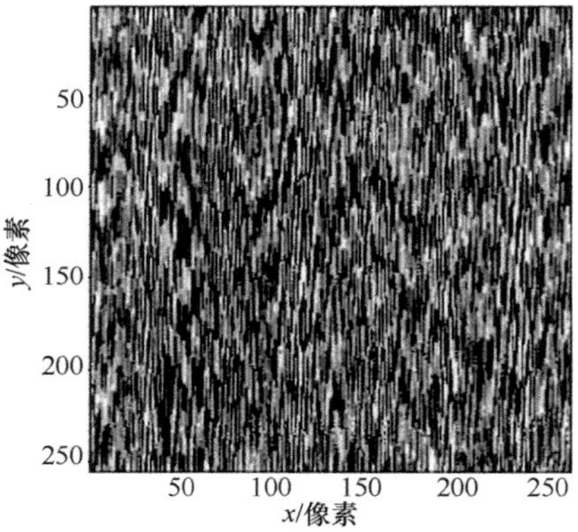

(a) 观测信号的图像 　　(b) 分离后的图像1

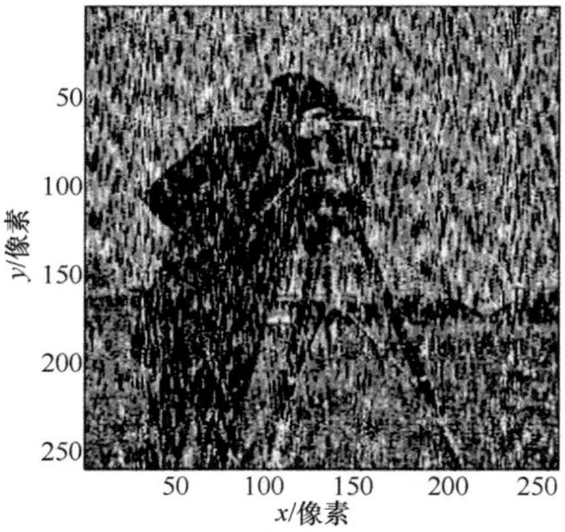

(c) 分离后的图像2 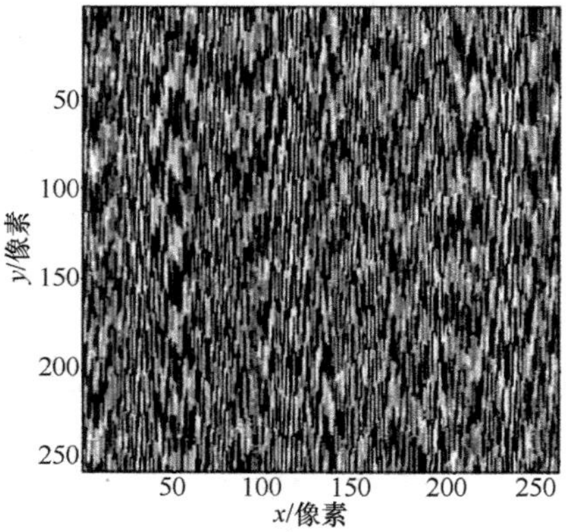　　(d) 分离后的图像3

图 9-19　观测信号图像与分离后图像（k=2，SNR=20 dB）

本节分析了基于混沌遮掩下的 VMD 算法，实现混叠图像信号的盲源分离。计算仿真结果表明，VMD 算法也可以实现混沌遮掩下的单通道图像盲源分离，从而验证了该算法在基于信号保密传输的图像盲源分离中具有可行性。由于在实验过程中 VMD 受模态个数 k 值设定的影响，容易产生过分解或欠分解现象，同时，由于阵元过少的劣势以及在不断增加的噪声强度下实现图像信号盲源分离提取效果仍然达不到理想状态，因此还需要进一步研究。

9.3 本章小结

本章研究了基于混沌遮掩系统模型下的图像信号欠定盲源分离问题，并利用 VMD 分量补足法实现混叠图像信号的盲源分离。该算法通过 VMD 算法实现对混叠图像信号的分解，进而利用最优化分解所得的模态分量作为虚拟阵元来重构多维虚拟通道，使其由欠定转变为正定状态，最后由 FastICA 算法得到源信号图像的估计。仿真结果表明，混沌遮掩确保了信息传输的安全，为基于信息安全的信号保密传输研究提供了可行性方案。同时，验证了在欠定系统模型及其特殊情况单通道盲源分离下，依然可以较好地实现在相对噪声强度下的图像盲源分离。此外，在实验过程中 VMD 受模态个数 k 值设定的影响，容易产生过分解或欠分解现象。综上，基于混沌遮掩的保密传输系统模型通过不断增强信道噪声强度，最终实现图像信号的欠定盲源分离，证明了本章算法的有效性与稳定性，虽然其效果仍然达不到非常理想状态，但为以后图像欠定盲源分离的研究提供了参考意义。

参考文献

[1] 俞晓秋. 信息安全是信息化社会国家安全的基石与命脉[J]. 中国信息安全，2011(7): 77-78.

[2] 陈尚春. 现代信息安全与混沌保密通信应用研究的进展[J]. 信息记录材料, 2018, 19(9): 2-4.

[3] DEY P, TRIVEDI N, SATIJA U, et al. Single channel blind source separation for MISO communication systems[C]//IEEE Vehicular Technology Conference. Piscataway: IEEE Press, 2018: 24-27.

[4] 李琼，邓涛，吴正茂，等. 安全性增强的双向长距离混沌保密通信[J]. 中国激光，2018, 45(1): 196-205.

第10章 混沌与压缩感知理论的研究现状

图像已成为信息传递中最直观的一种表达方式，且清晰度越高的图像，像素点越多，其携带的信息量也越大。本章讨论了混沌理论相关发展，并对压缩感知理论及其与混沌相结合的研究进展进行了综述。

10.1 研究背景与目的意义

随着网络时代发展趋于成熟，人们无时无刻不体验着信息通过网络围绕在周围的状况。当人们对信息有迫切的需求时，再也不需要“飞鸽传书”焦急地等待信息传递，直接在互联网上快速地搜索就可以共享到信息，并且种类繁多、应有尽有。在将客观世界与强大的互联网相连接的状态下，人们对文字、图像、视频等信息的渴望与需求与日俱增，所以计算机需要处理的数据更是无法定量的。从自然界向互联网传递信息时，需要将模拟信号转换为计算机能识别的数字信号，这个过程中最重要的步骤就是信号采样。以往，若要重建原始信号，则需遵照奈奎斯特采样定理，即采样率必须是信号带宽的 2 倍以上[1]。然而，在这样一个无法计量信息的今天，信息量只会越来越大，那么所需信号采样也将不断地变大。假设继续运用奈奎斯特采样定理对信息进行采样，高速采样频率的设备必不可少，最终，高速发展的社会面对的问题始终是需要越来越快的采样设备，从此恶性循环。

传统的奈奎斯特采样定理[2]是在原始信号上采集大量的采样数据，接着对其进行压缩编码，将大部分的冗余信息屏弃，最后仅仅用少数的关键系数进行信息重构。此定理会产生海量的采样数据且大部分为将被丢弃的冗余信息，由此带来数据的存储、传输和资源浪费等难题。因此人们猜想，如果在信号进行采集的同时对信号进行一定程度的筛选，能否有效地节约存储空间，进而提高采样效率？

2006 年压缩感知理论的出现使上述猜想得以实现，由此突破了传统的奈奎斯特采样定理的限制，Donoho、Tsaig、Candes、Romberg 和 Tao 等[3-6]在保留原始数据的信息情况下提出了更便捷的采样方法，可以同时实现采样和压缩。通过该定理发现，如果信号在某个变换域上是稀疏的，并有一个与稀疏矩阵不相关的测量矩阵，那么就满足可以投影到压缩空间的条件，再利用投影值和运用优化算法就能实现信号的准确或者近似的重构，其中投影值的数量远远少于原始信号的采样数。理论上，压缩感知[7]的研究核心是信号的稀疏表示、测量矩阵和重构算法这 3 个部分，每部分都至关重要。

压缩是通过测量矩阵实现的，测量矩阵是被用来进行处置降维的。测量矩阵完成了信号的采样和压缩感知重建，故建设良好的测量矩阵直接影响压缩感知的完整性能。假设测量矩阵的性能越好，信息的采样率就越小，重构信号的质量就越高。当前常用的测量矩阵都满足约束等距性准则，但是在运用上都不太理想，如高斯随机类测量矩阵和部分傅里叶矩阵等，主要原因是前者在实际的硬件中很难实现，后者不具有普适性，主要表现为变换域的稀疏信号不适用问题。

混沌系统是一种具有伪随机性、初值敏感性、有界性和遍历性等特性的非线性动力学系统[8-10]。由于混沌系统能产生伪随机性混沌序列，因此适用于设计并构造压缩感知中的测量矩阵。混沌构造测量矩阵的优点主要有两方面：第一，混沌系统的参数和初始条件一经确定，该系统产生的序列是重复的，不需要重复实验取平均值；第二，混沌序列设计的测量矩阵元素是确定的，便于存储更利于硬件的设计。

目前，图像已经成为传递信息中最直观的一种表达方式，且清晰度越高的图像意味着像素的数量越多，其携带的信息量所占的空间也就越大。因此，本章致力于解决关于图像存储所占空间和安全地高效传输的深入研究，研究框架如图 10-1 所示。

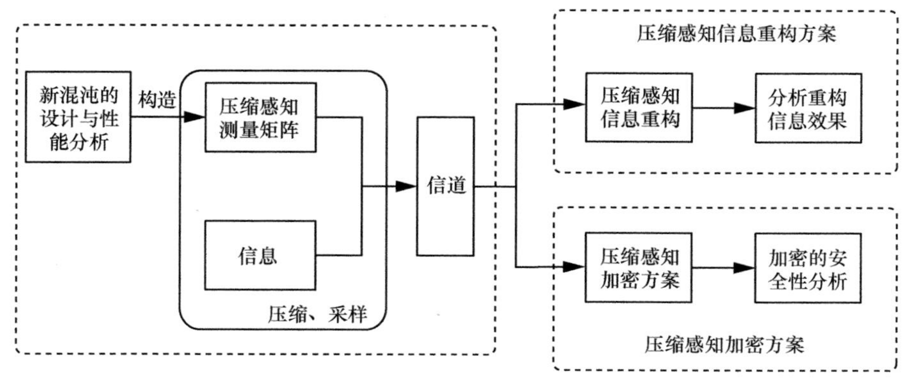

图 10-1　研究框架

针对压缩感知中测量矩阵的运用，为了克服随机类测量矩阵不稳定性的缺点，并且满足人们对图像中压缩和加密两者合二为一的需求，本章提出了一种基于混沌压缩感知的图像重构与加密方法，并以减少图像所占的存储空间、提高图像信息在存储和传输过程中的安全性为最终目的。

10.2 国内外研究现状

10.2.1 混沌理论及相关理论发展

混沌是存在于自然界与人类社会的一种普遍现象，是非线性科学研究的关键部分之一，更是 20 世纪物理学领域评选出的三大重要发现之一，因此混沌的研究是不可或缺的。混沌的发现始于偶然，一百多年前法国的数学家庞加莱在探索太阳系的相关问题时，首次发现了混沌现象[11]，但只是偶然发现该现象，并没有在科学界引起热烈的关注。六十多年后，美国气象学家洛伦兹[12]在研究大气对流时，得到了一个命名为 Lorenz 的混沌方程式，这次的发现是混沌史上第二次卓越性的突破，正式为混沌这一非线性动力学的研究开辟出了新的道路。1975 年，美籍华人李天岩与导师 Yorker 首次在论文《周期三意味着混沌》中定义“混沌”这个名词[13]。随后，Henon[14]和 Rossler[15]也对混沌现象进行研究，相继得到了两种不同的混沌系统。自此，越来越多的研究者投身于混沌系统的研究中心，混沌学这一学科从此诞生。

目前，人们主要研究或仿真实现的大多是一维、二维和三维等低维度的混沌运动系统[16-18]。近几年来，国内外的研究者在混沌领域发现混沌运动可以是多维的，而且随着混沌运动的维度增加，混沌运动的复杂度及相关特性也会不断增强。事实上，在自然界也普遍存在高维混沌系统，这类混沌系统被称作超混沌，其李雅普诺夫指数的正指数至少有两个[19]。

与一般的混沌系统相比较而言，超混沌系统[20-21]的动力学行为更复杂，更加无法预测，因此超混沌的研究具有更高的研究和应用价值。因此，超混沌系统相关的深入研究是不可或缺的，同时也是一个具有挑战性的重要课题。

10.2.2　压缩感知理论发展

压缩感知自提出到现在已有16年，严谨的理论奠定了该信号处理方法的优势。压缩感知理论使用的前提是信号必须解决本质上可压缩或在某个变换域中可稀疏的问题，随后才可进行采样和压缩过程，也就是找到一个与稀疏矩阵不相关的测量矩阵，就可以把信号投影到一个压缩空间进行压缩，再利用投影值和运用优化算法实现信号的准确或者近似的重构，其中投影值的数量远远少于原始信号的采样数。压缩感知理论的提出对图像压缩处理[22-23]、遥感图像处理[24-25]、无线通信[26-27]、雷达[28-30]、高分辨率地理资源观测[31]、无线传感器网络[32-33]、医学核磁成像[34-35]等研究领域至关重要，直接影响了相关各类科技的未来发展，并被美国科技评论评为2007 年度十大科技进展之一。

在国外，众多著名大学和科研机构都快速地设置了专属的压缩感知研究课题，目的是加快压缩感知与实际科技的结合，尽早投入科技应用。美国莱斯大学是第一个用压缩感知研发出实用设备的大学，该设备为单像素相机，其采样数据使用一种单一的光谱检测器，通过采取少量的原始图像的像素就可以重构出完整的原始图像。随后，压缩感知理论逐渐引起了国外很多名校的热切关注，他们纷纷投身于压缩感知的研究中。耶鲁大学、麻省理工学院和普林斯顿大学都分别设立了压缩感知的研究室，他们基于压缩感知研制出了 HIS 设备、MRI-RF 脉冲设备和 2 GHz 情况下更适用的频谱稀疏信号的设备仪器。

同时，国内的各大高校和科研机构也积极地对压缩感知展开了深入研究。中国科学院基于压缩感知提出超分辨鬼成像的实验装置[36]。重庆大学提出了频域全通式压缩感知随机滤波器[37]。北京交通大学基于压缩感知的特殊采样方式，提出了 RSS室内定位系统的方法[38]。西安电子科技大学则利用压缩感知实现短孔径高分辨ISAR成像方法[39]。电子科技大学在雷达识别课题中，结合压缩感知提出一种雷达一维距离像的目标识别方法[40]。哈尔滨工业大学利用压缩感知采样理论，成功研究出应用于土木结构的健康检测方法。

压缩感知课题的研究重点分别为信号的稀疏性表达、测量矩阵和重构算法。为了改善压缩感知的重构效果，研究者分别从上述 3 个方面进行改善和研究，虽然已经取得了许多成果，仍旧需要继续探索。

10.2.3 混沌与压缩感知结合的研究进展

混沌与压缩感知这两种理论的结合主要解决两个问题：第一，由于混沌系统产生的序列具有确定性和伪随机性等特性，用于构造测量矩阵可以很好地克服累随机测量矩阵的不稳定性的缺点，且随机类测量矩阵在硬件中很难实现，故采用易于在硬件中实现的混沌系统构造测量矩阵；第二，基于混沌系统和压缩感知理论构造压缩加密方案。目前，混沌系统和压缩感知相结合的方法已经开展，其中混沌系统不仅可以用于构造测量矩阵，还可以用于设计加密方法。

为了解决测量矩阵在不确定性、硬件实现和存储等方面的不足，近年来研究者利用混沌特性构造测量矩阵。2014 年，刘舒含等[41]使用 Tent 混沌序列减少了随机矩阵需要大量实验降低不确定性的缺点。2016 年，Wang 等[42]将 Logistic 混沌序列转化为另一个满足均匀分布的混沌序列，再用符号函数映射到新序列生成了满足伯努利分布的新混沌测量矩阵，易于硬件实现。Zhao 等[43]利用混沌序列提出了一种用于实际压缩感知的结构化测量矩阵，引入基于混沌的排列算子进行硬件实现。Tan 等[44]针对混沌序列的混沌矩阵中独立随机元素数量庞大，提出了一种稀疏混沌序列测量矩阵。以上几种方法为混沌序列构成测量矩阵并有效地实现信息的重构克服了不足之处，这说明应用混沌序列生成测量矩阵的方法能满足压缩感知要求和实际需求。

在图像保密方向，2014 年，Zhou 等[45]为了解决密钥太大而无法分发和存储的问题，利用循环矩阵控制混沌构建测量矩阵的思想提出图像压缩加密混合算法，用随机矩阵分别交换四块图像中的两个相邻块像素，这个键控的测量矩阵能有效地对图像进行压缩和加密。2015 年，Huang 等[46]为了构建压缩的遥感图像框架提出一种基于混沌的加密方案，由 Arnold 混沌序列构成一个新的测量矩阵，但是对图像加密是由置换方法体现的。2016 年，Zhou 等[47]发现了低维混沌的加密方案存在安全隐患问题，依据超混沌系统提出关于压缩感知的二维图像压缩加密算法，该方案中测量矩阵分别在两个方向对信息进行测量，加密利用超混沌控制循环移位进而改变像素值。2019 年，Ma 等[48]提出关于混沌系统与明文相关的图像加密方案，明文与密钥之间用块奇偶校验，并采用重复编码的过程增强算法的稳健性。

10.3　本章小结

目前，图像已经成为传递信息最广泛、最直观的一种表达方式，且越清晰的图像携带的信息量越大，所占空间也越大。人们对图像的加密和压缩的需求不断增加，有待改善图像存储所占空间和安全地高效传输的问题，因而，致力于安全性高的图像压缩加密技术，确保图像信息的安全是非常有必要且重要的研究。

参考文献

[1] MISHALI M, ELDAR Y C. From theory to practice: sub-nyquist sampling of sparse wide-band analog signals[J]. IEEE Journal of Selected Topics in Signal Processing, 2010, 4(2): 375-391.

[2] GROOT P D, DECK L. Three-dimensional imaging by sub-Nyquist sampling of white-light interferograms[J]. Optics Letters, 1993, 18(17): 1462-1464.

[3] DONOHO D L. Compressed sensing[J]. IEEE Transactions on Information Theory, 2006, 52(4): 1289-1306.

[4] TSAIG Y, DONOHO D L. Extensions of compressed sensing[J]. Signal Processing, 2006, 86(3): 549-571.

[5] CANDES E J, ROMBERG J, TAO T. Robust uncertainty principles: exact signal reconstruction from highly incomplete frequency information[J]. IEEE Transactions on Information Theory, 2006, 52(2): 489-509.

[6] CANDES E J, TAO T. Decoding by linear programming[J]. IEEE Transactions on Information Theory, 2006, 51(12): 4203-4215.

[7] BARANIUK R G. Compressive sensing lecture notes[J]. IEEE Signal Processing Magazine, 2007, 24(4): 118-121.

[8] 吕金虎, 陆金安, 陈士华. 混沌时间序列分析及其应用[M]. 武汉: 武汉大学出版社, 2002.

[9] PARK J H. Chaos synchronization of a chaotic system via nonlinear control[J]. Chaos, Solitons and Fractals, 2005, 25(3): 579-584.

[10] 蔡国权, 宋国文, 于大鹏. Logistic 映射混沌扩频序列的性能分析[J]. 通信学报, 2000, 31(1): 61-64.

[11] 卢侃, 孙建华. 混沌学传奇[M]. 上海: 上海翻译出版公司, 1991.

[12] 刘孝贤, 刘晨. Lorenz 系统的动力学特性及对称特性[J]. 山东工业大学学报, 1998, 28(6): 501-508.

[13] LI T Y, YORKE J A. Period three implies chaos[J]. American Mathematical Monthly, 1975, 82(10): 985-992.

[14] HENON M. A two-dimensional mapping with a strange attractor[J]. Communications in Mathematical Physics, 1976, 50(1): 69-77.

[15] ROSSLER O E. An equation for continuous chaos[J]. Physics Letters A, 1976, 57(5): 397-398.

[16] MAO Y, CHEN G, LIAN S. A novel fast image encryption scheme based on 3D chaotic baker maps[J]. International Journal of Bifurcation and Chaos, 2004, 14(10): 3613-3624.

[17] BONANNO C, MENCONI G. Computational information for the logistic map at the chaos threshold[J]. Discrete and Continuous Dynamical Systems-Series B, 2002, 2(3): 415-431.

[18] LI C G, CHEN G R. Chaos in the fractional order chen system and its control[J]. Chaos Solitons & Fractals, 2004, 22(3): 549-554.

[19] 王兴元, 王明军. 超混沌 Lorenz 系统[J]. 物理学报, 2007(9):129-134.

[20] 蔡国梁, 黄娟娟. 超混沌 Chen 系统和超混沌 Rossler 系统的异结构同步[J]. 物理学报, 2006, 55(8): 3997-4004.

[21] VICENTE R, DAUDEN J L, COLET P, et al. Analysis and characterization of the hyperchaos generated by a semiconductor laser subject to a delay feedback loop[J]. IEEE Journal of Quantum Electronics, 2005, 41(4): 541-548.

[22] GOYAL V K, FLETCHER A K, RANGAN S. Compressive sampling and lossy compression[J]. IEEE Signal Processing Magazine, 2008, 25(2): 48-56.

[23] 任越美，张艳宁，李映. 压缩感知及其图像处理应用研究进展与展望[J]. 自动化学报, 2014, (8): 30-42.

[24] GHAHREMANI M, GHASSEMIAN H. Remote sensing image fusion using ripplet transform and compressed sensing[J]. IEEE Geoscience and Remote Sensing Letters, 2015, 12(3): 502-506.

[25] ZHONG Y, FENG R, ZHANG L. Non-local sparse unmixing for hyperspectral remote sensing imagery[J]. IEEE Journal of Selected Topics in Applied Earth Observations and Remote Sensing, 2014, 7(6): 1889-1909.

[26] DING W, YANG F, PAN C, et al. Compressive sensing based channel estimation for OFDM systems under long delay channels[J]. IEEE Transactions on Broadcasting, 2014, 60(2): 313-321.

[27] HAYASHI K, NAGAHARA M, TANAKA T. A user's guide to compressed sensing for communications systems[J]. IEICE Transactions on Communications, 2013(3): 685-712.

[28] ANITORI L, MALEKI A, OTTEN M, et al. Design and analysis of compressed sensing radar detectors[J]. IEEE Transactions on Signal Processing, 2013, 61(4): 813-827.

[29] MILLER M, HINZE J, SAQUIB M, et al. Adjustable transmitter spacing for MIMO radar imaging with compressed sensing[J]. IEEE Sensors Journal, 2015, 15(11): 6671-6677.

[30] GU F F, ZHANG Q, CHI L, et al. A novel motion compensating method for MIMO-SAR imaging based on compressed sensing[J]. IEEE Sensors Journal, 2015, 15(4): 2157-2165.

[31] CHEN C, LI W, TRAMEL E W, et al. Reconstruction of hyperspectral imagery from random

projections using multihypothesis prediction[J]. IEEE Transactions on Geoscience and Remote Sensing, 2014, 52(1): 365-374.

[32] TIRANI S P, AVOKH A. On the performance of sink placement in WSNs considering energy-balanced compressive sensing-based data aggregation[J]. Journal of Network and Computer Applications, 2018, 107: 38-55.

[33] CAIONE C, BRUNELLI D, BENINI L. Compressive sensing optimization for signal ensembles in WSNs[J]. IEEE Transactions on Industrial Informatics, 2014, 10(1): 382-392.

[34] SHI B, LIAN Q, CHEN S. Compressed sensing magnetic resonance imaging based on dictionary updating and block-matching and three-dimensional filtering regularisation[J]. Image Processing, 2016, 10(1): 68-79.

[35] TRZASKO J, MANDUCA A. Highly undersampled magnetic resonance image reconstruction via homotopic ell-0-minimization[J]. IEEE Transactions on Medical Imaging, 2009, 28(1): 106-121.

[36] 李龙珍，姚旭日，刘雪峰. 基于压缩感知超分辨鬼成像[J]. 物理学报, 2014, 63(22): 1-7.

[37] 刘郁林，张先玉，王锐华. 频域全通式压缩感知随机滤波器设计[J]. 重庆大学学报, 2011, 34(10): 115-118.

[38] 冯辰. 基于压缩感知的 RSS 室内定位系统的研究与实现[D]. 北京：北京交通大学, 2011.

[39] 全英汇，张磊，刘亚波. 利用压缩感知的短孔径高分辨 ISAR 成像方法[J]. 西安电子科技大学学报, 2010, 37(6): 1022-1026.

[40] 谭敏洁. 基于压缩感知的雷达一维距离像目标识别[D]. 成都：电子科技大学, 2015.

[41] 刘叙含，申晓红，姚海洋，等. 基于帐篷混沌观测矩阵的图像压缩感知[J]. 传感器与微系统, 2014(9): 26-28.

[42] WANG Z R, ZHANG D S, NIE D D, et al. Construction of measurement matrix in compressed sensing via logistic chaos sequence[J]. Journal of Chinese Computer Systems, 2016, 37(3): 588-592.

[43] ZHAO H, YE H, WANG R. The construction of measurement matrices based on block weighing matrix in compressed sensing[J]. Signal Processing, 2016, 123: 64-74.

[44] TAN X, FENG X Y, WANG B P, et al. ISAR imaging based on sparse chaotic sequence measurement matrices[J]. Journal of South China University of Technology(Natural Science Edition), 2016, 44(1): 65-70.

[45] ZHOU N, ZHANG A, WU J, et al. Novel hybrid image compression encryption algorithm based on compressive sensing[J]. Optik-International Journal for Light and Electron Optics, 2014, 125(18): 5075-5080.

[46] HUANG X, YE G, CHAI H, et al. Compression and encryption for remote sensing image using chaotic system[J]. Security and Communications Networks, 2015, 8(18): 3659-3666.

[47] ZHOU N, PAN S, CHENG S, et al. Image compression encryption scheme based on hyper-chaotic system and 2D compressive sensing[J]. Optics & Laser Technology, 2016, 82: 121-133.

[48] MA S, ZHANG Y, YANG Z, et al. A new plaintext-related image encryption scheme based on chaotic sequence[J]. IEEE Access, 2019: 30344-30360.

第 11 章 压缩感知理论

随着现代社会蓬勃发展，人们的生活节奏越来越快的同时对于信息的需求与渴望也与日俱增，因而对信息处理的要求也越来越严格。现实生活中采集和获取的信息一般都是模拟信号，但是各类数字设备主要都是针对数字信号进行处理，为了使信息能够进行处理首先必须将模拟信号转换成数字信号，而转换过程中最关键的环节就是信号采样。以前，奈奎斯特采样定理被认为是信号采样技术中最传统和经典的信号采样方法，为了尽可能无失真地重构原始信号，在离散系统中该频率必须高于采样信号最高频率或带宽[1]。但是此定理会产生海量的采样数据且大部分的冗余信息将被丢弃，且此过程中需要解决数据的存储、传输和资源浪费等问题[2]。如果在信号进行采集的同时对信号进行一定程度的筛选，能否有效地节约存储空间，提高采样效率?压缩感知的提出解决了此困境，其利用相对较少的采样数据保存原始数据的信息，不会降低信号的重构精度，成功地在采样的同时完成压缩。

11.1 压缩感知理论框架

理论表明，为了实现无失真地重构出原始信号的目标，采样后的信号不能在频谱上存在混叠现象。图 11-1 为奈奎斯特采样定理过程，如果要恢复原始信号，采样的频率必须为信号最高频率的两倍以上，然后将采样数据进行加工和变换，最终恢复出原始信号[3]。

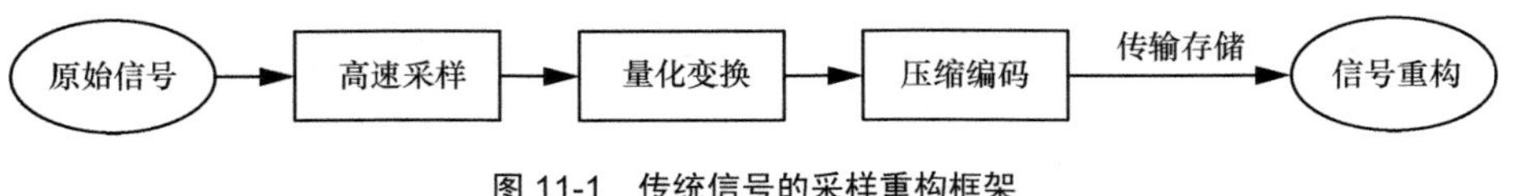

图 11-1　传统信号的采样重构框架

Candes 等[4]提出压缩感知的理念，图 11-2 为压缩感知的采样重构框架。该理论能在同一步骤下实现信号的压缩和采样，减少了采样数据和进程，大大降低了信息的数据量。因此可以认为，采样的速率不是由信号自身的带宽决定的，而是取决于信息的结构和信息在信号中的位置。

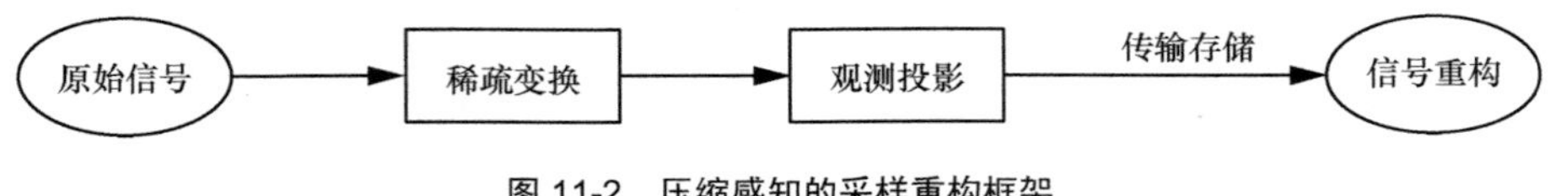

图 11-2　压缩感知的采样重构框架

根据图 11-1 和图 11-2 可以看出，压缩感知理论与传统奈奎斯特定理在处理信号时有不同的采样过程。首先，压缩感知实现采样和压缩两个步骤的合一，利于直接进行传输和存储。其次，压缩感知主要是利用珍贵的少量采样值，进而精确逼近原始信号，该方法明显区别于传统奈奎斯特中去除无效的多余信息的情况。压缩感知理论模型如图 11-3 所示。

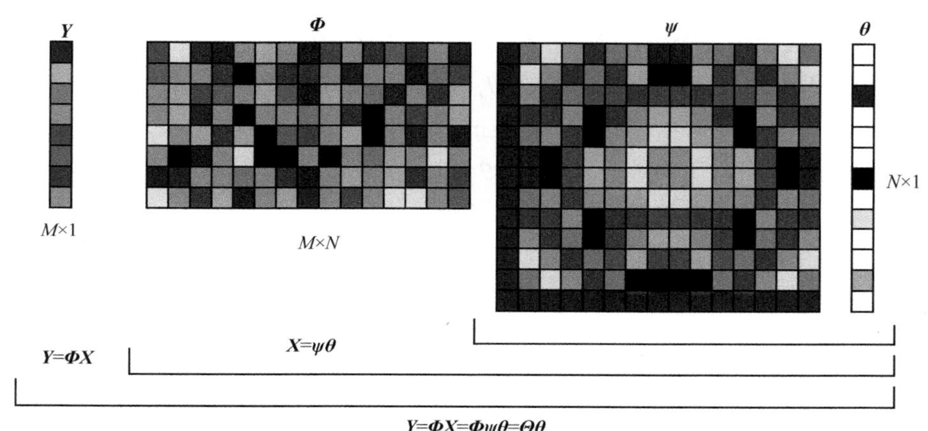

图 11-3　压缩感知理论模型

假设现有长度为 N 的离散实值信号 $\boldsymbol{X}$，$\boldsymbol{X} \in \mathbf{R}^N$，测量矩阵 $\boldsymbol{\Phi} \in \mathbf{R}^{M \times N}$，信号 $\boldsymbol{X}$ 在此矩阵下的线性测量值 $\boldsymbol{Y} \in \mathbf{R}^M$ 为

$$\boldsymbol{Y} = \boldsymbol{\Phi X} \tag{11-1}$$

式中，$\boldsymbol{X}$ 的维数高于 $\boldsymbol{Y}$，经过较少的线性测量值 $\boldsymbol{Y}$ 便可重构出信号 $\boldsymbol{X}$。式（11-1）是欠定方程组的求解方式，无法直接对此方程求得确切的解。

在通过投影值 $\boldsymbol{Y}$ 重构信号 $\boldsymbol{X}$ 之前，必须对信号 $\boldsymbol{X}$ 进行稀疏化操作过程，使其为 K 稀疏。为了获取原始信号的精确逼近，投影值 $\boldsymbol{Y}$ 和测量矩阵 $\boldsymbol{\Phi}$ 必须满足一定条件，才能转为求解最优 l_0 范数问题，即

$$\begin{gathered}\hat{x} = \arg\min \|x\|_0 \\ \text{s.t.} \quad \boldsymbol{\Phi x} = \boldsymbol{y}\end{gathered} \tag{11-2}$$

只有当测量值 $\boldsymbol{Y}$ 的维数 M 满足 $M = O\left(K\ln(N)\right)$，且测量矩阵 $\boldsymbol{\Phi}$ 遵守等距约束条件（Restricted Isometry Property，RIP）时，才能精确逼近 K 稀疏信号 $\boldsymbol{X}$。

首先，对信号进行稀疏化。假定信号 $\boldsymbol{X}$ 在某个稀疏基 $\boldsymbol{\varPsi}$ 上成功体现，且非零系

数 $\boldsymbol{\theta}$ 仅有 K（$K << N$）个，则称信号 $\boldsymbol{X}$ 在基 $\boldsymbol{\Psi}$ 上是稀疏的，此时 $\boldsymbol{\Psi}$ 为信号 $\boldsymbol{X}$ 的稀疏基或稀疏字典，K 为信号 $\boldsymbol{X}$ 的稀疏度。

$$\boldsymbol{X} = \boldsymbol{\Psi}\boldsymbol{\theta} \tag{11-3}$$

式中，$\boldsymbol{\theta}$ 是 $N \times 1$ 的系数向量，$\boldsymbol{\Psi}$ 是 $N \times N$ 的变换矩阵，即稀疏基。

将式（11-3）代入式（11-1）中，有

$$\boldsymbol{Y} = \boldsymbol{\Phi}\boldsymbol{X} = \boldsymbol{\Phi}\boldsymbol{\Psi}\boldsymbol{\theta} = \boldsymbol{\Theta}\boldsymbol{\theta} \tag{11-4}$$

式中，$\boldsymbol{\Theta} = \boldsymbol{\Phi}\boldsymbol{\Psi}$ 是大小为 $M \times N$ 的传感矩阵。判别 $\boldsymbol{\Theta}$ 矩阵能否满足约束等距条件，如果满足，那么就能够继续通过解最优 l_0 范数问题重构稀疏信号 $\boldsymbol{\theta}$。

$$\begin{gathered}\hat{\theta} = \arg\min \|\boldsymbol{\theta}\|_0 \\ \text{s.t.} \quad \boldsymbol{\Theta}\boldsymbol{\theta}=\boldsymbol{Y}\end{gathered} \tag{11-5}$$

最终，原始信号 $\boldsymbol{X}$ 的精却逼近通过 $\boldsymbol{\theta}$ 进行稀疏基逆变换获得。

上述理论部分的论述可以概括为[5]：第一步，对信号 $\boldsymbol{X} \in R^N$ 进行稀疏分解，寻找适用的稀疏基 $\boldsymbol{\Psi}$，使该信号在 $\boldsymbol{\Psi}$ 上可以稀疏表示；第二步，观测矩阵 $\boldsymbol{\Phi}$ 必须满足与变换基 $\boldsymbol{\Psi}$ 不相干，最后保证传感矩阵 $\boldsymbol{\Theta}$ 满足 RIP 准则；第三步，选择已有的重构算法或者针对信号的某些特征设计新的重构算法，对信号进行精确或者近似恢复。

11.2 信号的稀疏性表达

自然界中大部分信号未经处理前都不是稀疏的，而且通常采集到的未经处理的信号是时域信号，也都不是稀疏信号，但是在上述对压缩感知的介绍中了解到，对信号进行压缩和重构的前提是信号是稀疏的。因此对信号的稀疏性表达非常重要，稀疏表示成为了决定最终能否有效重构信号的关键[6]。

压缩感知理论提出了将信号进行稀疏表示的方法，即将这些需要进行稀疏表示的信号通过一定的方式投影映射到某种变换域上，此过程就能将信号稀疏表示进而满足原始信号在变换域上的稀疏条件。其实，信号的稀疏表示可以理解为通过某种运算，将原始信号转换为时间点上元素值为较多零的信号。信号的稀疏表示如图 11-4 所示。

假设现有长度为 N 的一维离散时间信号 $\boldsymbol{x} \in \mathbf{R}^N$ 可以表示为

$$\boldsymbol{x} = \boldsymbol{\Psi}\boldsymbol{\alpha} \tag{11-6}$$

式中，$\boldsymbol{\Psi} \in \mathbf{R}^{N \times N}$ 表示稀疏域，通常稀疏域表示可以选择使用小波变换、正弦变换、

余弦变换等；$\boldsymbol{\alpha} \in \mathbf{R}^{N\times 1}$ 是信号的投影。若 $\boldsymbol{\alpha}$ 中系数不为零的个数为 $K(K \ll N)$，那么信号 $\boldsymbol{x}$ 在 $\boldsymbol{\varPsi}$ 域中的稀疏度就是 K。

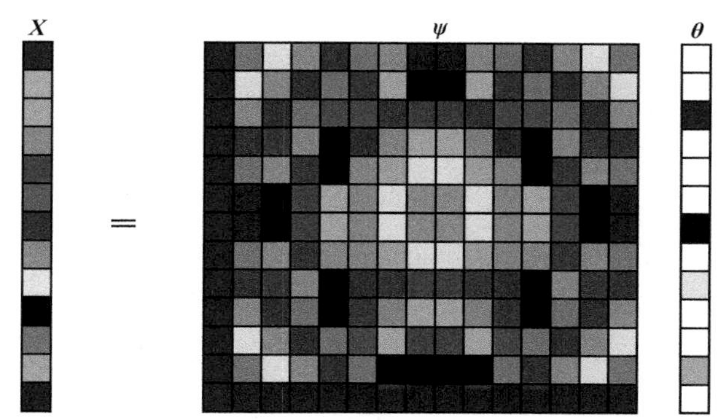

图 11-4　信号的稀疏表示

信号的稀疏化可以通过数学定义表示，对于信号 $\boldsymbol{x}$，如果 $0<p<2$，$R>0$，当某个变换基的系数为 $\boldsymbol{\alpha}=\boldsymbol{\varPsi}^{\mathrm{T}}\boldsymbol{x}$ 时，信号 $\boldsymbol{x}$ 满足

$$\|\boldsymbol{\alpha}\|_p=\left(\sum|\alpha_i|^p\right)^{\frac{1}{p}} \leqslant R \tag{11-7}$$

将一个实值离散信号 $\boldsymbol{\alpha}$ 的系数进行降序排列，如果该信号的递降速度为

$$\left|\alpha_{t(i)}\right| \leqslant Gi^{-\frac{1}{r}}, i=1,\cdots,N \tag{11-8}$$

即以指数级数的速度进行衰减时，那么该信号就适用于压缩感知。此时，原始信号 $\boldsymbol{x}$ 的重构误差为

$$e=\|x-x\|_2 \leqslant C_p R\left(\frac{k}{\log N}\right)^{-r} \tag{11-9}$$

式中，C_p 为只与 r 有关的常数，且 $r=\dfrac{1}{p}-\dfrac{1}{2}, 0<p<1$，$R>0$。

对于上述提到的几种基础的交换基之外，还有一些稀疏基在稀疏域上也能够使信号稀疏，并在一定程度上满足压缩感知中对稀疏基的要求，如 Curvelet 变换、傅里叶变换等。为了重构出最好的信息，需要找到信号的最优稀疏表示，随着研究的不断深入，人们设计并研发出对某类信号特征的特殊稀疏基[7-8]和多种信号稀疏字典[9]，所以研究信号的稀疏表示方法尤其重要。

11.3 压缩感知的测量矩阵

解决上述信号的稀疏问题后，接下来需要对稀疏的信号进行压缩和采样这一重要步骤，这个环节最重要的是测量矩阵的选择和设计，因为测量矩阵不仅影响信号的重构效果，还影响信号的采样。

Candes 和 Tao 在压缩感知理论提出时，也相继提出关于测量矩阵的相关规定，即测量矩阵必须满足 RIP。此准则指的是对于任意 K 稀疏信号 $\boldsymbol{x}$，即信号中只需 K 个非零元素，且满足 $K \ll N$，$\delta_K \in (0,1)$ 常数时，需要满足不等式

$$(1-\delta_K)\|\boldsymbol{x}\|_2^2 \leqslant \|\boldsymbol{\Phi x}\|_2^2 \leqslant (1+\delta_K)\|\boldsymbol{x}\|_2^2 \tag{11-10}$$

则可判定矩阵 $\boldsymbol{\Phi}$ 满足 RIP。也就是说，满足该条件的测量矩阵能够保存有效的原始信号信息，且能够实现信号的重构。当然，也可以用另一种等价条件进行验证，证明测量矩阵和稀疏基不相关。

在实际应用中，通常需要测量矩阵 $\boldsymbol{\Phi}$ 满足 $2K$ 约束，甚至是 $3K$ 约束条件，即

$$(1-\delta_{2K})\|\boldsymbol{x}\|_2^2 \leqslant \|\boldsymbol{\Phi x}\|_2^2 \leqslant (1+\delta_{2K})\|\boldsymbol{x}\|_2^2 \tag{11-11}$$

$$(1-\delta_{3K})\|\boldsymbol{x}\|_2^2 \leqslant \|\boldsymbol{\Phi x}\|_2^2 \leqslant (1+\delta_{3K})\|\boldsymbol{x}\|_2^2 \tag{11-12}$$

压缩感知中，信号的稀疏化不是由设计者控制的，通常是使用已知的一些原始矩阵。满足 RIP 准则的常见矩阵有随机高斯矩阵、伯努利矩阵、傅里叶矩阵、部分哈达玛矩阵等。这些测量矩阵在重构原始信息时能够恢复出原信号，但是原信号的重构效果不太理想。测量矩阵在压缩感知中是一个非常重要的问题。因此，设计测量矩阵时需要满足 RIP 准则，研究者也致力于提出更适用于压缩感知的测量矩阵。

11.4 压缩感知的重构算法

压缩感知的重构算法是将压缩和采样后得到的测量信号用算法恢复出原信号的过程，所以原信号的有效重构是压缩感知中最重要的部分[10]。为了从 $\boldsymbol{Y}$ 的测量信号中恢复出原信号 $\boldsymbol{X}$，需要解决式（11-5）所示的最优化问题。

目前，关于压缩感知的重构算法的研究非常深入，为了解决式（11-5）所示的

最优化问题，重构算法可以归为三类，研究者可以根据研究的主要问题来选择或者设计重构方法，进一步解决或改善相关问题。下面，分别介绍这三类重构算法[11-12]。

（1）凸优化算法

凸优化算法的提出和产生源于解决 l_1 最小范数问题，目的是将非凸问题转化为便于求解和逼近原信号的凸问题，完成信号的重构。常见的凸优化算法有内点法[13]和梯度投影法[14]等。这类算法的优点是测量数据的容量不大，需要较少的数据即可，缺点是计算复杂度高，一般求解时间较长。

（2）贪婪追踪算法

贪婪追踪算法的核心是通过算法的每次迭代过程寻找符合条件的取值，进而选择出一个局部最优解来逼近原信号，最终得到重构的信号。这类算法主要包括匹配追踪（Matching Pursuit，MP）算法、正交匹配追踪（Orthogonal Matching Pursuit，OMP）算法[15]和压缩采样匹配追踪（Compressive Sampling Matching Pursuit，CoSaMP）算法[16]等。这类算法的优点是计算的速度相对较快，缺点是需要相对较多的观测值数量。

（3）组合算法

组合算法主要是通过分组测试的方法快速地进行重建。这类算法主要有傅里叶采样、链式追踪算法和 HHS 算法等。

上述的重构算法并不是全部的重构方法，而是最基本且经典的算法。研究者通常是在现有的重构算法中进行改进，而改进的重构算法可满足研究者的需求，如减少算法复杂度、重构时间或重构信息的精确度等。因此，可根据不同需求选取重构算法。后续的信息重构算法使用的是贪婪追踪算法中的 OMP 算法和 CoSaMP 算法，下面将着重介绍这两种算法。OMP 算法的实现过程如算法 11-1 所示。

算法 11-1 OMP 算法

输入 测量矩阵 $\boldsymbol{\Phi} \in \mathbf{R}^{M\times N}$，测量值 $\boldsymbol{Y} \in \mathbf{R}^{M}$，待恢复信号 $\boldsymbol{X}$ 的稀疏度 K

输出 $\boldsymbol{X}$ 的稀疏逼近 $\hat{\boldsymbol{X}}$（$\boldsymbol{X}$ 的解），重建误差 r_t

步骤 1 初始化冗余向量 $\boldsymbol{r}_0 = \boldsymbol{y}$，索引集合 $\varLambda_t = \varphi$，迭代次数 $t = 1$；

步骤 2 找到使 $\boldsymbol{\lambda}_t = \arg\max\limits_{j\in(M-\varLambda_t)} \left|\left\langle \boldsymbol{r}_{t-1}, \boldsymbol{\Phi}_j \right\rangle\right|$ 的索引 $\boldsymbol{\lambda}_t$，$M = \{1,2,\cdots,m\}$，$M-\varLambda_t$ 表示集合 M 中去掉 $\varLambda_t$ 中的元素；

步骤 3 令 $\varLambda_t = \varLambda_{t-1} \cup \{\boldsymbol{\lambda}_1\}$；

步骤 4 计算新的近似 $\boldsymbol{a}_{\varLambda_t} = \boldsymbol{\Phi}_{\varLambda_t}^{\perp} \boldsymbol{y}$，其中 $\boldsymbol{\Phi}^{\perp}$ 表示 $\boldsymbol{\Phi}$ 的伪逆，$\boldsymbol{\Phi}^{\perp} = \left(\boldsymbol{\Phi}^{\mathrm{T}}\boldsymbol{\Phi}\right)\boldsymbol{\Phi}^{\mathrm{T}}$；

步骤 5 更新冗余向量 $\boldsymbol{r}_t = \boldsymbol{y} - \boldsymbol{a}_{\Lambda_t}\boldsymbol{y}$；

步骤 6 判断是否满足 $\|\boldsymbol{r}_t - \boldsymbol{r}_{t-1}\|_2 < \varepsilon$ 或 $M = \Lambda_t$，若是，则停止，$\hat{\boldsymbol{X}} \leftarrow \boldsymbol{a}_{\Lambda_t}$；否则 $t = t+1$，转步骤 2。

从算法 11-1 步骤中可知，OMP 算法的每一次迭代都能重构出一个向量 $\boldsymbol{\lambda}$，随着迭代数的增加，重构向量也会根据判断语句一直重复，直到满足判断条件，即一个迭代阈值。迭代阈值选取要提前进行设定，一般设定的阈值为当迭代的次数大于原信号的稀疏度 K 时，重复迭代过程停止。

CoSaMP 算法是在 OMP 算法上改进的，不同于 OMP 算法，该算法的每一次迭代选取的原子在下一次迭代中都不会保留，而是抛弃。CoSaMP 算法解决了传统的贪婪算法中抗噪声能力弱的缺点，增强了抗噪声能力，进而优化了算法。CoSaMP 算法的实现过程如算法 11-2 所示。

算法 11-2 中，$\boldsymbol{r}_t$ 表示残差，t 表示迭代次数，$\varnothing$ 表示空集，J_0 表示每次迭代找到的索引，Λ_t 表示 t 次迭代的索引集合，$\boldsymbol{a}_j$ 表示矩阵 $\boldsymbol{\Theta}$ 的第 j 列，$\boldsymbol{\Theta}_t$ 表示按索引 Λ_t 选出的矩阵 $\boldsymbol{\Theta}$ 的列集合，$\boldsymbol{\theta}_t$ 为 $Lt\times 1$ 的列向量。

算法 11-2 CoSaMP 算法

输入 传感矩阵 $\boldsymbol{\Theta} = \boldsymbol{\Phi\Psi}$ 且 $\boldsymbol{\Theta} \in \mathbf{R}^{M\times N}$，观测向量 $\boldsymbol{y} \in \mathbf{R}^N$，信号的稀疏度 K

输出 信号稀疏表示稀疏估计 $\hat{\boldsymbol{\theta}}$，$N\times 1$ 维的残差 $\boldsymbol{r}_s = \boldsymbol{y} - \boldsymbol{\Theta}_s\hat{\boldsymbol{\theta}}_s$

步骤 1 初始化 $r_0 = y, \Lambda_0 = \varnothing, \boldsymbol{\Theta}_0 = \varnothing, t = 1$；

步骤 2 计算 $u = abs\left[\boldsymbol{\Theta}^{\mathrm{T}}\boldsymbol{r}_{t-1}\right]$（即计算 $\langle \boldsymbol{r}_{t-1}, \boldsymbol{a}_j\rangle, 1 \leqslant j \leqslant N$），选择 u 中 $2K$ 个最大值，将这些值对应 $\boldsymbol{\Theta}$ 的列序号 j 构成集合 J_0；

步骤 3 令 $\Lambda_t = \Lambda_{t-1} \cup J_0, \boldsymbol{\Theta}_t = \boldsymbol{\Theta}_{t-1} \cup \boldsymbol{a}_j\,(j \in J_0)$；

步骤 4 求 $\boldsymbol{y} = \boldsymbol{\Theta}_t\boldsymbol{\theta}_t$ 的最小二乘解：$\hat{\boldsymbol{\theta}}_t = \arg\min\limits_{\theta_t}\|\boldsymbol{y} - \boldsymbol{\Theta}_t\boldsymbol{\theta}_t\| = \left(\boldsymbol{\Theta}_t^{\mathrm{T}}\boldsymbol{\Theta}_t\right)^{-1}\boldsymbol{\Theta}_t^{\mathrm{T}}\boldsymbol{y}$；

步骤 5 从 $\hat{\boldsymbol{\theta}}_t$ 中选出绝对值最大的 K 项记为 $\hat{\boldsymbol{\theta}}_{tK}$，对应的 $\boldsymbol{\Theta}_t$ 中的 K 列记为 $\boldsymbol{\Theta}_{tK}$，对应的 $\boldsymbol{\Theta}$ 的列序号记为 Λ_{tK}，更新集合 $\Lambda_t = \Lambda_{tK}$；

步骤 6 更新残差 $\boldsymbol{r}_t = \boldsymbol{y} - \boldsymbol{\Theta}_{tK}\hat{\boldsymbol{\theta}}_{tK} = \boldsymbol{y} - \boldsymbol{\Theta}_{tK}\left(\boldsymbol{\Theta}_{tK}^{\mathrm{T}}\boldsymbol{\Theta}_{tK}\right)^{-1}\boldsymbol{\Theta}_{tK}^{\mathrm{T}}\boldsymbol{y}$；

步骤 7 $t = t+1$，如果 $t \leqslant S$，则返回步骤 2 继续迭代；如果 $t > S$ 或残差 $\boldsymbol{r}_t = 0$，则停止迭代进入步骤 8；

步骤 8 重构所得 $\hat{\boldsymbol{\theta}}$ 在 Λ_{tK} 处有非零项，其值分别为最后一次迭代所得 $\hat{\boldsymbol{\theta}}_{tK}$。

11.5　本章小结

本章主要介绍压缩感知理论，详细阐述和区分传统的信号采样和压缩感知的采样方法，探讨两种不同的信息采样方法，进一步体现压缩感知信息采样的优点。信号的稀疏性表达部分详细介绍稀疏化过程与常见的信号的稀疏化方法。然后，针对控制信号进行压缩和采样两方面的测量矩阵部分，进一步阐述测量矩阵需要满足的准则，这也是选择和设计新的测量矩阵的重要条件。最后，介绍三类重构算法，着重分析了后续使用的贪婪追踪算法中的 OMP 算法和 CoSaMP 算法。

参考文献

[1] CHAI X, GAN Z, CHEN Y, et al. A visually secure image encryption scheme based on compressive sensing[J]. Signal Processing, 2017, 134: 35-51.

[2] CHANG D, OMOMUKUYO O, LIN X, et al. Robust faster-than-Nyquist PDM-m QAM systems with tomlinson-harashima precoding[J]. IEEE Photonics Technology Letters, 2018, 28(19): 2106-2109.

[3] SHAH J, QURESHI I, DENG Y, et al. Reconstruction of sparse signals and compressively sampled images based on smooth l 1-norm approximation[J]. Journal of Signal Processing Systems, 2017, 88(3): 333-334.

[4] CANDES E, ROMBERG J. Robust signal recovery from incomplete observations[C]//IEEE International Conference on Image Processing. Piscataway: IEEE Press, 2006: 1281-1284.

[5] CANDÈS E J. The restricted isometry property and its implications for compressed sensing[J]. Comptes Rendus Mathematique, 2008, 346(9-10): 589-592.

[6] YIN H P, LIU Z D, CHAI Y, et al. Jiao. Survey of compressed sensing[J]. Control and Decision, 2013, 28(10): 1441-1445.

[7] HOSSAIN M S, MUHAMMAD G. Audio-visual emotion recognition using multi-directional regression and Ridgelet transform[J]. Journal on multimodal user interfaces, 2016, 10(4): 325-333.

[8] UÇAR A, DEMIR Y, GÜZELIŞ C. A new facial expression recognition based on curvelet transform and online sequential extreme learning machine initialized with spherical clustering[J]. Neural Computing & Applications, 2016, 27(1): 131-142.

[9] MALLAT S G, ZHANG Z. Matching pursuits with time-frequency dictionaries[J]. IEEE Transactions on Signal Processing, 1993, 41(12): 3397-3415.

[10] 周灿梅. 基于压缩感知的信号重建算法研究[D]. 北京: 北京交通大学, 2010.
[11] 鲁周迅, 徐晓梅. 压缩感知中的信号重构方法分析[J]. 电子技术应用, 2011, 37(8): 102-104.
[12] 白凌云, 梁志毅, 徐志军. 基于压缩感知信号重建的自适应正交多匹配追踪算法[J]. 计算机应用研究, 2011, 28(11): 4060-4063.
[13] FOUNTOULAKIS K, GONDZIO J, ZHLOBICH P. Matrix-free interior point method for compressed sensing problems[J]. Mathematical Programming Computation, 2014, 6(1): 1-31.
[14] CHEN G, LI D, ZHANG J. Iterative gradient projection algorithm for two-dimensional compressive sensing sparse image reconstruction[J]. Signal Processing, 2014, 104: 15-26.
[15] CHANG L H, WU J Y. An improved RIP-based performance guarantee for sparse signal recovery via orthogonal matching pursuit[J]. IEEE Transactions on Information Theory, 2014, 60(9): 405-408.
[16] NEEDELL D, TROPP J A. CoSaMP: iterative signal recovery from incomplete and inaccurate samples[J]. Applied and Computational Harmonic Analysis, 2009, 26(3): 301-321.

第 12 章 图像重构及性能评价体系

在混沌与压缩感知相结合的研究中，混沌系统的主要途径是用于构造压缩感知中的测量矩阵，目的是对图像信息进行重构与加密，所以为了后续对重构效果和加密效果进行分析与评价，本章将介绍图像的重构分析指标和加密算法的安全性评价指标。

12.1 引言

为了深入研究混沌压缩感知的图像重构和加密，本章重点介绍图像的重构分析指标和加密算法的安全性评价指标，为后续压缩感知与重构加密提供理论依据和验证标准。

12.2 重构图像的质量分析

当原始图像信息通过压缩感知技术进行重构和加解密后，需要对恢复出来的图像进行质量分析，重构图像的质量直接影响图像重构算法和加解密算法性能的优劣。

图像重构算法与其他的信息方式相比较有一个特殊的评价方式，即可以通过人类视觉的主观判断进行大致的评估。然而，当重构图像只有细微的变化时，人眼无法精确地区别优良重构效果，所以在这种情况下，有必要用客观的评价方法进行评估。下面将介绍 3 种定量的图像质量分析指标。

（1）均方误差（Mean Square Error, MSE）

均方误差适用于重构图像的分析方法，假设 $f(x,y)$ 是大小为 $M\times N$ 的原始图

像，$g(x,y)$ 是原始图像经过采样压缩或解密后得到的重构图像，则均方误差可以表示为

$$\mathrm{MSE}=\frac{1}{MN}\sum_{x=0}^{M-1}\sum_{y=0}^{N-1}\left[g(x,y)-f(x,y)\right]^2 \tag{12-1}$$

（2）峰值信噪比（Peak Signal to Noise Ratio, PSNR）

峰值信噪比见于评价重构图像和原始图像之间的差异情况。当两幅图像的差别越大，其 PSNR 值越小，即图像越近似，PSNR 值越大[1]。

$$\mathrm{PSNR}=10\log\left(\frac{255^2}{\mathrm{MSE}}\right) \tag{12-2}$$

（3）结构相似性（Structural Similarity, SSIM）

图像通常表现出很高的结构性，主要体现出图像的像素之间存在很强的相关性[2]。度量两幅图像的相似性的定义为

$$\mathrm{SSIM}(s,y)=\frac{(2\mu_x\mu_y+c_1)(2\sigma_{xy}+c_2)}{(\mu_x^2+\mu_y^2+c_1)(\sigma_x^2+\sigma_y^2+c_2)} \tag{12-3}$$

式中，μ_x 和 μ_y 分别为原始图像和重构图像的平均灰度，σ_x 和 σ_y 分别为这两种图像的标准差，c_1 和 c_2 为两个调节参数。SSIM 的取值为 $(0,1)$，SSIM 的值越趋近于 1，原始图像和重构图像越相似，重构的效果越好。

12.3　重构图像的安全性分析指标

图像信息的安全性分析是检验一个加密算法安全程度必不可少的衡量指标，经过良好的加密算法操作后的密文必须有抵抗不同攻击的能力。为了精确地衡量和评价加密算法的性能和安全性，常规情况下将从以下 6 种常见的安全性分析指标进行验证，进而衡量加密算法的安全性能。

（1）密钥空间

密钥空间是评价加密算法抵抗穷举攻击能力的指标。穷举攻击是将密钥空间中所有的可能性密钥一个一个逐步尝试的原始方法。如果密钥空间很小，那么计算机很快就会进行破译，说明这个加密方案并不是很好。对于一个合格的能够抵抗穷举攻击的加密算法，密钥空间不能少于 2^{100} [3-4]。

（2）NIST 测试

NIST 测试是一种伪随机序列的随机性能指标之一，由美国国家标准技术研究院提出，用来衡量随机序列的优劣。这套测试中一共有 16 项指标，分别从不角度对随机序列进行检验[5]。显然，这项指标也可以用来检测混沌加密算法，主要验证测量混沌的伪随机序列程序。当每项测试都通过时，混沌序列的不可预测性较强，几乎是随机的，由此可以判定混沌加密方案的效果。

（3）直方图分析

灰度直方图是一种以明文图像和密文图像的像素分布情况为切入点的图像分析方法。正常情况下每幅图像都有唯一对应的直方图分布情况，但是经过加密后图像的灰度直方图分布情况却是均衡的，无法直接识别出具体图像。利用直方图分析加密图像的效果时，加密算法越好，直方图的分布越均匀。

（4）相邻像素相关性分析

相关系数是评价图像加密算法最基本的评价指标。经过良好的数字图像加密方案处理后，密文图像的相邻像素之间呈现的相关性较低[6]。以加密图像相邻像素之间的相关性系数的数值为判定依据，相关系数越接近于 0，则表示加密效果越好。

$$
\begin{aligned}
&\bar{x}=\frac{1}{N}\sum_{i=1}^{N}X_i\\
&D(x)=\frac{1}{N}\sum_{i=1}^{N}(x_i-\bar{x})^2\\
&\mathrm{Conv}(x,y)=\frac{1}{N}\sum_{i=1}^{N}(x_i-\bar{x})(y_i-\bar{y})\\
&\gamma_{xy}=\frac{\mathrm{Conv}(x,y)}{\sqrt{D(x)}\sqrt{D(y)}}
\end{aligned}
\tag{12-4}
$$

式中，x和y是测量图像中的两个相邻像素，$\bar{x}$和$\bar{y}$是所有 x 和 y 的平均值，根据分析图像情况选取 N 对像素组数，γ_{xy}是相关系数。

（5）信息熵分析

加密图像信息熵的值是用以评估加密图像中信息分布随机性强弱的主要参数[7]。当分析加密图像信息分布情况时，如果灰度值分布越均匀，那么该加密图像的信息熵越大，进而表示加密效果越好。反之，当随机性较弱，则信息熵越小。信息熵 H 可表示为

$$H_m = -\sum_{1}^{256} P(m_i)\mathrm{lb}P(m_i) \tag{12-5}$$

式中，$P(m_i)$ 表示 m_i 在图像 m 中出现的概率。

（6）抗差分攻击分析

为了评估某加密算法抵抗差分攻击的能力，需要通过定量计算像素变化率（Number of Pixel Chang Rate，NPCR）和归一化平均变化强度（Unified Average Changing Intensity，UACI）两个定值[8]。NPCR 表示的是两幅加密图像的不同像素的个数，UACI 表示的是平均像素差值，这两个指标共同反映一幅图像明文的敏感性。如果明文图像微小的变化不能导致密文图像显著的变化，则表示加密算法抵抗差分攻击能力弱。反之，则说明加密算法抵抗差分攻击的能力强。计算式为

$$\mathrm{NPCR} = \frac{1}{mn}\sum_{i=1}^{m}\sum_{j=1}^{n} D(i,j) \times 100\% \tag{12-6}$$

$$D(i,j) = \begin{cases} 0, C_1(i,j) = C_2(i,j) \\ 1, C_1(i,j) \neq C_2(i,j) \end{cases} \tag{12-7}$$

$$\mathrm{UACI} = \frac{1}{mn}\sum_{i=1}^{m}\sum_{j=1}^{n} \frac{|C_1(i,j) - C_2(i,j)|}{255} \times 100\% \tag{12-8}$$

式中，$m \times n$ 表示图像的大小。如果两幅明文图像进行加密处理，那么两幅密文图像在第 (i,j) 点的像素分别为 $C_1(i,j)$ 和 $C_2(i,j)$。

12.4　本章小结

本章介绍混沌理论的分析和判定方法，为后续混沌系统的设计提供理论基础和重要的框架支持。与此同时，本章简略介绍了几种常见的混沌系统的理论基础，以便用于后续仿真时的应用和不同实验结果的对比。另外，还简述了评价图像重构和图像加密的安全性分析所需要的定量指标。

参考文献

[1] HORÉ A, ZIOU D. Image quality metrics: PSNR vs. SSIM[C]//In Proceedings of the 2010 20th International Conference on Pattern Recognition. Piscataway: IEEE Press, 2010: 23-26.

[2] FEI L, YAN L, CHEN C, et al. OSSIM: an object-based multiview stereo algorithm using SSIM index matching cost[J]. IEEE Transactions on Geoscience and Remote Sensing, 2017, 99: 1-13.

[3] ZHU C X. A novel image encryption scheme based on improved hyperchaotic sequences[J]. Optics Communications, 2012, 285(1): 29-37.

[4] ALVAREZ G, LI S. Some basic cryptographic requirements for chaos-based cryptosystems[J]. International Journal of Bifurcation and Chaos, 2006, 16: 2129-2151.

[5] HE S, SUN K, WANG H. Complexity analysis and DSP implementation of the fractional-order lorenz hyperchaotic system[J]. Entropy, 2015, 17: 8299-8311.

[6] MIRZAEI O, YAGHOOBI M, IRANI H. A new image encryption method: Parallel sub-image encryption with hyper chaos[J]. Studies in Nonlinear Dynamics and Econometrics, 2012, 67: 557-566.

[7] ZHOU Y, BAO L, CHEN C L P. A new 1D chaotic system for image encryption[J]. Signal Process, 2014, 97: 172-182.

[8] BIHAM E, SHAMIR A. Differential cryptanalysis of DES-like cryptosystems[J]. Journal of Cryptology, 1991, 4(1): 63-72.

第13章 基于新三维超混沌的图像压缩感知与重构

压缩感知中测量矩阵的选择直接影响信号的采样和压缩效果，它的性能是制约图像信息重构效果的重要因素。因此，为了使图像的重构效果近似于原始图像，选择和设计一种性能优良的测量矩阵尤其重要。构造新的测量矩阵之前，本章首先针对新设计的混沌系统进行分析，确定该混沌系统的动力学方程，分析其系统的相空间轨迹图、李雅普诺夫指数、混沌分岔图和复杂度。然后，用新的三维混沌系统构造测量矩阵，并进行测量矩阵的相关验证。最后，提出基于新三维混沌的压缩感知图像重构的研究结果和性能分析。

13.1 引言

近几年的研究显示，压缩感知中常用的随机测量矩阵具有不稳定性，由此来看，设计一种更适用于实际应用的测量矩阵是有待解决的问题。因此，本章通过设计一种新的混沌系统用于构造压缩感知的测量矩阵，并对图像信息进行压缩和采样，以实现图像重构的目的。

基于新三维超混沌的压缩感知图像重构模型如图 13-1 所示。

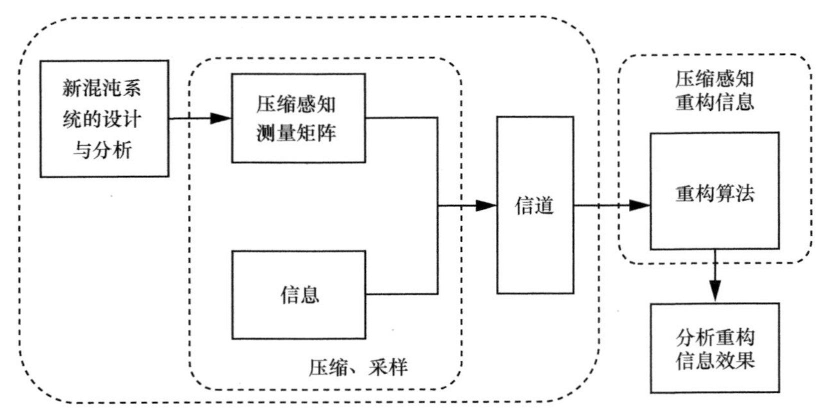

图 13-1　基于新三维超混沌的压缩感知图像重构模型

13.2　新三维离散超混沌系统

在深入研究一些常规的混沌系统基础后，本章设计并得到了一种新的三维超混沌系统。新的混沌系统的提出在本章中的应用有两个方面：一方面，通过设计新的三维超混沌系统构造测量矩阵，达到重构图像信息的目的；另一方面，在混沌加密方案中，由于一维混沌映射结构简单，且常用的混沌系统的参数已经普遍被大众所熟知，所以常见的混沌系统加密很有可能会被破译成功。因此，为了使混沌加密方案更具安全性、加密图像破译难度更高，应该设计一种动力学中运动更复杂的超混沌系统用于构建加密方案[1]。

本章设计的新三维离散超混沌映射方法是在经典的二维 Henon 映射的基础上设计的，在用雅可比矩阵求取混沌的李雅普诺夫指数，当寻找雅可比矩阵的鞍点时，本章通过增加一个新变量，使空间维度得以增加，并多次调试参数取值最终测试出该混沌系统。新三维超混沌系统动力学方程式为

$$\begin{cases} x(i) = ax(i-1)+by(i-1)+cz(i-1)+dx(i-1)y(i-1)+ex(i-1)z(i-1)+fy(i-1)z(i-1) \\ y(i) = x(i-1) \\ z(i) = y(i-1) \end{cases} \tag{13-1}$$

在该系统中，为了能够迭代进入混沌状态，使此系统表现出混沌的优良性能，设定系统参数取值为 $a=-0.54$、$b=-0.25$、$c=0.79$、$d=-1.79$、$e=-1.69$、$f=-1.78$，初始值为 $x(0)=0.63$、$y(0)=0.81$、$z(0)=-0.75$，从而得到此系统的运动情况。此时，该系统表现出的混沌二维相图和三维立体图如图 13-2 所示。

从图 13-2 中可以看出，新三维超混沌系统的混沌吸引子相空间轨迹图比较优美，像一只展开的“水母”，且混沌吸引子在每个投影面上都是非线性的。

13.3　新三维离散超混沌系统的性能分析

本节对新三维超混沌系统进行分析和验证，主要分析的内容有李雅普诺夫（Lyapunov）指数、混沌系统的分岔图和混沌系统的复杂度。

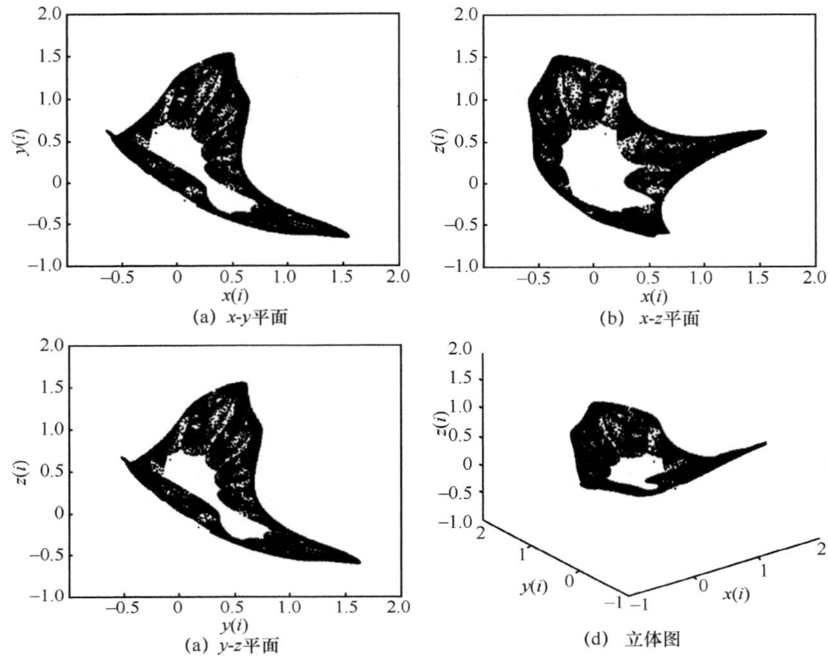

图 13-2 新三维超混沌系统的相图和三维立体图

13.3.1 李雅普诺夫指数

常用来表征混沌运动的判决方法就是分析一个系统的李雅普诺夫指数，本章所设计的新三维混沌系统的李雅普诺夫指数如图 13-3 所示。

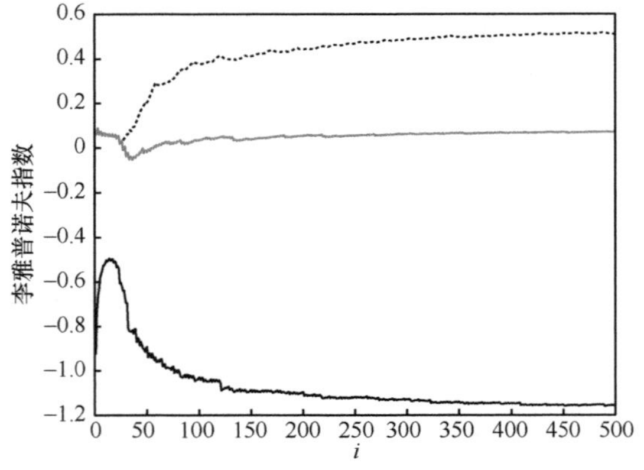

图 13-3 新三维混沌系统的李雅普诺夫指数

图 13-3 呈现的是对式（13-1）改变特定参数后特征值的仿真结果，在此，本章仅改变方程中可变参数 i 的取值范围，而提前设置好的系统参数值 $a=-0.54$、$b=-0.25$、$c=0.79$、$d=-1.79$、$e=-1.69$、$f=-1.78$ 仍保持不变。观察图 13-3 中发现，本章设计的新三维混沌系统有两个李雅普诺夫正指数和一个负指数。

根据混沌系统的李雅普诺夫指数理论可知，当李雅普诺夫指数有一个正值就可以判断此系统出现了混沌运动，且大于零的李雅普诺夫指数值个数越多，该混沌运动越复杂[2]。

高维相空间中有两个或两个以上的正指数可被视为超混沌系统。本章设计的新三维混沌系统有两个李雅普诺夫正指数，综上所述，所设计的新混沌系统具有混沌特性，且为超混沌。

13.3.2　混沌系统的分岔图

混沌系统的分岔图是根据参数的改变而引起的不稳定的变化行为[3-4]。如果一个动力系统结构是不稳定的，那么很小的改动就会使系统的拓扑结构发生明显的变动。对于一个混沌系统而言，分岔图所展现的信息非常有价值。

根据动力学系统的式（13-1）的 3 个方程可以发现，支路 z 能够反映 y 和 x 的迭代。故只改变式（13-1）混沌系统的初始值 $z(0)$ 的取值范围，就可以得到混沌系统的分岔图，如图 13-4 所示。当参数大致在 −0.735 和 −0.695 范围时能明显看到分岔行为，整体上看，取值越大产生的迭代序列越复杂。局部分析图 13-4 发现一个特殊情况，分岔现象是在每一个分岔点开始时发生的，并且每一个分岔点所生成的分岔图的分岔形态尤其相似，并不会发生不规则分岔现象。

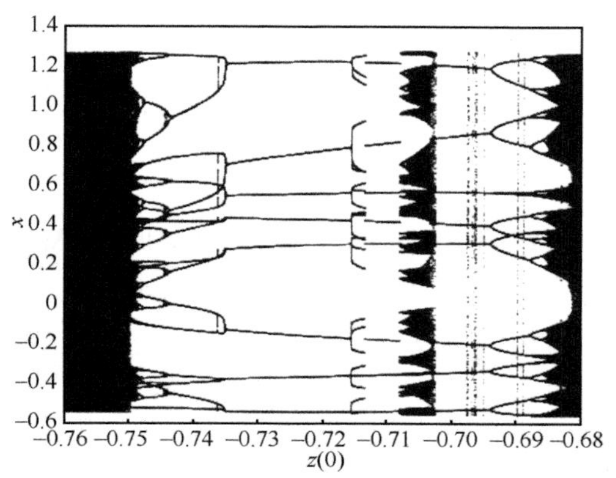

图 13-4　新三维超混沌系统的分岔图

13.3.3 混沌系统的复杂度

混沌系统的时间序列复杂性可以用近似熵表示，是定量衡量序列波动的非线性动力学参数[5]，通常用一个非负的值进行判定。当序列波动体现出的复杂性越大，对应的近似熵也越大[6]。近似熵的具体步骤如下。

步骤 1 假设原始数据为 $x(1), x(2), \cdots, x(N)$，把它们按照顺序组成 m 维的向量

$$\boldsymbol{X}(i) = \left[x(i), x(i+1), \cdots, x(i+m-1)\right] \tag{13-2}$$

式中，$i = 1, 2, 3, \cdots, N-m+1$。

步骤 2 $x(i)$ 和 $x(j)$ 之间的距离为

$$d(i, j) = \max_{k=1-m-1}\left[\left|x(i+k) - x(j+k)\right|\right] \tag{13-3}$$

步骤 3 对每一个 $i \leqslant N-m+1$，按照所给定的阈值 $r(r>0)$，统计 $d(i,j)<r$ 的数量及此数量与距离总数 $N-m$ 的比值，记作 $C_i^m(r)$，即

$$C_i^m(r) = \frac{1}{N-m+1}\mathrm{Sum}\left\{d(i,j)<r\right\} \tag{13-4}$$

步骤 4 将 $C_i^m(r)$ 取对数，再求其对全部 i 的平均值，记作 $\phi^m(r)$，即

$$\phi^m(r) = \frac{1}{N-m+1}\sum_{i=1}^{N-m+1}\ln C_i^m(r) \tag{13-5}$$

步骤 5 改变维数，重复步骤 1～步骤 4，可以得到近似熵为

$$\mathrm{ApEn}(m, r) = \lim_{N\to\infty}\left[\phi^m(r) - \phi^{m+1}(r)\right] \tag{13-6}$$

步骤 6 事实上数据序列的长度是有界的。因此，将近似熵算法改为

$$\mathrm{ApEn}(m, r, N) = \phi^m(r) - \phi^{m+1}(r) \tag{13-7}$$

Pincus[7]发现，当 $m=2$ 和 $r \in \left[0.1\mathrm{SD}(x), 0.2\mathrm{SD}(x)\right]$ 时，ApEn 与 N 之间存在最小的依赖关系，其中 $\mathrm{SD}(x)$ 是 x 的标准差。一般地，一个较复杂的时间序列对应的熵值往往也是较大的。下面以 4 种混沌系统为例，计算每种混沌序列的近似熵，结果如表 13-1 所示。

表 13-1　不同混沌序列的 ApEn

混沌系统	输入参数	ApEn
Logistic	N=2 000, m=2, r=0.2SD	0.491 8
Henon	N=2 000, m=2, r=0.2SD	0.469 9
Lorenz	N=2 000, m=2, r=0.2SD	0.319 7
本章的混沌序列	N=2 000, m=2, r=0.2SD	0.693 2

由表 13-1 可知，在相同的输入参数下，将本章的混沌序列与 Logistic、Henon 和 Lorenz 混沌系统进行近似熵对比，本章的混沌系统的复杂度更强。

13.4　测量矩阵的构造与验证

本章设计的是一个新三维离散超混沌系统，其混沌序列的生成是经过式（13-1）迭代构成的，能明显发现所生成混沌序列$\begin{Bmatrix} x_1, x_2, \cdots, x_i \\ y_1, y_2, \cdots, y_i \\ z_1, z_2, \cdots, z_i \end{Bmatrix}$也是三维的。由于构成测量矩阵仅需要一维序列就可以生成，这也意味着需要对三维混沌序列进行选取，选取方法是没有规则可言的，其中每一维都可以生成测量矩阵。然而，需要注意的是，观察式（13-1）明显发现，$z(i)$ 是 $x(i)$ 和 $y(i)$ 嵌套得来的，那么本章选择相对复杂的 $z(i)$ 序列。

选择第三维的混沌序列$\{z_1, z_2, \cdots, z_i\}$，以大小为 d 的等距间隔对此序列进行采样，为了提高混沌序列的随机性，舍弃前 1 500 个值，最终采样值为

$$g_k = z_{1\,501+kd}, \quad k = 0, 1, 2, \cdots \tag{13-8}$$

将式（13-8）进行正规化表示，使其具有零均值和零对称特点。这样做的主要目的是使构造出来的混沌测量矩阵——随机伯努力矩阵具有类似的分布情况，即

$$g_k = 2z_{1\,501+kd} - 1, \quad k = 1, 2, 3\cdots \tag{13-9}$$

假设待构造的混沌测量矩阵为 $\boldsymbol{\Phi}^{M\times N}$，其中混沌序列的长度 $k = MN$，则测量矩阵可以表示为

$$\boldsymbol{\Phi} = S\begin{bmatrix} g_0 & g_1 & \cdots & g_{N-1} \\ g_N & g_{N+1} & \cdots & g_{2N-1} \\ \vdots & \vdots & \ddots & \vdots \\ g_{N(M-1)} & g_{N(M-1)+1} & \cdots & g_{MN-1} \end{bmatrix} \tag{13-10}$$

式中，S 是 $\boldsymbol{\Phi}$ 的标准化系数。

上述已经用新三维超混沌系统构造出了测量矩阵，下面验证测量矩阵是否满足约束等距条件。

RIP 定理：对于任意 K 稀疏信号 $\boldsymbol{x}$，即信号中只有 K 个非零元素，且满足 $K \ll N$，$\delta_K \in (0,1)$ 为常数时，测量矩阵 $\boldsymbol{\Phi}$ 需要满足下列不等式

$$(1-\delta_K)\|\boldsymbol{x}\|_2^2 \leqslant \|\boldsymbol{\Phi x}\|_2^2 \leqslant (1+\delta_K)\|\boldsymbol{x}\|_2^2 \tag{13-11}$$

在证明测量矩阵满足式（13-11）前，需要先对 Johnson-Lindenstrauss 定理进行介绍。设测量矩阵 $\boldsymbol{\Phi} \in \mathbf{R}^{M\times N}$ 的任意列组成的子矩阵可以表示为 $\boldsymbol{\Phi}_T$，索引集个数为 $|T|$，常数 $\delta_K \in (0,1)$，对于任意的向量 $\boldsymbol{x} \in \mathbf{R}^{|T|}$，随机变量 $\|\boldsymbol{\Phi}_T x\|_2^2$ 高度集中于 $\|\boldsymbol{x}\|_2^2$，具体有

$$P\left(\left|\|\boldsymbol{\Phi}_T\boldsymbol{x}\|_2^2-\|\boldsymbol{x}\|_2^2\right| \geqslant \delta\|\boldsymbol{x}\|_2^2\right) \leqslant 2\mathrm{e}^{-c(\delta_k)M} \tag{13-12}$$

式中，$c(\delta_k)=\min\{c_1(\delta_k),c_2(\delta_k)\}$，$c_1(\delta_k)=\dfrac{\delta_k^2}{4}-\dfrac{\delta_k^3}{6}$，$c_2(\delta_k)=h(1-\delta_k)\left(1-h+\dfrac{3h}{2}\right)$，$h=\dfrac{-2-\delta_k+\sqrt{4+8\delta_k-5\delta_k^2}}{3(1-\delta_k)}$。

因此，测量矩阵满足 RIP 证明。

在 RIP 准则中，$\boldsymbol{x}$ 是任意 K 稀疏信号，T 是 x 中非零元素的位置索引，则 $|T|=K$ 表示索引集的个数，其中 $s \leqslant K \leqslant N$。子矩阵 $\boldsymbol{\Phi}_T$ 是在式（13-10）中任取 $|T|$ 列构成的，由此可以看出，$\boldsymbol{\Phi}_T$ 满足式（13-11）。

取式（13-11）的一个互补事件，表示为 $\varepsilon_s=\left\{\left|\|\boldsymbol{\Phi}_T\boldsymbol{x}\|_2^2-\|\boldsymbol{x}\|_2^2\right| \leqslant \delta\|\boldsymbol{x}\|_2^2\right\}$，其中 ε 表示互补事件的集合，即 $\varepsilon=\bigcup_{s=1}^K\varepsilon_s$，式（13-11）的概率为

$$\begin{aligned}&P\left\{\left|\|\boldsymbol{\Phi}_T\boldsymbol{x}\|_2^2-\|\boldsymbol{x}\|_2^2\right| \leqslant \delta_k\|\boldsymbol{x}\|_2^2\right\}=1-P(\varepsilon) \gtrapprox \\ &1-2\mathrm{e}^{-c(\delta_k)M}\sum_{s=1}^{K}\binom{N}{s} \geqslant 1-2\mathrm{e}^{-c(\delta_k)M}K\left(\frac{eN}{k}\right)^K = \\ &1-2\exp\left[\log K-c(\delta_K)M+K\left[\log\left(\frac{N}{K}\right)+1\right]\right]\end{aligned} \tag{13-13}$$

设固定参数 $C_1>0$，把不等式 $C_1M \geqslant K\log\dfrac{N}{K}$ 代入式（13-13）中，可得

$$
\begin{aligned}
&P\left\{\left|\left\|\boldsymbol{\Phi}_T\boldsymbol{x}\right\|_2^2-\left\|\boldsymbol{x}\right\|_2^2\right|\leqslant\delta_k\left\|\boldsymbol{x}\right\|_2^2\right\}\geqslant\\
&1-2\exp\left[\log K-c\left(\delta_k\right)M+K\left[\log\left(\frac{N}{K}\right)+1\right]\right]\geqslant\\
&1-2\exp\left[\log K-c\left(\delta_k\right)M+C_1M+K\right]
\end{aligned}
\tag{13-14}
$$

令 $C_2\leqslant c\left(\delta_k\right)-C_1\left[\dfrac{1+\dfrac{(\log K)}{K}}{\log\left(\dfrac{N}{K}\right)}+1\right]$，为了保证 $C_2>0$，C_1 的值需要足够小，即以下不等式成立。

$$
\begin{aligned}
-C_2M\geqslant&-c\left(\delta_k\right)M+C_1M\left[\frac{1+\dfrac{(\log K)}{K}}{\log\left(\dfrac{N}{K}\right)}+1\right]\geqslant\\
&-c\left(\delta_k\right)M+C_1M+K\log\left(\frac{N}{K}\right)\frac{1+\dfrac{(\log K)}{K}}{\log\left(\dfrac{N}{K}\right)}=\\
&-c\left(\delta_k\right)M+C_1M+K\log K
\end{aligned}
\tag{13-15}
$$

把式（13-15）代入式（13-14）中，得到最终的验证结果为

$$
P\left\{\left|\left\|\boldsymbol{\Phi}_T\boldsymbol{x}\right\|_2^2-\left\|\boldsymbol{x}\right\|_2^2\right|\leqslant\delta\left\|\boldsymbol{x}\right\|_2^2\right\}\geqslant 1-2\mathrm{e}^{-C_2M}
\tag{13-16}
$$

综上所述，式（13-16）能够证明本章用新三维超混沌系统构造的测量矩阵 $\boldsymbol{\Phi}$ 的高概率是一定大于 $1-2\mathrm{e}^{-C_2M}$ 的，即满足 RIP 准则。

13.5　图像压缩感知实验仿真与分析

为验证本章所提出的新三维混沌系统构成的测量矩阵能有效地重构图像，使用的测试样本信息为 256 像素 × 256 像素的 Lena、Lake 和 Cameraman 灰度图像，仿真环境为 Windows 10、Corei5-6500 CPU 处理器、8 GB RAM、MATLAB 2016a。在使用新混沌测量矩阵的前提条件下，分别用不同的贪婪重构算法对图像进行重构，进一步验证测量矩阵可以有效地对信息进行采样和压缩。然后，分析在压缩比数值

改变情况下对图像重构质量的影响。最后，对其他测量矩阵与本章的测量矩阵的重构图像进行对比分析。

13.5.1 探究重构算法对图像重构的影响

在本章仿真实验中，实验目标选取 256 像素 × 256 像素的 Lena 原始图像，用离散小波变换（Discrete Wavelet Transform，DWT）对原始信号进行稀疏，在稀疏度 $K=50$，测量值 $M=128$ 即压缩比 $\frac{M}{N}=0.5$ 条件下对信号进行重构。本章用新混沌测量矩阵对信息采样和压缩后，分别使用贪婪算法中的 MP、OMP、ROMP、StOMP 和 CoSaMP 这 5 种重构算法对 Lena 重构，实验仿真结果如图 13-5 所示。

图 13-5 不同重构算法的重构图像

从图 13-5 中看出，利用新混沌生成的测量矩阵对 Lena 图像进行压缩采样后，通过以上 5 种重构算法对采样值进行逼近，进一步实现了图像的重构。首先对图像进行视觉分析，根据人眼视觉的观察发现，每种重构算法都基本上重构出图像信息，但是，无法用人眼判断图像信息的恢复质量。下面给出此实验情况下重构图像的定

量性能分析数据值，如表 13-2 所示。

表 13-2　压缩比为 0.5 的不同重构算法实验结果

算法与性能	PSNR/dB	SSIM
MP	27.987 1	0.955 7
OMP	30.206 6	0.988 1
ROMP	29.310 7	0.974 6
CoSaMP	31.195 6	0.990 2
StOMP	28.436	0.964 6

从表 13-2 可以看出，使用新混沌测量矩阵进行信号处理后，当压缩比为 0.5 时，根据图像的定量指标 PSNR 和 SSIM 判断，每种重构算法对图像信息进行重构后的 PSNR 值基本都在 27 dB 以上，SSIM 值都在 0.9 以上，图像信息的重构效果理想。

13.5.2　探究压缩比对图像重构的影响

压缩比变化对图像重构的影响是不能忽视的，为了便于传输或存储，有必要探究将原始图像在一定范围内压缩，重构图像的还原情况。因此，下面探索在本章新混沌测量矩阵不变的情况下压缩比变化对图像重构的影响。

选择的测验目标为 $256像素\times256像素$ 的 Lena 图像，先对图像使用小波基进行稀疏化，令稀疏度 $K=50$，选择 OMP 重构算法，压缩比分别为 $\frac{M}{N}=0.5,0.6,0.7,0.8$，与其对应的重构图像的定量分析指标 $\text{PSNR}=30.206\,6\text{ dB},31.321\,4\text{ dB},32.164\,3\text{ dB},33.394\,9\text{ dB}$，$\text{SSIM}=0.988\,1,0.989\,4,0.991\,9,0.992\,3$。根据定量数值可知，压缩比在 0.5 以上时都能精准还原图像。不同压缩比的重构图像效果如图 13-6 所示。

可以看出，压缩比越大，压缩感知重构图像的信噪比越高，图像的相似度越大。这说明在不同的压缩比下都能进行信息的重构和恢复，并且混沌生成的测量矩阵能很好地对信息进行压缩和重构。

为进一步研究压缩比对重构图像的影响，下面探究压缩比小于 0.5 时重构图像的效果。保持本章测量矩阵不变，分别使用贪婪算法中的 MP、OMP、ROMP、StOMP 和 CoSaMP 这 5 种重构算法，得到重构图像 PSNR 的曲线如图 13-7 所示。

(a) 压缩比为0.5　　(b) 压缩比为0.6

(c) 压缩比为0.7

(d) 压缩比为0.8

图 13-6　不同压缩比的重构图像效果

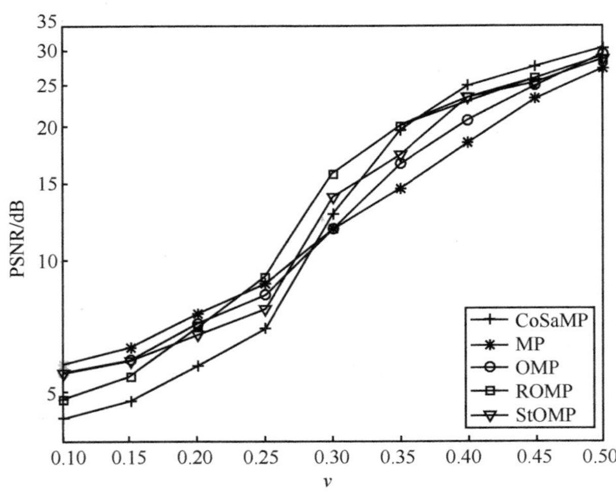

图 13-7　不同重构算法重构图像

从图 13-7 中可以看出，当新混沌测量矩阵的压缩比小，即采样值比较少时，信号的重建效果不是很好，然而随着采样值的增加，即压缩比的增大，每种重构算法

的重构效果都变得越来越好。而且当压缩比为 0.35～0.5 时，CoSaMP 和 ROMP 的重构效果比 MP、OMP 和 StOMP 的好。最终，根据上述讨论可以证明混沌生成的测量矩阵可以成功地重构图像信息。

13.5.3　不同测量矩阵的重构效果对比

继续对新的混沌测量矩阵的性能进行评估，取256像素×256像素的 Lena 图像，使用小波基进行稀疏，保持稀疏度 $K=50$，压缩比 $\dfrac{M}{N}=0.5$ 和 OMP 重构算法不变。选择随机高斯矩阵、局部哈达玛矩阵、伯努利矩阵、Logistic 混沌测量矩阵及本章混沌测量矩阵进行实验对比，重构图像如图 13-8 所示。

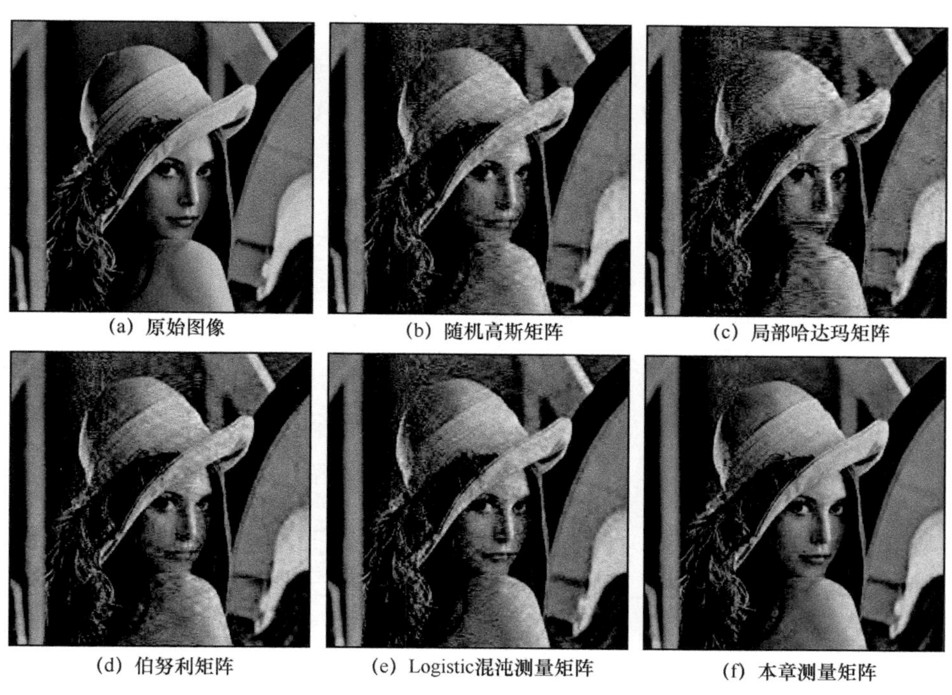

(a) 原始图像　(b) 随机高斯矩阵　(c) 局部哈达玛矩阵

(d) 伯努利矩阵　(e) Logistic混沌测量矩阵　(f) 本章测量矩阵

图 13-8　不同测量矩阵重构图像对比

图 13-8 呈现了不同测量矩阵对图像进行压缩感知后的重构图像直观图，对于重构图像的质量评价，可用定量数据进行分析，如表 13-3 所示。

表 13-3　压缩比 $\frac{M}{N}=0.5$ 时不同测量矩阵重构效果对比

测量矩阵	PSNR/dB	SSIM
随机高斯矩阵	26.682 3	0.966
局部哈达玛矩阵	23.841 6	0.948 9
伯努利矩阵	24.669 3	0.954 2
Logistic 测量	26.763 4	0.968 8
本章测量	30.206 6	0.988 1

根据表 13-3 可以发现，当重构算法相同、压缩比为 0.5 时，与其他的压缩感知测量矩阵的重构图像的 PSNR 和 SSIM 值进行对比，本章所使用的新三维超混沌生成的测量矩阵的重构图像效果更好。

另外，为了进一步展现本章构造的测量矩阵的优良性能，将在不同的压缩比范围内选择用随机高斯矩阵、局部哈达玛矩阵、伯努利矩阵、Logistic 混沌测量矩阵及本章测量矩阵进行重构图像的 PSNR 值对比，如图 13-9 所示。

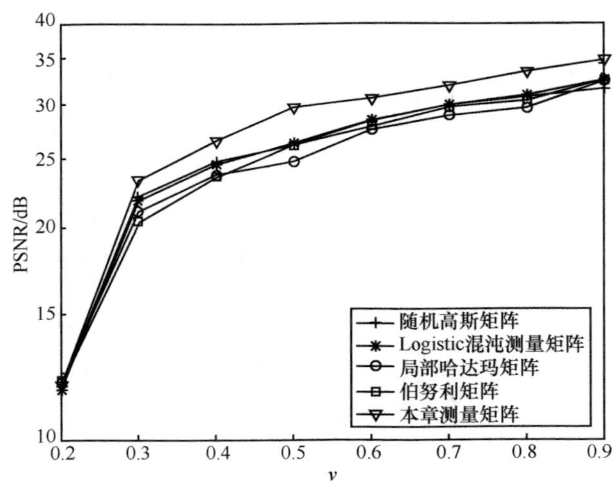

图 13-9　不同测量矩阵重构图像的 PSNR 值

从图 13-9 可以看出，当重构算法 OMP 不变时，随着压缩比的增大，每种测量矩阵作用后重构图像 PSNR 值越大，重构图像质量越好。并且，本章测量矩阵处理图像信息后，重构图像的 PNSR 值始终优于随机高斯矩阵、局部哈达玛矩阵、伯努利矩阵、Logistic 混沌测量矩阵。

13.6　本章小结

本章设计一种新的三维超混沌系统，探究新混沌系统的相空间轨迹，了解混沌系统的运动状态，计算新混沌的李雅普诺夫指数，改变参数描绘混沌分岔图，计算新混沌系统的复杂度并与其他混沌系统的值进行比较。其次，在新的三维混沌系统的基础上构造了一种新的测量矩阵，并对构造的测量矩阵进行 RIP 准则的验证。此外，提出基于新三维混沌的图像压缩感知与重构算法，设计系统模型，进行实验仿真。同时，针对新设计的测量矩阵的重构进行分析，选取不同的重构算法、不同的压缩比后进行仿真。最后，对比分析不同测量矩阵与本章所提出的测量矩阵重构图像的性能，结果显示本章提出的新测量矩阵进一步提高了重构图像效果。

参考文献

[1] ZHU C X, XU S Y, HU Y P, et al. Breaking a novel image encryption scheme based on brownian motion and PWLCM chaotic system[J]. Studies in Nonlinear Dynamics and Econometrics, 2015, 79: 1511-1518.

[2] DING R, LI J, LI B. Determining the spectrum of the nonlinear local lyapunov exponents in a multidimensional chaotic system[J]. Advances in Atmospheric Sciences, 2017, 34: 1027-1034.

[3] ZOU F, NOSSEK J A. Bifurcation and chaos in cellular neural networks[J]. IEEE Transactions on Circuits and Systems I: Fundamental Theory and Applications, 1993, 40(3): 166-173.

[4] CHEN Y. Bifurcation and chaos in engineering[M]. Berlin: Springer, 1998.

[5] PINCUS S M. Approximate entropy as a measure of system complexity[J]. Proceedings of the National Academy of Sciences, 1991, 88(6): 2297-2301.

[6] XU G H, SHEKOFTEH Y, AKGÜL A, et al. A new chaotic system with a self-excited attractor: entropy measurement, signal encryption and parameter estimation[J]. Entropy, 2018, 20(8): 86.

[7] PINCUS S. Approximate entropy (APEN) as a complexity measure[J]. Chaos An Interdisciplinary Journal of Nonlinear Science, 1995, 5: 110-117.

第 14 章 基于超混沌的图像压缩感知加密算法

人们对图像中所含信息的保护意识已经逐渐增强，且越高清的图像所占用的存储空间越大，因此，针对图像信息安全传输和所占存储空间的问题，本章提出一种基于超混沌的图像压缩感知加密算法，该算法能有效同步地完成图像的压缩和加密。

14.1 引言

本章首先对加密方案进行总体设计，构思图像的加密算法和解密算法。然后对加密方案进行仿真与安全性分析。加密方案的最终结果从两个方面进行分析评价：第一，分析加密后重构图像的质量；第二，分析加密算法的安全性。仿真结果显示，本章提出的算法与其他算法相比，在图像可压缩范围内具有更好的重构能力。此外，本章不仅从多方面验证所提出的加密算法的可靠性和安全性，还就安全性分析指标得到的定量数据与多种加密算法进行对比。最终的结果显示，本章提出的加密算法可以有效地抵抗各类攻击，且与其他算法比较发现本章提出的加密方案具有良好的加密效果和图像压缩能力。

14.2 加解密方案设计

在设计混沌的加密方案时，混沌系统的选择尤其重要，由于低维的混沌系统的复杂度低而且其参数少导致密钥空间小，因此整体的加密方案的安全性存在隐患。为了提高混沌加密方案的安全性，研究者力求高复杂度的高维混沌系统。本书第 13 章已经对新三维离散超混沌系统进行了分析，为了评估新设计的混沌系统的性能，

本章继续将该超混沌系统应用到加密方案中。

本章的加密方案的具体流程如图 14-1 所示，加密步骤介绍如下。

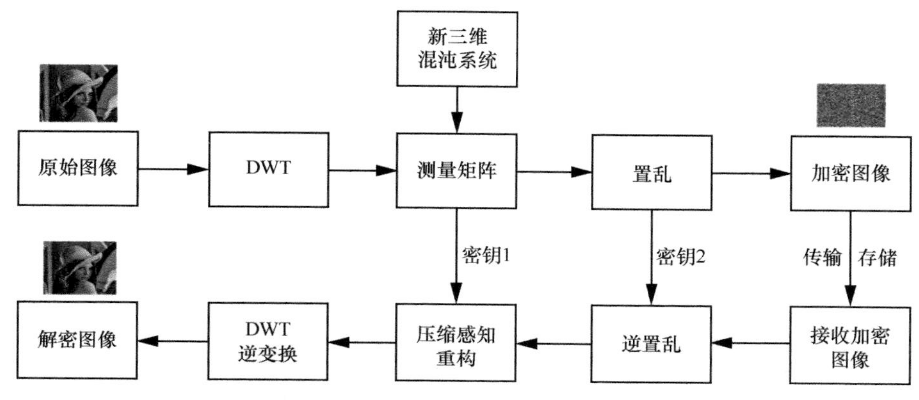

图 14-1　加密方案

步骤 1　首先，将图像信号 $\boldsymbol{I}_1$ 稀疏处理。保持稀疏度 $K=50$ 不变，选择 DWT 矩阵为稀疏基矩阵，在小波域进行稀疏化处理。

步骤 2　为了满足图像同时进行压缩和加密的要求，选择新设计的三维混沌系统构成压缩感知中的测量矩阵，实现对信息的采样和压缩。将混沌序列重组构成 $M\times N$ 的测量矩阵 $\boldsymbol{\Phi}$，对生成的压缩感知测量矩阵进行量化。

步骤 3　测量矩阵对图像信息进行一次测量后，根据 $\boldsymbol{I}_2=\boldsymbol{\Phi}\left(\boldsymbol{\Phi}\boldsymbol{\Psi}\boldsymbol{I}_1\right)^{\mathrm{T}}$ 对原始图像进行第二次观测，得到 $M\times M$ 的 $\boldsymbol{I}_2$，其中 $\boldsymbol{I}_1$ 是明文图像，$\boldsymbol{\Psi}$ 是 DWT 矩阵。

步骤 4　取该混沌系统的初始条件和系统参数作为密钥 1，所以密钥 1 中一共包括 9 个密钥，分别为 $a=-0.54$、$b=-0.25$、$c=0.79$、$d=-1.79$、$e=-1.69$、$f=-1.78$、$x(0)=0.63$、$y(0)=0.81$、$z(0)=-0.75$。

步骤 5　对 $\boldsymbol{I}_2$ 的数据进行均匀量化，使量化后的值为 0～255 的整数。

步骤 6　为提高加密效果，对二次采样数据 $\boldsymbol{I}_2$ 继续进行 Arnold 置乱，同时得到最终加密图像。

步骤 7　同时，取 Arnold 混沌的置乱参数和迭代次数为密钥 2，值为 $\{i,j,n\}$。

步骤 8　解密为加密的逆过程，顺次用密钥 2 和密钥 1 对密文图像分别进行 Arnold 逆置乱和 DWT 逆变换，最后用 CoSaMP 算法进行压缩感知重构得到原始图像。

14.2.1 图像加密算法

下面设计图像加密算法，假设图像信号为 $\boldsymbol{I}_1$，DWT 矩阵 $\boldsymbol{\Psi}$ 作为稀疏基矩阵对信号进行稀疏。将信号稀疏后，测量矩阵将对信息进行采样和压缩处理，下面用新三维离散超混沌设计测量矩阵 $\boldsymbol{\Phi}$。

$$\begin{cases} x(i) = ax(i-1)+by(i-1)+cz(i-1)+dx(i-1)y(i-1)+ex(i-1)z(i-1)+fy(i-1)z(i-1) \\ y(i) = x(i-1) \\ z(i) = y(i-1) \end{cases} \tag{14-1}$$

式中，当参数为 $a=-0.54$、$b=-0.25$、$c=0.79$、$d=-1.79$、$e=-1.69$、$f=-1.78$，初始条件为 $x(0)=0.63$、$y(0)=0.81$、$z(0)=-0.75$ 时，该系统处于混沌状态。观察式（14-1）发现，$z(i)$ 是 $x(i)$ 和 $y(i)$ 嵌套得来的，选择第三维的混沌序列 $\{z_1,z_2,\cdots,z_i\}$，以大小为 d 的等距间隔对此序列进行采样，为了提高混沌序列的随机性，舍弃前 1 500 个值，最终采样值为

$$g_k = z_{1501+kd},\quad k=0,1,2,\cdots \tag{14-2}$$

将式（14-2）进行正规化表示，使其具有零均值和零对称特点，即

$$g_k = 2z_{1501+kd}-1,\quad k=1,2,3,\cdots \tag{14-3}$$

待构造的混沌测量矩阵的大小为 $\boldsymbol{\Phi}^{M\times N}$，其混沌序列的长度为 $k=MN$，即

$$\boldsymbol{\Phi} = S\begin{bmatrix} g_0 & g_1 & \cdots & g_{N-1} \\ g_N & g_{N+1} & \cdots & g_{2N-1} \\ \vdots & \vdots & \ddots & \vdots \\ g_{N(M-1)} & g_{N(M-1)+1} & \cdots & g_{MN-1} \end{bmatrix} \tag{14-4}$$

式中，S 是 $\boldsymbol{\Phi}$ 的标准化系数。

压缩感知的第一次测量值（采样值）为

$$\boldsymbol{y} = \boldsymbol{\Phi}\boldsymbol{I}_1 = \boldsymbol{\Phi}\boldsymbol{\Psi}\boldsymbol{I}_1 \tag{14-5}$$

进行第二次采样，得到 $\boldsymbol{I}_2 \in \mathbf{R}^{M\times M}$ 为

$$\boldsymbol{I}_2 = \boldsymbol{\Phi}\left(\boldsymbol{\Phi}\boldsymbol{\Psi}\boldsymbol{I}_1\right)^{\mathrm{T}} \tag{14-6}$$

对图像进行二次采样后，为了进一步保证加密的安全性，使用置乱对信息进行

再一次加密处理。把一幅 $M \times M$ 的数字图像看成一个二维矩阵，一旦使用 Arnold 置乱变换后，原本的图像的像素位置就会发生改变，需要完成像素重新排列的过程，从而实现对图像的加密。$M \times M$ 数字图像的二维 Arnold 变换为

$$\begin{bmatrix} x_{n+1} \\ y_{n+1} \end{bmatrix} = \begin{bmatrix} 1 & j \\ i & ij+1 \end{bmatrix} \begin{bmatrix} x_n \\ y_n \end{bmatrix} \bmod (N) \tag{14-7}$$

式中，i, j 是参数，n 是迭代次数，N 是图像的高或宽。加密方法的总密钥有两个，密钥 1 是新混沌系统的初始值和参数，密钥 2 则是 Arnold 置乱的参数和迭代次数。

经过加密算法处理后的图像信息实现了同时加密和压缩步骤，可以直接对密文图像进行传输和存储，有效地降低了传输速度和存储空间，最重要的是保证了图像信息的安全性。

14.2.2　图像解密算法

经过加密和压缩处理的密文图像在通过传输或者存储后，当接收者或本人想要得到密文图像的信息时，就要对密文图像进行解密。解密过程与上述加密过程的顺序是相反的，是上述步骤的逆过程。解密第一步是对密文图像进行 Arnold 逆置乱，即

$$\begin{bmatrix} x_{n+1} \\ y_{n+1} \end{bmatrix} = \begin{bmatrix} ij+1 & -j \\ -i & 1 \end{bmatrix} \begin{bmatrix} x_n \\ y_n \end{bmatrix} \bmod (N) \tag{14-8}$$

然后，选择压缩感知中的重构算法，本章选的是贪婪算法中的 CoSaMP 算法对图像信息进行重构。经过上述过程，最终得到解密图像。但是由于本章明文图像进行了两次采样，因此本章的压缩比与第 13 章的压缩比意义不同，本章的图像压缩比定义为

$$v = \frac{m_2 n_2}{m_1 n_1} \tag{14-9}$$

式中，$m_1 n_1$ 为明文图像大小，$m_2 n_2$ 为密文图像大小。

14.3　加解密方案仿真实验

本章算法使用的测试样本信息为 256 像素 × 256 像素的 Lena、Lake、Cameraman 和 Rice 灰度图像，仿真环境为 Windows 10 版本、Corei5-6500 CPU 处理器、8 GB

RAM、MATLAB 2016a。仿真中首先设稀疏度 $K=50$，压缩率为 0.74，即 256 像素×256 像素的图像被压缩为 220 像素×256 像素，二次采样和 Arnold 置乱后密文图像被压缩为 220 像素×220 像素。经过仿真得到的原始图像、混沌加密图像、置乱加密图像、解密图像分别如图 14-2 所示。

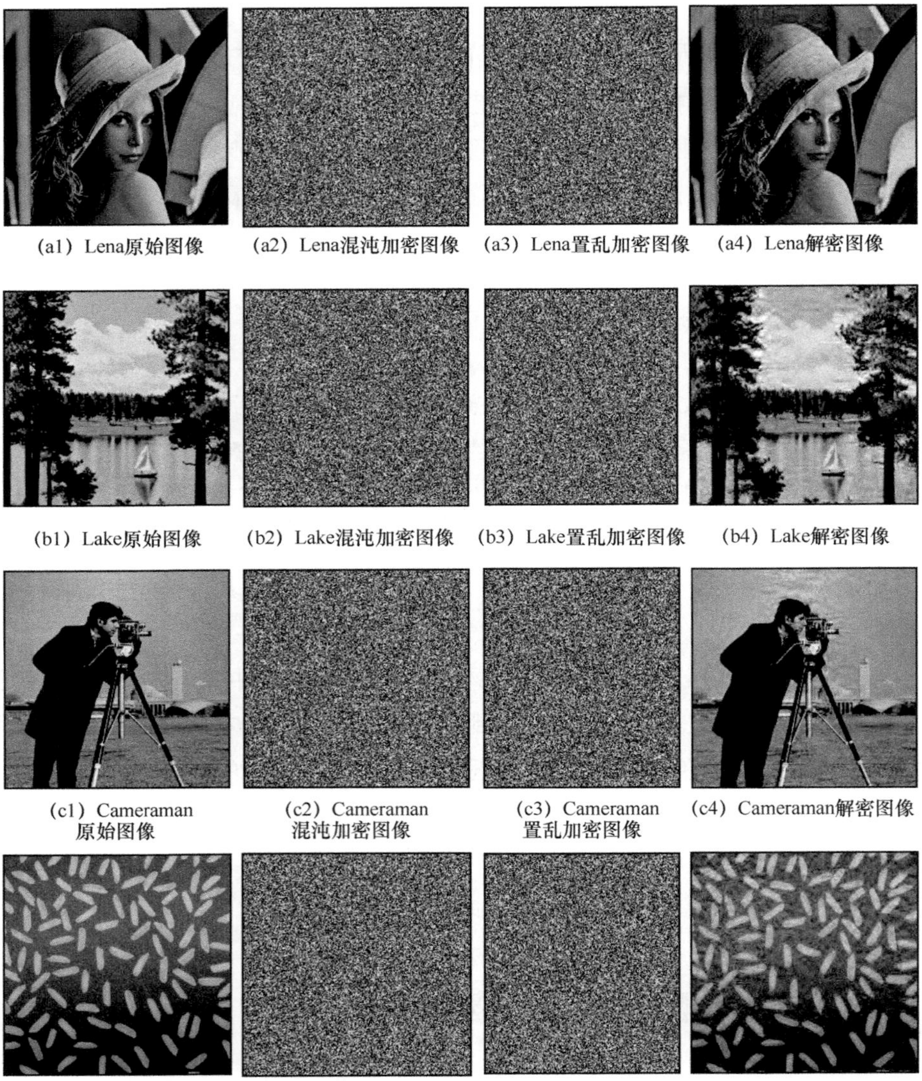

（a1）Lena原始图像　（a2）Lena混沌加密图像　（a3）Lena置乱加密图像　（a4）Lena解密图像

（b1）Lake原始图像　（b2）Lake混沌加密图像　（b3）Lake置乱加密图像　（b4）Lake解密图像

（c1）Cameraman原始图像　（c2）Cameraman混沌加密图像　（c3）Cameraman置乱加密图像　（c4）Cameraman解密图像

（d1）Rice原始图像　（d2）Rice混沌加密图像　（d3）Rice置乱加密图像　（d4）Rice解密图像

图 14-2　实验仿真结果

从图 14-2 可以看出，明文图像经过混沌生成的压缩感知测量矩阵和置乱加密后，图像大小发生了变化且密文图像已经彻底失去了明文图像的特征。从直观上分析解密图像发现，解密图像的分辨率比明文图像的低，解密图像比明文图像明显变得模糊，视觉上无法得到任何明文信息。

下面将在保证加密效果和传输安全的情况下，选择稀疏度 $K = 50$ ，分析图像压缩率改变对图像重构的影响。不同的压缩比与图像的重构效果如图 14-3 所示。

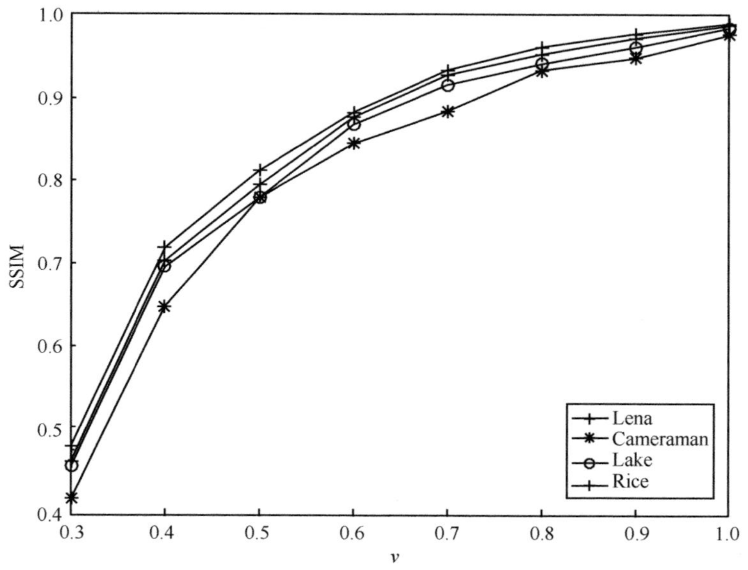

图 14-3　不同的压缩比和图像的重构效果

在已经确保加密图像信息安全的前提条件下，从图 14-3 中明显看出，在任何压缩比下，加密图像的解密重构过程都能成功实现，这也充分说明了整个加密和解密过程的可行性。在图 14-3 中，随着压缩比的降低，四幅样本图像的重构图像的相似系数也跟着降低，表明压缩比越大，重构图像越逼近明文图像。在同一个压缩比和同一个稀疏度情况下，不同的样本图像的重构效果是不同的，尽管总体趋势是相同的，但仍明显看出 Lena 的重构效果要比其他三幅图像好。

将本章的压缩加密算法与其他算法进行对比，在压缩比为 $v = 0.75$ 的情况下，不同加密算法所重构出 Lena 的 PSNR 值如表 14-1 所示。

表 14-1　v=0.75 时不同压缩加密算法下的 PSNR

压缩加密算法	PSNR/dB
文献[1]	29.56
文献[2]	30.82
文献[3]	30.21
本章算法	33.25

从表 14-1 中可以看出，当图像和压缩比相同时，本章提出的压缩加密算法恢复出来的图像 PSNR 值最大，故重构图像的质量比其他算法好。

14.4　加密算法的安全性分析

为定量地评估压缩图像的性能和加密图像的安全性，本章将分别从算法的密钥空间、直方图分析、信息熵分析、相邻像素相关性分析、抗差分攻击能力分析等方面进行安全性分析。

14.4.1　NIST 测试

在众多的测试伪随机性的方法中，本章选择 NIST 中的 sts-2.1.2 版本[4]。一个序列的伪随机性是需要通过测试结果产生的 p-Value 判定的。根据选定的显著水平 α，若 p-Value $\geqslant \alpha$，则被认定通过测试。实验中规定 $\alpha = 0.01$，取 100 组 10^6 比特序列，并随机选取一组测试结果，其测试结果如表 14-2 所示。

表 14-2　NIST 测试结果

测试指标	p-Value	结果
Frequency	0.586 511	通过
Block Frequency	0.014 935	通过
CumulativeSums	0.331 548	通过
LongestRun	0.836 741	通过
Runs	0.104 463	通过
Serial	0.074 033	通过
Rank	0.561 210	通过

（续表）

测试指标	p-Value	结果
FFT	0.634 121	通过
NonOverlapping Templates	0.009 279	通过
Overlapping Templates	0.001 746	通过
Universal	0.735 906	通过
Approximate Entropy	0.933 647	通过
Random Excursions	0.073 299	通过
Random Excursions Variant	0.134 521	通过
Linear Complexity	0.473 621	通过

表 14-2 展示的是 NIST 测试的 15 个指标，将本章的混沌序列进行随机性检测可得，所有测试指标的 p-Values 的值都超过 0.000 1，结果显示全部成功通过。因此，测试的混沌系统生成的序列是均匀且随机的，非常适用于加密算法[5-6]。

14.4.2　密钥空间

本章提出的加密算法的密钥一共有两个，其一是由混沌的初始值和参数构成的密钥1，值为$\{a,b,c,d,e,f,x(0),y(0),z(0)\}$，其中参数有 9 个；其二是由 Arnold 置乱中的置乱参数和迭代次数构成的密钥 2，值为$\{i,j,n\}$，其中参数有 3 个。由于本章的关键空间有 12 个参数，很难准确定位每个参数。根据国际 IEEE754 标准即浮点数算术标准，为了简化比较，索引部分以正值的形式表示。所以本章将这 12 个符号位的指数位统一规定为 52 位，密钥空间一定会大于$\text{key}_{\text{total}}=2^{12\times52}=2^{624}$。

不同加密算法的密钥空间对比如表 14-3 所示。从表 14-3 可以看出，本章提出的算法的密钥空间大于文献[7-10]中的密钥空间。因此，本章所提的加密算法的密钥空间很大，足够抵抗穷举攻击。

表 14-3　不同加密算法的密钥空间对比

加密方法	密钥空间
本章算法	2^{624}
文献[7]	2^{128}
文献[8]	2^{140}
文献[9]	2^{256}
文献[10]	2^{398}

解密时，使用正确的密钥和算法能直接得到精确的解密图像。正确的解密方案如图 14-1 所示。然而，在其他密钥保持不变的前提下，密钥中一旦有一个密钥发生很微小的变化，都会导致解密结果的失败，这是密钥的敏感特性。所以，为了进一步观察密钥改变后密文的变化，下面将分别对本章的 12 个密钥进行敏感性测试，其中，非整数$\{a,b,c,d,e,f,x(0),y(0),z(0),i,j\}$的密钥改变$10^{-15}$，正整数$n$改变一个单位，测试 Lena 图像解密的密钥敏感性测试，如图 14-4 所示。

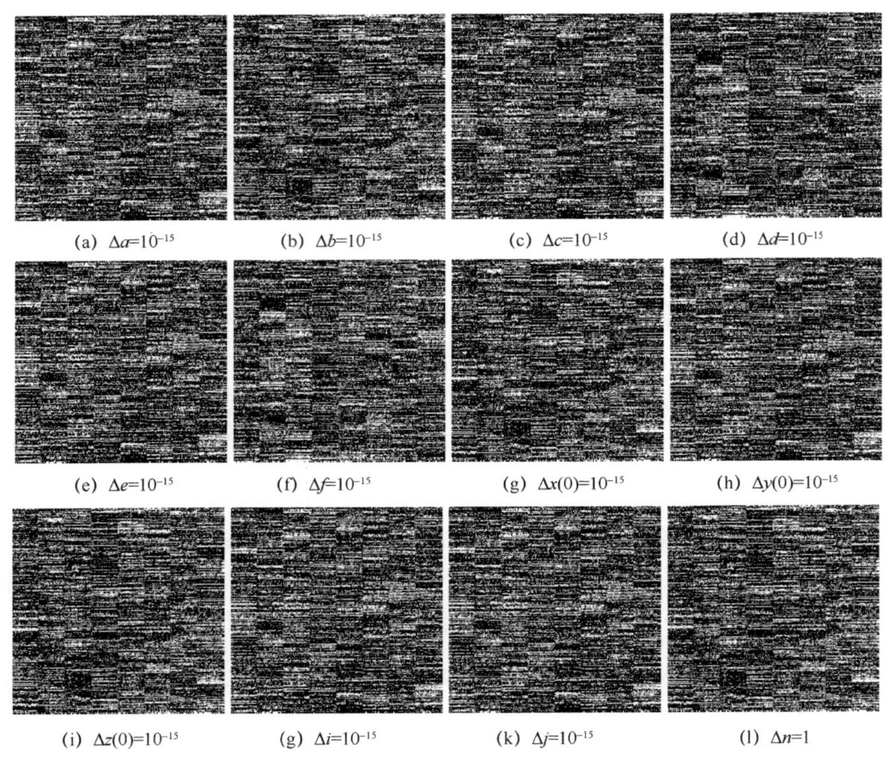

(a) $\Delta a=10^{-15}$　(b) $\Delta b=10^{-15}$　(c) $\Delta c=10^{-15}$　(d) $\Delta d=10^{-15}$

(e) $\Delta e=10^{-15}$　(f) $\Delta f=10^{-15}$　(g) $\Delta x(0)=10^{-15}$　(h) $\Delta y(0)=10^{-15}$

(i) $\Delta z(0)=10^{-15}$　(g) $\Delta i=10^{-15}$　(k) $\Delta j=10^{-15}$　(l) $\Delta n=1$

图 14-4　Lena 图像解密的密钥敏感性测试

实验结果显示，即使每个密钥仅仅改变了10^{-15}，都没有成功地得到解密图像。得到的解密图像是全黑的没有 Lena 特性的图像，这意味着本章的加密算法具有较高的安全性。

14.4.3　直方图分析

下面对四幅大小为 256 像素 × 256 像素的 Lena、Lake、Cameraman 和 Rice 明文

图像和经过加密算法处理的密文图像进行直方图分析，结果如图 14-5 所示。

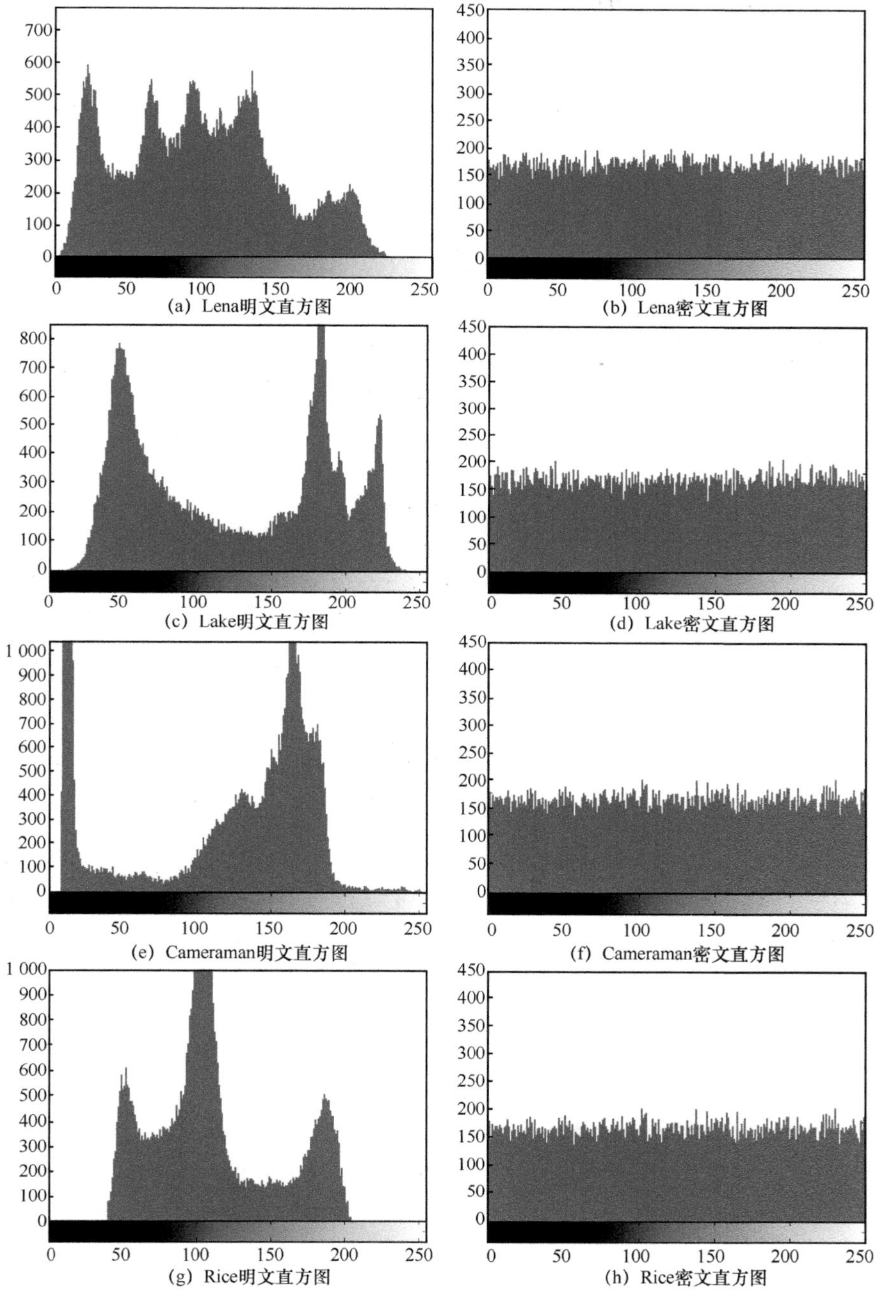

(a) Lena明文直方图

(b) Lena密文直方图

(c) Lake明文直方图

(d) Lake密文直方图

(e) Cameraman明文直方图

(f) Cameraman密文直方图

(g) Rice明文直方图

(h) Rice密文直方图

图 14-5　密文图像直方图分析

图 14-5 中，明文图像产生的直方图关于像素值的分布范围与数量都是不均匀的，且每一幅明文图像与其直方图都是唯一对应的。然而，经过本章算法加密后的图像所对应的直方图的像素值在 0～255 是均匀分布的，且每个像素值的出现概率大致相同。因此发现，经本章算法加密后的密文像素的统计特性发生了根本性改变。所以，本章提出的加密算法在直方图分布中能有效地抵抗基于统计分析的攻击。

14.4.4 信息熵分析

计算 8 位数字图像的信息熵时，如果加密算法处理后的密文图像具有很强的随机性，那么信息熵越接近其理想熵值 $H_m = 8$，密文图像的安全性越高。下面将改变压缩比的比值，计算不同压缩比下密文图像的信息熵，如表 14-4 所示。

表 14-4 密文图像的信息熵

图像	压缩比						
	0.3	0.4	0.5	0.6	0.7	0.8	0.9
Lena	7.990 6	7.992 8	7.994 3	7.996 4	7.995 9	7.998 7	7.997 3
Lake	7.997 5	7.995 6	7.997 3	7.997 2	7.996 5	7.996 4	7.997 6
Cameraman	7.991 6	7.993 2	7.992 9	7.996 1	7.997 9	7.996 9	7.998 0
Rice	7.993 2	7.995 4	7.996 2	7.997 4	7.997 4	7.998 2	7.998 8

从表 14-4 中可以看出，加密算法对密文图像的安全性不会随着压缩比的变化而变化，即无论压缩比如何变化，利用本章的加密算法得到的密文图像都能较好地抵抗熵攻击。

为了衡量抵抗熵攻击能力的强弱，将本章提出的加密算法的图像信息熵与其他加密算法[11-12]的信息熵进行对比。通过 3 种不同加密算法处理过的大小为 256像素×256像素 的 Lena 图像所得到的信息熵如表 14-5 所示。

表 14-5 不同加密算法的密文图像信息熵

加密算法	信息熵
本章算法	7.997 5
文献[11]	7.997 9
文献[12]	7.997 3

从表 14-5 中可以看出，3 种加密算法的信息熵数值几乎相等且接近于理想熵值 8，这说明 3 种加密算法都能很好地抵抗熵攻击。但是本章的图像加密算法在保证数据

压缩、节省存储空间的前提下，有同样的抵抗熵攻击能力，具有很好的加密效果。

14.4.5 相邻像素相关性分析

从 Lena、Lake、Cameraman 和 Rice 的明文图像与密文图像中选取 10 000 对像素，计算明文图像和密文图像在 3 个方向，即水平、垂直、对角方向的相邻像素相关性系数，结果如表 14-6 所示。

表 14-6 加密图像的相邻像素相关系数

方向	Lena		Lake		Cameraman		Rice	
	明文	密文	明文	密文	明文	密文	明文	密文
水平	0.937 6	0.003 3	0.952 6	0.002 8	0.931 8	0.002 1	0.921 4	0.005 6
垂直	0.966 0	0.002 7	0.8953 1	0.011 2	0.955 9	0.009 8	0.937 4	0.003 1
对角	0.975 3	0.001 4	0.920 6	0.003 8	0.907 6	0.001 5	0.893 4	0.010 9

表 14-6 显示，四幅明文图像在水平、垂直、对角方向的相邻像素的相关系数都大于 0.9，表示明文图像像素之间是强相关的；密文图像相邻像素的相关系数趋向于零，表示密文图像像素之间是弱相关的，因此能有效抵抗差分攻击。

为了直观呈现图像的像素之间存在强弱的相关性，以 Lena 的明文图像和密文图像为例，得到相邻像素相关性分析如图 14-6 所示。

14.4.6 抗差分攻击能力分析

用仿真实验中大小为 256像素×256像素 的 Lena、Lake、Cameraman 和 Rice 灰度图像来测试加密系统抗差分攻击能力的强弱，得到本章算法的 NPCR 和 UACI 平均值结果如表 14-7 所示，其中 NPCR 与 UACI 的理想值分别为 99.609 3%和 33.463 5%。

表 14-7 本章算法的 NPCR 和 UACI 平均值结果

图像	NPCR	UACI
Lena	99.615 4%	33.352 6%
Lake	99.589 0%	33.384 8%
Cameraman	99.601 7%	33.336 1%
Rice	99.610 9%	33.374 6%

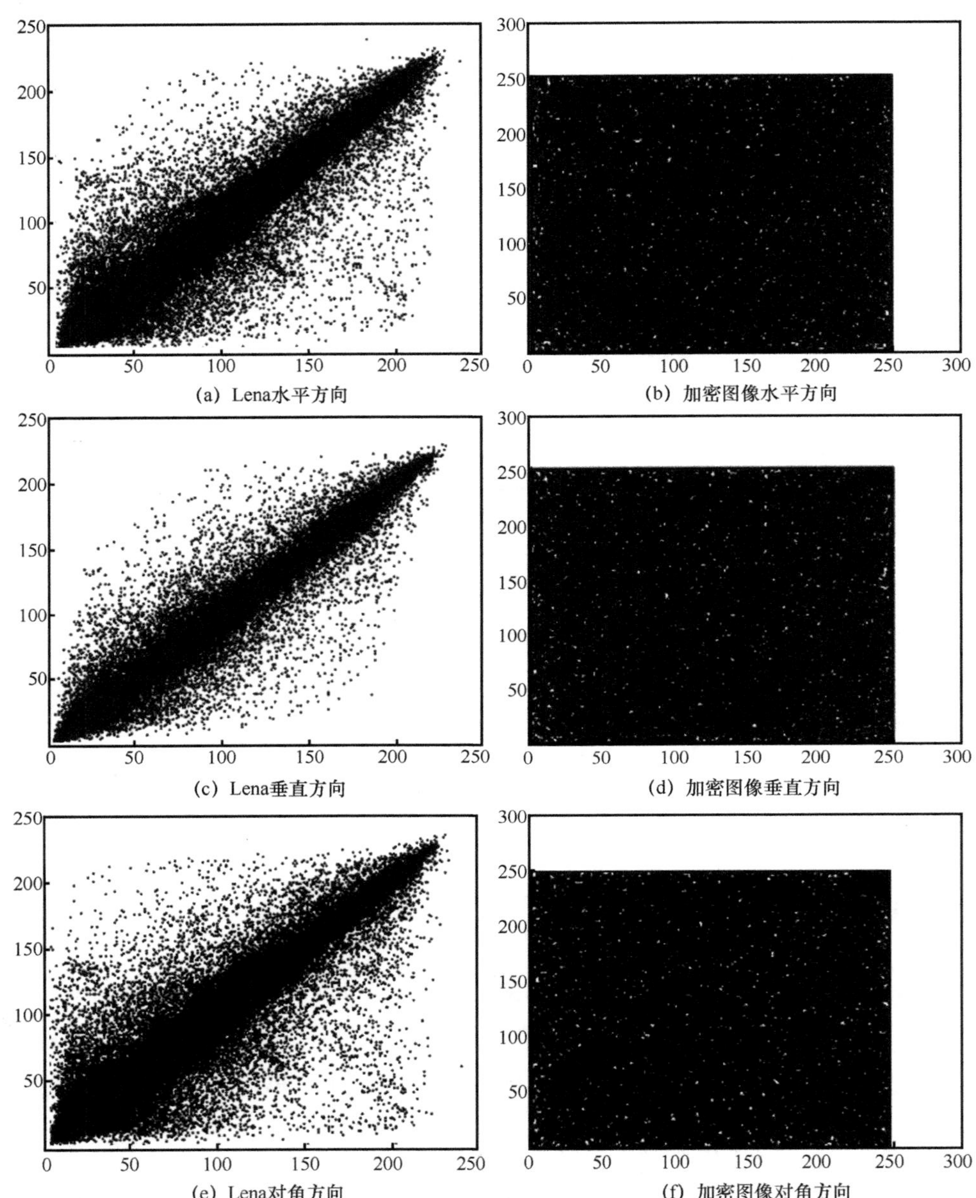

图 14-6 明文图像与密文图像相邻像素相关性分析

从表 14-7 中可以看出，四幅图像的 NPCR 值和 UACI 值非常接近于理想值，这说明本章算法具有较强的抗差分攻击的能力。

14.5 本章小结

第 13 章对新三维超混沌系统的应用是非常成功的，但是新混沌系统的应用途径还需要继续拓展，因此本章设计了一种基于超混沌的图像压缩感知加密算法，用于验证对图像的压缩和加密的需求。结果表明，本章新设计的加密算法能同时完成图像的压缩和加密要求，并且随着压缩比的增大，解密图像的效果变好。本章分别从密钥空间、直方图分析、信息熵分析等方面对加密算法进行安全性分析，结果表明本章提出的加密算法有很强的抵抗各种攻击的能力。此外，将本章加密算法与其他加密算法的安全性指标进行对比，充分体现本章提出的加密算法具有良好的加密效果和图像压缩能力，同时具有很高的安全性。

参考文献

[1] CHAI X L, ZHENG X Y, GAN Z H, et al. An image encryption algorithm based on chaotic system and compressive sensing[J]. Signal Process, 2018, 148(21): 124-144.

[2] ZHOU N, ZHANG A, WU J, et al. Novel hybrid image compression encryption algorithm based on compressive sensing[J]. International Journal for Light and Electron Optics, 2014, 125(18): 5075-5080.

[3] ZHOU N, PAN S, CHENG S, et al. Image compression encryption scheme based on hyper-chaotic system and 2D compressive sensing[J]. Optics & Laser Technology, 2016, 82: 121-133.

[4] NIST Computer Security Resource Center. NIST SP 800-22: download documentation and software[R].(2015-12-17)[2020-06-22].

[5] ELMANFALOTY R A, BAKR E A. Random property enhancement of a 1D chaotic PRNG with finite precision implementation[J]. Chaos Solitons Fractals, 2019, 118(2018): 134-144.

[6] KHAN F A, AHMED J. A novel image encryption based on lorenz equation, gingerbreadman chaotic map and s8 permutation[J]. Journal of Intelligent & Fuzzy Systems, 2017, 33: 3753-3765.

[7] MURILLO-ESCOBAR M A, CRUZ-HERNÁNDEZ C, ABUNDIZ-PÉREZ F, et al. A RGB image encryption algorithm based on total plain image characteristics and chaos[J]. Signal Process, 2015, 109: 119-131.

[8] ASKAR S S, KARAWIA A A, ALAMMAR F. Cryptographic algorithm based on pixel shuffling and dynamical chaotic economic map[J]. IET Image Process, 2018, 12: 158-167.

[9] LIU H, ZHAO B, HUANG L. Quantum image encryption scheme using arnold transform and s-box scrambling[J]. Entropy, 2019, 21: 343.

[10] KHAN F A, AHMED J, AHMAD J. A novel image encryption based on lorenz equation, gingerbreadman chaotic map and S8 permutation[J]. Journal of Intelligent & Fuzzy Systems, 2017, 33: 3753-3765.

[11] WEI X, ZHANG Q, LIU L. Improved algorithm for image encryption based on DNA encoding and multi-chaotic maps[J]. International Journal of Electronics and Communications, 2014, 68: 186-192.

[12] LIU H, JIN C. A novel color image encryption algorithm based on quantum chaos sequence[J]. 3D Research, 2017, 8(1): 4-16.

中英文对照表

缩略语	英文全称	中文释义
BSE	Blind Source Extraction	盲源提取
BSS	Blind Source Separation	盲源分离
ICA	Independent Component Analysis	独立分量分析
FastICA	Fast Independent Component Analysis	快速独立分量分析
EMD	Empirical Mode Decomposition	经验模态分解
VMD	Variational Mode Decomposition	变分模态分解
IMF	Intrinsic Mode Function	本征模态函数
EVD	Eigen Value Decomposition	特征值分解
MIMO	Multiple Input Multiple Output	多输入多输出
MP	Matching Pursuit	匹配追踪
OMP	Orthogonal Matching Pursuit	正交匹配追踪
CoSaMP	Compressive Sampling Matching Pursuit	压缩采样匹配追踪
CS	Compressed Sensing	压缩感知
PSNR	Peak Signal to Noise Ratio	峰值信噪比
MSE	Mean Square Error	均方误差
SSIM	Structural Similarity	结构相似系数
ApEn	Aproximate Entropy	近似熵
NPCR	Number of Pixel Chang Rate	像素变化率
UACI	Unified Average Changing Intensity	归一化平均变化强度

名词索引